LEHRBÜCHER UND MONOGRAPHIEN
AUS DEM GEBIETE DER
EXAKTEN WISSENSCHAFTEN

15

MINERALOGISCH-GEOTECHNISCHE REIHE

BAND I

TECHNISCHE GESTEINSKUNDE

VON

A. VON MOOS UND F. DE QUERVAIN

SPRINGER BASEL AG

Originally published by Verlag Birkhäuser, Basel 1948
Softcover reprint of hardcover 1st edition 1948

ISBN 978-3-0348-6787-0
ISBN 978-3-0348-6799-3 (eBook)
DOI 10.1007/978-3-0348-6799-3

Druck von E. Birkhäuser & Cie. AG., Basel.

VORWORT

Das vorliegende Werk gibt vom Standpunkt des Petrographen und Geologen aus einen kurzgefaßten Überblick über die Beziehungen, die zwischen Gesteinskunde und Technik bestehen. Das Hauptgewicht liegt dabei auf der Darstellung der Eigenschaften der Locker- und Festgesteine, soweit sie für die Beurteilung ihres Verhaltens als Baugrund und als Baustoff von Bedeutung sind. Ausführlicher ist auch die Bausteinverwitterung behandelt, während die bereits stark chemische Fragen berührenden Gebiete, wie die Gesteine als Rohstoff der Keramik, der Bindemittel usw., mehr als Ergänzung aufgeführt sind. Die eigentliche Lagerstättenpetrographie («praktische Petrographie») ist nicht behandelt.

Die Arbeit behandelt in ihrer ganzen Anlage nur ein Teilgebiet der Petrographie. Für die grundlegenden Fragen (Entstehung der Gesteine, Klassifikation usw.) muß auf die Lehrbücher der Petrographie verwiesen werden. Bei der engen Verknüpfung der «Technischen Gesteinskunde» mit den Nachbarwissenschaften, speziell der Geologie und der Bautechnik, sind öfters Grenzfragen in die Betrachtung einbezogen worden, wobei allerdings die von Ingenieurseite aus zu behandelnden Fragen, wie die erdbaumechanischen Theorien und Berechnungen, bewußt weggelassen worden sind.

Die Autoren waren bestrebt, in Kürze ein Gebiet darzustellen, dem sich weder die Lehrbücher der Petrographie noch die eigentliche technische Literatur über Straßenbau, Grundbau, Baumaterialien, Keramik usw. im Zusammenhang widmen können. Das Buch wendet sich deshalb sowohl an den Petrographen und Geologen wie ganz besonders auch an den Ingenieur und Techniker. Das kleine Werk ist kein Handbuch, sondern faßt in den Hauptkapiteln in erster Linie die persönlichen Erfahrungen und Beobachtungen der beiden Verfasser zusammen. Diese teilten sich in die Arbeit in der Weise, daß Dr. A. von Moos, Geologe und Petrograph an der Erdbauabteilung der Versuchsanstalt für Wasserbau und Erdbau an der Eidgenössischen Technischen Hochschule (ETH.), Zürich, in der Hauptsache die Lockergesteine und die Baugrundfragen, Privatdozent Dr. F. de Quervain, Leiter der Geotechnischen Prüfstelle am Mineralogisch-petrographischen Institut der ETH. und der Eidgenössischen Materialprüfungs- und Versuchsanstalt, Zürich, die Festgesteine und die ins Chemische überleitenden Abschnitte bearbeitete. Im einzelnen findet sich die Autorschaft der Abschnitte im Inhaltsverzeichnis.

Anregungen, Hinweise und fördernde Kritik erfuhren wir in großem Maße durch den ständigen Kontakt mit der Hochschule, der Materialprüfung und der Praxis. Unser besonderer Dank geht an die Herren Prof. Dr. P. NIGGLI, Direktor des Mineralogisch-petrographischen Institutes der ETH., Prof. Dr. E. MEYER-PETER, Direktor der Versuchsanstalt für Wasserbau und Erdbau an der ETH., Prof. Dr. M. Roš, Direktionspräsident, und Prof. Dr. P. SCHLÄPFER, Direktor der Eidg. Materialprüfungs- und Versuchsanstalt. Dankbar sind wir sodann vor allem Herrn Prof. Dr. R. HAEFELI, Chef der Erdbauabteilung, und Herrn Ing. W. SCHAAD für ihre besondere Mithilfe bei der Durchsicht und zum Teil auch bei der Abfassung einzelner Abschnitte.

Herrn ALBERT BIRKHÄUSER sind wir zu Dank verpflichtet, daß das Werk in der vorliegenden guten Ausstattung in die Mineralogisch-geotechnische Reihe der Monographien der exakten Wissenschaften seines Verlages aufgenommen werden konnte.

Zürich, November 1947.

A. VON MOOS. F. DE QUERVAIN.

INHALTSVERZEICHNIS

Autoren: M = von Moos, Q = de Quervain.

Photographische Aufnahmen verdanken wir den Herren E. Brügger, Zürich (Nr. 20, 21, 24, 25, 51, 52, 57–60, 63, 64, 67, 68, 91), Ing. Boesch, Zürich (Nr. 43), Ing. Losinger, Bern (Nr. 96), Prof. Rüst, Zürich (Nr. 90), und der Swissboring Zürich (Nr. 48). Die übrigen Photographien stammen von den Verfassern.

I.

Übersicht der wichtigsten gesteinsbildenden Mineralien

Die Mineralien, aus denen sich die große Mehrzahl der Gesteine zusammensetzt, liegen entweder in von Auge erkennbarem oder nur mikroskopisch erfaßbarem oder nur aus der Röntgenuntersuchung deutbarem *kristallisiertem* Zustande vor. Die Beurteilung der technischen Eigenschaften und des praktischen Verhaltens der Gesteine wird erleichtert, wenn man mit den wichtigsten Gesetzen des kristallinen Zustandes vertraut ist. Es ist hier nicht der Ort, diese Gesetzmäßigkeiten systematisch zu behandeln. Dazu muß auf die Lehrbücher der Mineralogie, der Kristallchemie und der Feinstrukturuntersuchung mit Röntgenstrahlen verwiesen werden[1].

Im folgenden wird an dieser Stelle nur eine tabellarische Übersicht derjenigen Mineralien (ohne Berücksichtigung von Unterarten) gegeben, aus denen praktisch weitaus die meisten Gesteine bestehen. Die Mineralien sind in harte, weiche und sehr weiche gegliedert; als besondere Gruppe erscheinen am Schluß die Tonmineralien. Es sind nur folgende für die Gesteinsbeurteilung wichtigen Eigenschaften allgemein aufgeführt: Chemische Zusammensetzung, Härte, spezifisches Gewicht, Güte der Spaltbarkeit, Färbung, Glanz, äußere Ausbildung (in Aggregaten oder als Gesteinsgemengteil). Wo es von praktischem Interesse ist, sind noch einige weitere Eigenschaften mitgeteilt, wie chemische Beständigkeit, Schmelzbarkeitsverhältnisse, Bruchformen usw., bei den Tonmineralien das hier besonders wichtige Basenaustauschvermögen und die Entwässerung. Die kristallographischen Verhältnisse der angeführten Mineralien konnten nicht berücksichtigt werden; darüber orientieren zahlreiche Tabellenwerke, von denen einige am Schluß des Buches angeführt sind.

Anschließend an die Tabellen folgen einige kurze Erläuterungen der für Festigkeits- und Härteverhalten der Gesteine wesentlichen Begriffe: Mineralhärte, Spaltbarkeit und innere Gleitfähigkeit.

---

[1]) Z. B. auf P. Niggli: Lehrbuch der Mineralogie und Kristallchemie, 1941–1943.
Die wichtigsten Übersichtswerke, Lehr- und Handbücher finden sich am Schluß zusammengestellt, einzelne Arbeiten werden im Text direkt angeführt.

Tabelle 1. *Übersicht der wichtigsten*

Bezeichnung Chemismus	Härte	Dichte (Spez. Gewicht)	Spaltbarkeit	Färbung, Glanz
A. Harte Mineralien (Härtegrad über 5)				
Quarz 100% SiO_2 Kieselsubstanz ist großenteils Quarz	7	2,66	0	Farblos, weißlich, grau, auch mannigfach gefärbt – Fettglanz auf Bruchflächen
Kalifeldspäte (Orthoklas, Mikroklin, Sanidin) 65% SiO_2, 18–19% Al_2O_3, 11–15% K_2O, 2–4% Na_2O	6	2,56	2	Farblos, weißlich, rötlich, grünlich – Spaltflächen glänzend
Albit 68–63% SiO_2, 19–23% Al_2O_3, 11–9% Na_2O, 0–4% CaO	6	2,62	2	Fast stets farblos oder weißlich
Plagioklas, sauer (Oligoklas, Andesin) 63–56% SiO_2, 23–28% Al_2O_3, 4–10% CaO, 9–6% Na_2O	6	2,62–2,70	2	Farblos, weißlich, grünlich (wenn umgewandelt) – Wenn frisch glänzend auf Spaltflächen
Plagioklas, basisch (Labrador, Bytownit, Anorthit) 56–43% SiO_2, 28–37% Al_2O_3, 10–20% CaO, 6–0% Na_2O	6	2,70–2,75	2	Wie oben
Pyroxengruppe (Augit, Diallag, Diopsid, Hypersthen u. a. Varietäten) meist 49–55% SiO_2, 7–16% MgO, 14–26% CaO, 1–13% Eisenoxyde, 1–10% Al_2O_3	6–6½	3,2–3,5	1	Schwarz, bräunlich, grünlich – Mäßiger Glanz auf Spaltflächen

gesteinsbildenden Mineralien

Ausbildung	Besondere Eigenschaften
Körnig. Grob bis sehr fein Kristallbegrenzung selten Als Kieselsubstanz äußerst feinkristallin, oft radialfaserig	Sehr spröde. Bruch muschelig. Säurebeständig. Bei hoher Temperatur wandelt sich Quarz in zahlreiche andere Modifikationen um, unter sprunghaften Volumänderungen. Daher sehr leicht rissig werdend bei rascher Temperaturänderung. Thermische Ausdehnung linear bei 20° C: $\parallel c = 7{,}5 \cdot 10^{-6}$, $\perp c = 13{,}7 \cdot 10^{-6}$ (c = kristallographische Hauptachse)
Körnig. Nur in porphyrischen Gesteinen mit Kristallbegrenzung (dicktafelig)	Säurebeständig Schleifhärte (im Vergleich zur Basisfläche des Quarzes = 1000) stark abhängig von Flächenlage, meist 200–500
Körnig Oft voller Einschlußmineralien	Säurebeständig Schleifhärte wie Kalifeldspat
Körnig. Oft deutlich dicktafelig (im Querschnitt leistenförmig) Gute Kristallbegrenzung in porphyrischen Gesteinen	Ziemlich säurebeständig Schleifhärte wie Kalifeldspat
Wie saure Plagioklase	Nicht völlig säurebeständig Schleifhärte wie Kalifeldspat
Körnig, kurzsäulig Öfters gute Kristallbegrenzung	Beständig gegen Säuren und Laugen

Tabelle 1 (Fortsetzung). *Übersicht der wichtigsten*

Bezeichnung Chemismus	Härte	Dichte (Spez. Gewicht)	Spaltbarkeit	Färbung, Glanz
Hornblenden (viele Varietäten mit unterschiedlichem Chemismus). Meist: 42–54% SiO_2, 8–20% MgO, 9–13% CaO, 4–15% Eisenoxyde, 5–15% Al_2O_3, 1– 5% Alkalien, etwas H_2O	6	2,9–3,3	2	Dunkelgrün, braun, schwarz – Spaltflächen glänzend
Olivin 38–42% SiO_2, 40–50% MgO, 2–15% FeO	6½–7	3,2–3,4	0	Grün (flaschengrün), schwärzlich – Glas- bis fettglänzend
Nephelin (Eläolith) 41% SiO_2, 35% Al_2O_3, 17% Na_2O, 6% K_2O	5½–6	2,63	0	Grauweißlich, lichtgrünlich – Fettglänzend, oft auch matt
Leuzit 55% SiO_2, 23% Al_2O_3, 19–21% K_2O, 1– 2% Na_2O	5½–6	2,5	0–1	Grauweißlich – Glas- bis Fettglanz
Granat (Almandin, Pyrop, gemeiner Granat). Chem. sehr variabel. Vorw. SiO_2, Al_2O_3, FeO, MgO, CaO	7–7½	3,6–4	0	Braunrot, dunkelrot – Glasglanz
Epidot 38% SiO_2, 22–28% Al_2O_3, 7–15% Fe_2O_3, 23% CaO, 2% H_2O	6–7	3,3–3,5	2	Hell- bis dunkelgrün
Zoisit, Klinozoisit 38–42% SiO_2, 28–30% Al_2O_3, 2–7% Fe_2O_3, 21–24% CaO, 2–3% H_2O	6–7	3,2–3,3	2	Graubräunlich, graugrünlich
Strahlstein (Aktinolith, Grammatit) 56–59% SiO_2, 1–5% FeO, 21–25% MgO, 12–13% CaO, 1–2% H_2O	5½–6	3,0–3,2	2	Weißlich, hellgrün, dunkelgrün

gesteinsbildenden Mineralien

Ausbildung	Besondere Eigenschaften
Körnig Oft kurz- oder langsäulig	Ziemlich beständig gegen Säuren und Laugen
Stets körnig ohne Kristallform	Bruch muschelig. Spröde
Körnig, als fremdgestaltige Zwischenmasse, selten kurzsäulige Kristalle	Bruch muschelig. Von Säuren zersetzt
Stets in isometrischen (rundlichen) Kristallen	Von Säuren leicht zersetzt
Rundliche Körner oder Kristalle, auch sehr feinkristallin	Spröde. Bruch muschelig
Körnig, stengelig-strahlig Oft sehr feinkristallin als Einschlüsse in Plagioklasen	Säurebeständig
Wie Epidot	Säurebeständig
Langsäulig, strahlig-faserig aggregiert, gelegentlich auch körnig. Meist grobkristallin	In losen Fasern = Hornblendeasbest Schmelzpunkt 1200–1400° C Meist säurebeständig

Tabelle 1 (Fortsetzung). *Übersicht der wichtigsten*

Bezeichnung Chemismus	Härte	Dichte (Spez. Gewicht)	Spaltbarkeit	Färbung, Glanz
Magnetit 100% $FeO + Fe_2O_3$	5½	5,1	0	Schwarz – Metallglanz
Hämatit 100% Fe_2O_3	6½	4,5	0	Rot, schwarzrot bis stahlgrau – Halbmetall- bis Metallglanz
Pyrit 46% Fe, 54% S	6½	4,9	0	Gelb, oft braun überzogen – Metallglanz
Opal (Kieselsubstanz, Hornstein z. T.) SiO_2 mit wechselnd H_2O	5½–6½	1,9–2,6	0	Farblos und mannigfach gefärbt
B. Weiche Mineralien (Härtegrad 5–2½)				
Biotit (dunkler Glimmer) 35–40% SiO_2, 15–20% Al_2O_3, 1–15% Fe_2O_3, 1–15% FeO, 9–20% MgO, 7–9% K_2O, ½–2% Na_2O, 2–6% H_2O	2½–3	2,9–3,2	3	Braun, grün, schwarz – Diamantglanz auf Spaltflächen
Muskowit (heller Glimmer), feinschuppig = *Serizit* 45–50% SiO_2, 25–38% Al_2O_3, 2–5% Eisenoxyde, 0–4% MgO, 8–10% K_2O, 1–2% Na_2O, 3–5% H_2O	2½–3	2,8–2,9	3	Weißlich, grünlich – Diamant- bis Silberglanz auf Spaltflächen
Antigorit (Blätterserpentin) 41–43% SiO_2, 37–42% MgO, 2–7% Fe-Oxyde, 11–13% H_2O	3–4	2,6–2,7	2–3	Hell- bis dunkelgrün – Glänzend auf Spaltflächen
Chrysotil (Faserserpentin) 41–43% SiO_2, 40–42% MgO, 1–4% Fe-Oxyde, 11–14% H_2O	3–4	2,6–2,7	2	Hell- bis dunkelgrün

gesteinsbildenden Mineralien

Ausbildung	Besondere Eigenschaften
Körnig, isometrische Kristalle Fein bis grob	Magnetisch
Blättrig-schuppig Meist sehr feinkristallin	
Isometrische Kristalle, körnige bis strahlige Aggregate	Verwittert an feuchter Luft leicht zu Limonit (braune Flecken) und Schwefelsäure
Amorph, meist unter Kristallisierung in feinfaserige Quarzvarietät übergehend unter H_2O-Verlust	In Alkalien löslich
Tafelig bis dünnblättrig Selten sehr feinkörnig	Spaltblättchen elastisch biegsam Spaltebene = ausgezeichnete Gleitebene Oft gelb anwitternd (Katzengold) Nicht säurebeständig
Tafelig bis dünnblättrig Grob- bis äußerst feinschuppig und dann von Auge nur am Glanz (seidenartig) erkennbar	Spaltblättchen elastisch biegsam Spaltebene = ausgezeichnete Gleitebene Ziemlich säurebeständig
Undeutlich blättrig-schuppig Sehr fein bis mäßig grob	Spaltblättchen biegsam (nicht elastisch) Spaltebene = Gleitebene Von Säuren angegriffen. Ziemlich beständig gegen Laugen
Faserig. Oft so fein, daß von Auge dicht erscheinend	Fasern biegsam In losen Fasern = Chrysotilasbest. Schmelzpunkt um 1500° C. Von Mineralsäuren angegriffen

Tabelle 1 (Fortsetzung). *Übersicht der wichtigsten*

Bezeichnung Chemismus	Härte	Dichte (Spez. Gewicht)	Spalt-barkeit	Färbung, Glanz
Kalkspat 56% CaO, 44% CO_2	3	2,72	2–3	Farblos, weiß und mannigfach gefärbt – Hoher Glanz auf Spaltflächen
Dolomitspat 31% CaO, 21% MgO, 48% CO_2, oft etwas Fe-haltig	3½	2,87	2–3	Farblos, weiß und mannigfach gefärbt – Hoher Glanz auf Spaltflächen
Magnesitspat Rein: 46% MgO, 54% CO_2, oft FeO-Gehalt bis 10%	4	2,96	2–3	Farblos, wenn rein, Fe-haltig bräunlich – Glänzende Spaltflächen
Eisenspat (Siderit) Rein: 62% FeO, 38% CO_2, meist einige Prozent MnO und MgO	4½	3,8	2–3	Hellbraun, oft dunkelbraun überzogen – Glänzende Spaltflächen
Ankerit Fe-reicher Dolomit	3½	3,0–3,3	2–3	Lichtbräunlich
Braunspat Mg-reicher Siderit	4	3,0–3,5	2–3	Hellbraun
Anhydrit 41% CaO, 59% SO_3	3–3½	2,9	2	Farblos, weiß, auch gefärbt
Magnetkies 57–63% Fe, 37–43% S	3½–4	4,5	1	Bronzegelb bis rötlich, braun angelaufen – Metallglanz.
Apatit (Phosphorit) 54% CaO, 42% P_2O_5, etwas F, H_2O, Cl	5	3,1–3,2	0	Farblos und mannigfach gefärbt

gesteinsbildenden Mineralien

Ausbildung	Besondere Eigenschaften
Körnig. Äußerst fein (von Auge kornlos) bis sehr grob. Bei grober Ausbildung stets glänzende Spaltflächen (spätige Struktur)	Thermische Ausdehnung (linear): $\parallel c = 26{,}2 \cdot 10^{-6}$, $\perp c = -5{,}4 \cdot 10^{-6}$ (c = kristallographische Hauptachse). Gute Gleitfähigkeit (unter Zwillingsbildung). In Säuren löslich. Salzsäure wirkt stark in der Kälte. Löslichkeit in Wasser 0,1 g/l, in CO_2-haltigem Wasser erheblich mehr. CO_2-Abgabe bei 700–800° C
Wie Kalkspat	Salzsäure wirkt schwach in der Kälte, stark beim Erhitzen. CO_2-Abgabe bei 600–800° C
Körnig. Fein (fast kornlos) bis sehr grob (spätig)	Salzsäure wirkt nur stärker (Hitze) auf Pulver. CO_2-Abgabe bei 400–600° C
Meist ziemlich grobspätig	Dunkelbraun anwitternd
Fein- bis grobspätig	Wie Siderit
Fein- bis grobspätig	Wie Siderit
Meist körnig (spätig) deutlich kristallin	Durch H_2O-Aufnahme in Gips übergehend
Körnig, derb	Magnetisch. Verwitterung wie bei Pyrit
Als Apatit körnig oder stengelig. Von Auge selten sichtbar. Als Phosphorit sehr feinkristallin, zu Knollen aggregiert, auch Versteinerungsmineral	In Mineralsäuren zersetzt

Tabelle 1 (Fortsetzung). *Übersicht der wichtigsten*

Bezeichnung Chemismus	Härte	Dichte (Spez. Gewicht)	Spaltbarkeit	Färbung, Glanz
C. Sehr weiche Mineralien (Härtegrad unter 2½)				
Chlorite variable Gruppe Meist: 25–34% SiO_2, 10–25% Al_2O_3, 5–30% Fe-Oxyde, 16–35% MgO, 10–14% H_2O	2–2½	2,5–3	3	Hellgrün, dunkelgrün, bisweilen braun – Hoher Glanz auf Spaltflächen
Talk 61–63% SiO_2, 31% MgO, 1– 3% FeO, 4–5% H_2O	1	2,7	3	Grünlich, weißlich – Ziemlich stark glänzend
Glaukonit 50–56% SiO_2, 6–12% Al_2O_3, 15–22% Fe_2O_3, 2– 4% MgO, 3–7% K_2O, 0– 2% Na_2O, 5–8% H_2O	1–2	2,3	—	Bläulichgrün, wenn verwitternd gelblichgrün
Gips 33% CaO, 46% SO_3, 21% H_2O	1½–2	2,3	3	Farblos, weiß, rötlich, grau, schwärzlich – Hoher Glanz auf Spaltflächen
Steinsalz 40% Na, 60% Cl	2	2	2	Farblos, weiß, auch gefärbt
D. Gruppe der Tonmineralien				
Kaolinit 46% SiO_2, 40% Al_2O_3, 14% H_2O Oft etwas SiO_2-reicher	1–2	2,6	3	Weiß, bläulichweiß, oft durch Beimengungen gefärbt

gesteinsbildenden Mineralien

Ausbildung	Besondere Eigenschaften
Blättrig, schuppig, erdig. Meist feinkristallin und dann matt erscheinend	Spaltblättchen biegsam (nicht elastisch) Spaltebene ist gute Gleitebene Nicht säurebeständig, ziemlich beständig gegen Laugen
Blättrig bis schuppig. Grob bis sehr fein	Nicht elastisch biegsam. Sehr gleitfähig. Beim Erhitzen unter Wasserverlust erhärtend (Enstatitbildung von Dichte 3,2; Härte 6) Schmelzpunkt 1400–1500° C
Sehr feinschuppige Aggregate bilden rundliche Körner oder füllen Lücken zwischen Sandkörnern	An Atmosphärilien rasch unter Limonitbildung (Braunfärbung) zersetzt
Blättrig, faserig, auch körnig, erdig. Grob- bis sehr feinkristallin	Spaltblättchen biegsam (nicht elastisch). Ausgezeichnete Gleitebenen. Löslichkeit in Wasser: 2 g/l
Meist körnig (spätig), bisweilen faserig. Ziemlich grob	Ausgezeichnet gleitfähig. In Wasser löslich 360 g/l
Feinschuppig, erdig, selten < 0,01 μ	Basenaustauschvermögen 3–15 in Mill. aeq./100 g Entwässerung vorwiegend bei 400–500° C, bei höherer Temperatur Gitterzerstörung Wasseranlagerung: Rand, Oberfläche

Tabelle 1 (Fortsetzung). *Übersicht der wichtigsten*

Bezeichnung Chemismus	Härte	Dichte (Spez. Gewicht)	Spalt-barkeit	Färbung, Glanz
Montmorillonit 48–50% SiO_2, 20–27% Al_2O_3, 17–22% H_2O, 0– 7% MgO, 0–4% CaO	—	variabel 2,4–2,8	—	Weißlich, gelblich, bräunlich, bläulich
Glimmerartige Tonmineralien Zusammensetzung ähnlich Muskowit, meist alkaliärmer, aber wasserreicher	—	2,7–2,9	3	Weißlich, grau, durch Beimengungen gefärbt
Hydrargillit 65% Al_2O_3, 35% H_2O Meist erheblich Fe-haltig	2½–3	2,3–2,4	3	Weißlich, oft durch Beimengung (Fe-Hydroxyde) gefärbt

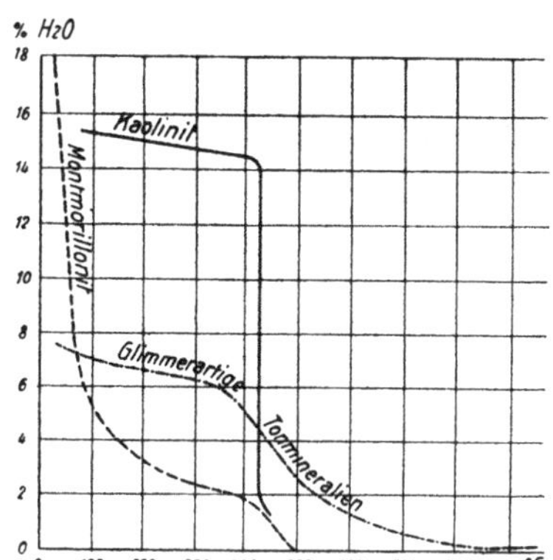

Fig. 1. Charakteristische Entwässerung typischer Tonmineralien.

gesteinsbildenden Mineralien

Ausbildung	Besondere Eigenschaften
Sehr feinkristallin, erdig, bis < 0,06 μ	Basenaustausch 60–100 (300) in Mill. aeq./100 g Entwässerung gleichmäßig bis 200° C, dann schwächer bis 500° C. Bei 1000° C Zerfall des Gitters Wasseranlagerung: Rand, Oberfläche, Inneres
Feinschuppig, selten < 0,1 μ	Basenaustausch 13–21 in Mill. aeq./100 g Entwässerung gleichmäßig bis 900–950° C Wasseranlagerung: Ränder, Oberfläche
Feinschuppig, blättrig	

Erläuterungen zu Tabelle 1: Übersicht der wichtigsten gesteinsbildenden Mineralien

1. *Die chemische Zusammensetzung der Mineralien.* Viele Mineralien, insbesondere die Silikate, weisen keine starre chemische Zusammensetzung auf. Je nach der Atomanordnung im Kristallgebäude lassen sich gewisse Elemente durch andere ersetzen oder es sind Einlagerungen zwischen Atomschichten möglich, ohne daß sich grundlegende Änderungen im Gesamtbauplan und damit in den physikalischen Eigenschaften ergeben. Diesen Mineralien läßt sich auch keine chemische Formel zuschreiben. In der Tabelle wird hier die Zusammensetzung der wichtigsten Oxyde in Gewichtsprozenten gegeben. Bei den Mineralien wechselnder Zusammensetzung gelangt die Hauptvariation zur Darstellung; extreme Glieder können die mitgeteilten Werte erheblich überschreiten. Die Gewichtsprozente gestatten, mit Hilfe der Mengenangaben in den Tabellen des III. Teils auf die ungefähre chemische Zusammensetzung der Gesteine zu schließen. Die Angaben, besonders über die großen Mineralgruppen der Hornblenden, Pyroxene, Glimmer, Chlorite, Granate, sind sehr summarisch[1]).

2. *Härte.* Als Härte bezeichnet man bei einem Mineral den Widerstand, der einem mechanischen Eingriff entgegengesetzt wird. Dieser Widerstand ist bei jeder Mineralart abhängig von der Art dieser Beanspruchung (drücken, schlagen, bohren, ritzen). Die Härteprüfverfahren, wie sie bei Metallen und organischen Werkstoffen üblich sind (Kugeldruckproben usw.), lassen sich bei Mineralien als spröden Körpern nicht anwenden, damit sind alle quantitativen Angaben er-

[1]) Zur näheren Orientierung sei auf P. Niggli, Tabellen zur allgemeinen und speziellen Mineralogie, 1927, verwiesen.

schwert. Auch für technische Fragen wird deshalb heute noch oft auf die alte Methode der Ritzhärtebestimmung nach der Mohsschen Skala (Tabelle 2) gegriffen; von technischer Seite wurden weitere Unterteilungen eingeführt, die in Anbetracht des doch vorwiegend qualitativen Charakters der Methode allerdings sinnlos sind.

Die Intervalle zwischen den einzelnen Nummern sind, wie das zum Beispiel aus den von Rosival (siehe Tabelle 2) durchgeführten Schleifversuchen hervorgeht, sehr ungleich. Solche Abschleifversuche hangen von der Richtung im Kristall und von der Art und Weise des Schleifvorganges ab; sie vermögen deshalb auch kein ganz quantitatives Bild zu geben.

Tabelle 2. *Vergleich von Mineralhärten*

		Mohssche Härteskala	Abschleifergebnisse nach Rosival[1]
Mit Fingernagel ritzbar .	Talk	1	$^1/_{33}$
	Steinsalz	2	$1\,^1/_4$
Mit Stahl ritzbar	Kalkspat	3	$4\,^1/_2$
	Flußspat	4	5
	Apatit	5	$6\,^1/_2$
Fensterglas wird geritzt .	Orthoklas	6	37
	Quarz	7	120
	Topas	8	175
	Korund	9	1000
	Diamant	10	140000

[1]) Reziproke Volumverluste durch Schleifen gleicher Probekörper mit einer bestimmten Menge Schmirgel (Korund = 1000) gesetzt.

Zur Ausführung der Ritzhärteprüfung sei noch gesagt, daß das Mineral, mit dem man ritzt, eine schärfere Ecke oder Kante, das geritzte eine gute Fläche aufweisen muß. Ein Mineral, das z. B. von Quarz geritzt wird, Feldspat aber zu ritzen vermag, wird am besten mit $6\frac{1}{2}$ bezeichnet, wobei man sich aber klar sein muß, daß diesem halben Grad ebensowenig ein quantitativer Wert zukommt wie den einzelnen Härtezahlen. Die Abweichungen in der Ritzhärte nach der Richtung kommen in den Mohsschen Werten nur ganz selten zum Ausdruck.

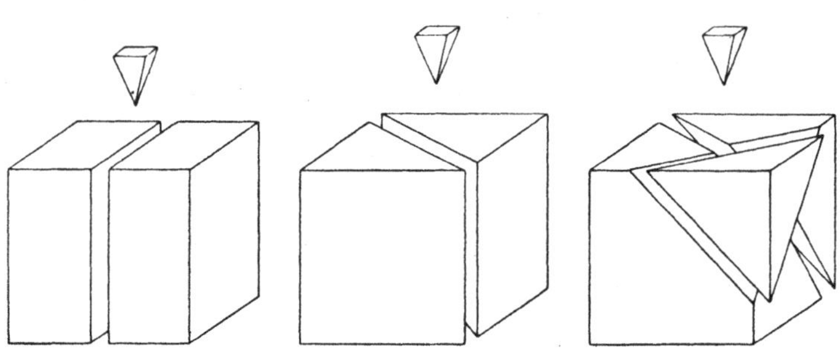

Fig. 2. Bei gleichartiger Schlagbeanspruchung tritt bei Kristallkörnern mit guter Spaltbarkeit jeweils Bruch längs den Spaltebenen ein.

3. *Spaltbarkeit.* Eine sehr charakteristische Eigenschaft vieler kristallisierter Körper ist die Spaltbarkeit, d. h. die leichte Trennbarkeit durch einen (vorzugsweise dynamischen) Eingriff parallel bestimmter Ebenen, deren Lage durch die Kristallstruktur vorbestimmt ist. Oft ist nur eine Ebene auf diese Weise ausgezeichnet, oft sind es deren mehrere, gleichwertige oder ungleichwertige. Die Leichtigkeit der Trennbarkeit ist sehr verschieden; man kann etwa folgende Reihe aufstellen (in Klammern ist die in den Tabellen verwendete Bezeichnung angegeben): vorzüglich (3), gut bis mittel (2), mäßig gut bis schlecht (1), sehr schlecht bis gar nicht (0). Die Qualität der Spaltbarkeit läßt sich am Glanz der durch die Spaltung erzeugten Flächen beurteilen. Gute Spaltbarkeit äußert sich in hohem Glanz (Diamantglanz, Perlmutterglanz); mit der Qualität der Spaltfläche nimmt der Glanz ab. Die Bruchflächen nichtspaltender Mineralien weisen gewöhnlich eine Art Fettglanz auf.

Im allgemeinen sind ausgesprochen tafelige Mineralien parallel der Tafelfläche spaltbar (Beispiele: Glimmer, Chlorite), stengelige parallel der Hauptachse (Hornblenden), doch gibt es Ausnahmen.

Zahlreiche Mineralien, die gute Spaltbarkeiten aufweisen, werden nach altem Brauche mit der Endsilbe -spat versehen, z. B. Kalkspat, Feldspat, Flußspat. Ein Mineralaggregat oder ein Gestein, das deutlich glatte und stark glänzende Spaltebenen erkennen läßt, bezeichnet man daher als spätig. Von einem gut spaltbaren Mineral ist es fast unmöglich, Bruchflächen zu erhalten, die nicht teilweise oder ganz von Spaltebenen begrenzt sind. Die Lage der bevorzugten Spaltebenen von Hauptgesteinsmineralien zur Richtung der Beanspruchung ist besonders für das dynamische Festigkeitsverhalten (Schlagfestigkeit, Spaltfähigkeit des Gesteins) von größter Wichtigkeit.

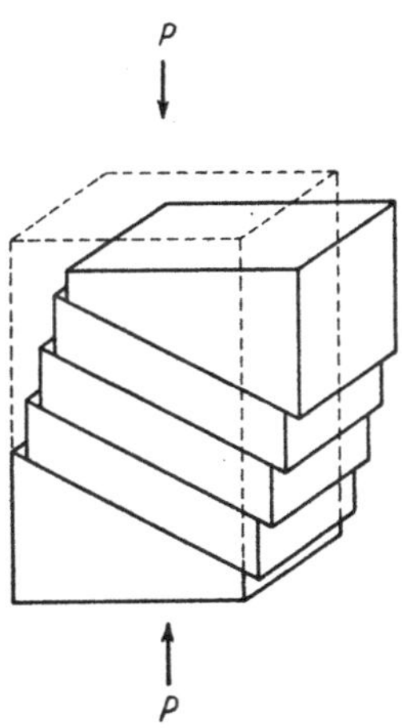

Fig. 3. Schematische Darstellung der bruchlosen Deformation von Kristallen durch Gleitungen längs einer bestimmten Ebene bei einer Beanspruchung P.

4. *Die innern Gleitungen.* Während sich an isotropen Körpern bei entsprechender Beanspruchung jede Ebene gleichwertig als Gleitebene ausbilden kann (d. h. im Einzelfall die Kreisschnittebenen des betreffenden Deformationsellipsoides), sind bei Kristallen gewisse kristallographische Ebenen und Richtungen zur Gleitung besonders befähigt. Sie treten bei gerichteten Beanspruchungen in Funktion, auch wenn sie nicht den erwähnten Kreisschnittebenen entsprechen. Diese Gleit- oder Translationsfähigkeit gestattet bei zahlreichen Mineralarten eine sehr weit-

gehende Deformation ohne Verlust des innern Zusammenhaltes. Man kann diese Deformierbarkeit den Verschiebungen, die mit einem Bündel Papierblätter möglich sind, vergleichen. Sie bewirken bei Mineralien Längsstreckungen, Umformungen von polyedrischer zu linsiger Gestalt, starke Verbiegungen usw. Die wichtigsten Deformationen, die bei den Gesteinsmineralien beim Übergang von massigem zu geschiefertem Gefüge durch gerichtete Beanspruchung auftreten, beruhen auf solchen innern Gleitungen. In gewissen Fällen entsteht aus Translation eines Teiles eines Minerals Zwillingsstellung, z. B. beim Kalkspat, wo diese Gleitzwillinge fast bei jedem beanspruchten Karbonatgestein, wie bei den Marmoren, anzutreffen sind. Die Lage der Gleitebenen der wichtigsten Gemengteile ist vor allem für die Beurteilung des statischen Festigkeitsverhaltens von größter Wichtigkeit. Zusammenfallen von bevorzugten Gleitebenen und Scherbeanspruchungen (wie sie auch beim Druckversuch auftreten), führt zu besonders leichtem Bruch (Gleitbruch). Bei vielen Mineralien fallen Spalt- und Gleitebenen zusammen, bei andern nicht. Besonders gleitfähige Mineralien sind: Kalkspat, Steinsalz, Glimmer, Chlorit, Talk, Gips.

II.

Technisch wichtige Gesteinseigenschaften und ihre Bestimmung

A. IM KLEINBEREICH

1. Die mineralogisch-petrographische Kennzeichnung der Gesteine

Um ein Gestein für technische Zwecke charakterisieren zu können, sind daran folgende Bestimmungen auszuführen:

a) *Art der Hauptmineralien, aus denen das Gestein sich zusammensetzt*

Gewöhnlich sind nur die Mineralien wichtig, die zu mehr als etwa 5–10% anwesend sind. Immerhin gibt es viele Fälle, bei denen selbst Gemengteile unter 5%, ja unter 1% von großem Einfluß sind und deshalb genau erfaßt werden müssen.

b) *Größenverhältnisse und Form der Gesteinsmineralien*

Die Größenverhältnisse betreffen absolute Größen, Größendifferenzen innerhalb einer Mineralart oder zwischen verschiedenen Gemengteilen, unter Umständen auch Größenverhältnisse von Mineralaggregaten oder Gesteinspartikeln, aus denen sich das zu untersuchende Gestein zusammensetzt. Bei den Formen sind zu unterscheiden: Ausscheidungsformen (mit oder ohne kristallographische Eigengestalt) und Zerstörungsformen (eckig, gerundet).

c) *Gegenseitige Beziehungen der Gemengteile*

Die Anordnung (Verteilung) der Mineralien (gleichmäßig vermischt oder einzelne Komponenten in Lagen, Schlieren usw. angereichert), die Orientierung der kristallographischen Entwicklung der Einzelmineralien im Raum (Regelung), die Art und Festigkeit des gegenseitigen Verbandes der Mineralkörner rechnet man zu den gegenseitigen Beziehungen der Gemengteile.

Diese wechselvollen Beziehungen können bedingen, daß Gesteine mit gleichem Mineralbestand, d. h. mit gleichem Mengenverhältnis der Gemengteile, doch die verschiedensten Eigenschaften aufweisen können. Ein Gestein mit beispielsweise 40% Quarz, 50% Feldspäten und 10% Glimmer kann folgender Art sein und folgendes Verhalten zeigen:

feinkörniger Granit (Korn unter 1 mm); druckfestes Gestein mit vorzüglicher Eignung als Pflasterstein;

grobkörniger Granit (porphyrartig, mit Korn teilweise bis über 10 mm); Material von mittlerer Druckfestigkeit, verwendbar als Haustein;

Quarzporphyr (wenig Einsprenglinge in einer sehr feinkörnigen Grundmasse); sehr druckfestes Material, besonders geeignet als Hartschotter für Bahn und Straße;

geschieferter Gneis (mit z. B. lagiger Anreicherung der Glimmer); Gestein mit guter Spaltung nach einer Richtung, verwendbar zu Plattenarbeiten;

klastisches Gestein (Sandstein); Material von mäßiger Festigkeit und Beständigkeit, technisch beschränkt nutzbar.

d) *Bemerkungen über die Begriffe Struktur, Textur, Verband und Gefüge*

Die *Struktur* eines Gesteines umfaßt die Größenverhältnisse der Gemengteile sowie ihre äußere Form und Gestalt. Als *Textur* bezeichnet man die räumliche Anordnung der Mineralien sowie die Raumerfüllung. Unter *Kornverband* versteht man die Festigkeit des Aneinanderhaftens der Körner. Bei der in der Natur der Sache liegenden nicht ganz klaren Abgrenzung dieser Begriffe ist es verständlich, daß sie im Gebrauch nicht immer konsequent verwendet werden, insbesondere wird der Ausdruck Struktur für alle genannten Beziehungen verwendet (wie z. B. auch im französischen Sprachgebiet). Auch der Ausdruck *Gefüge* schließt Struktur, Textur und Verband ein und wird im folgenden mehrfach in diesem allgemeinen Sinne gebraucht.

e) *Die petrographischen Hilfsmittel zur Bestimmung eines Gesteins*

Seit der Einführung der Gesteinsmikroskopie an Dünnschliffen ist die Bestimmung *mit bloßem Auge* oft etwas geringschätzig beurteilt und daher vernachlässigt worden. Tatsächlich lassen sich aber bei scharfer Beobachtung (eventuell mit Hilfe einer Lupe) sehr viele Gesteine in ihrer wesentlichen Zusammensetzung und ihren Haupteigenschaften erfassen, vor allem natürlich die gröber gekörnten Arten. Bei großer Vertrautheit mit dem Gestein können aber auch bei feinkörnigem, im Korn kaum mehr deutlich unterscheidbarem Material aus Glanz, Färbung, Bruchflächenbeschaffenheit usw. viele Schlüsse gezogen werden. Es gibt sogar zahlreiche Fälle, bei denen man von Auge auf einer Bruchfläche Wesentlicheres erkennt als im Dünnschliff oder Pulver unter dem Mikroskop (zum Beispiel Mergel- oder Kieselbeimengung bei einem feinkristallinen Kalkstein). Auch Schlüsse auf Festigkeitseigenschaften sind von Auge oft besser zu ziehen als bei mikroskopischer Betrachtung.

Damit soll die große Bedeutung der *mikroskopischen Untersuchung* nicht herabgemindert werden. Bei den festen Gesteinen arbeitet man im allgemeinen mit dem *Dünnschliff*, einem Gesteinsplättchen von ca. 0,02–0,03 mm, unter dem Polarisationsmikroskop. Die Mineralien werden in der Hauptsache nach ihren kristalloptischen Eigenschaften bestimmt. Die Dünnschliffe vermitteln auch einen guten Überblick der meisten Gefügeeigenschaften, wobei man sich aber immer bewußt sein muß, daß nur eine Schnittfläche durch ein räumliches Gebilde betrachtet wird. Bei Gesteinen mit einer von der Richtung abhängigen Mineralverteilung oder -anordnung (bei den meisten kristallinen Schiefern) kann nur mit mehreren verschieden orientierten Dünnschliffen ein richtiges Bild gewonnen werden. Stets ist zu bedenken, daß alle Größenmessungen an Mineralkörnern im Dünnschliff im Mittel unter den maximalen

Dimensionen der Körner liegen und daß die Korngrößen anders erscheinen als in Wirklichkeit, so kann z. B. ein vollkommen gleichkörniges Gestein im Dünnschliff in erheblichem Maße ungleichkörnig erscheinen. Die mikroskopische Dünnschliffuntersuchung wird dann schwierig, wenn das Gesteinskorn kleiner als die Dicke des Schliffes, d. h. $<$ 0,03–0,02 mm, ist.

Im weitern untersucht man unter dem Polarisationsmikroskop auch Gesteinspulver und alle feinen Lockergesteinsmineralien. Für rasche Gesteinsuntersuchungen (und zur Vermeidung der Dünnschliffkosten) ist es sehr zweckmäßig, wenn man mit der Bestimmung der Mineralien aus pulverisiertem Gestein (unter Mithilfe von Einbettungsflüssigkeiten verschiedener Lichtbrechung) vertraut ist. Die Oberflächenbeschaffenheit von Gesteinen und von lockeren Körnern können jedoch in mancher Beziehung weit besser mit einer Binokularlupe als mit einem Mikroskop erfaßt werden. Die bei Metall- und Erzuntersuchungen angewandte Methodik der Mikroskopie in auffallendem Licht (an polierten Anschliffen) kommt für die technische Gesteinskunde nur vereinzelt in Betracht.

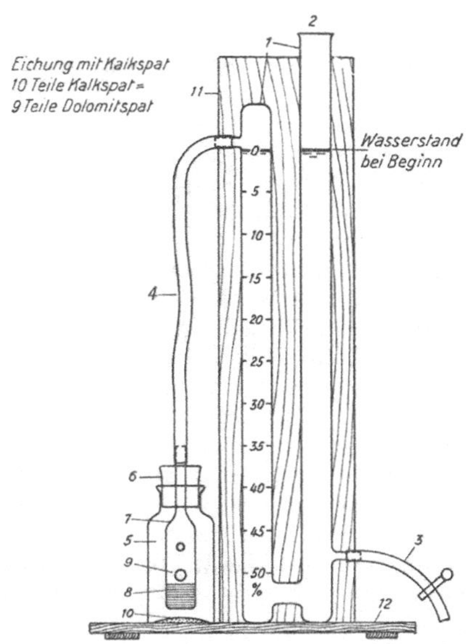

Fig. 4. Apparat nach PASSON zur raschen Bestimmung des Karbonatgehaltes. *1* Geeichte U-Röhre aus Glas, Höhe ca. 50 cm, Weite ca. 4 cm. *2* Eingußöffnung für Kochsalzlösung. *3* Ablauf mit Quetschhahn. *4* Schlauchverbindung. *5* Flasche mit durchlochtem Stopfen (*6*). *7* Aufnahmegefäß für Salz- bzw. Essigsäure (*8*). *9* Ausgußöffnung für die Säure. *10* Materialprobe (2 bzw. 4 g als Pulver). *11*, *12* Rückwand und Fuß des Holzgestelles. In der Figur ist der Apparat direkt auf % $CaCO_3$ = Kalkspat geeicht (bei 4 g Einwaage). Wird die Eichung bei 18° C und mittlerem Barometerstand ausgeführt, so sind praktisch nur bei extremen Temperatur- oder Luftdruckverhältnissen Korrekturen anzubringen. Einwaage bei $CaCO_3$-Gehalt über 50% 2 g, unter 10% zweckmäßig 8, 12 oder 16 g.

Vollständige *chemische Analysen* sind meistens für die Beurteilung eines Gesteins nützlich, aber abgesehen von den Fällen, bei denen es auf bestimmte chemische Zusammensetzung ankommt, nicht unbedingt notwendig. Sehr erwünscht können in zahlreichen Fällen Teilbestimmungen sein, z. B. zur Erfassung von in geringer Menge (oder sehr fein verteilt) auftretenden und dadurch petrographisch schwer mengenmäßig feststellbaren, die Eigenschaften stark beeinflussenden Bestandteilen, wie z. B. Pyrit und andere Sulfide, Tonmineralien, Gips, Humus und andere. Ganz allgemein greift man bei der Untersuchung karbonathaltiger Gesteine (besonders der Kalksteine, Mergel und kalkigen Sandsteine) zur hier besonders einfachen chemischen Trennung von Karbonat- und Nichtkarbonatanteil. Ein sehr praktisches Hilfsmittel für Übersichtsanalysen ist hierfür der Apparat nach PASSON (Fig. 4); er gestattet auch eine approximative Trennung von Kalkspat und Dolomit. Chemische Analysen von Säureauszügen, wie sie in der Bodenkunde wichtig sind, haben für die Gesteinskunde weniger Bedeutung.

Ein neues wertvolles Hilfsmittel bietet schließlich die *Röntgenuntersuchung* an Pulverpräparaten; besonders nützlich ist diese Methode bei der Untersuchung sehr feinkristalliner, im Mikroskop nicht mehr faßbarer Stoffe, wie der Tonmineralien.

Praktisch von Bedeutung ist heute wegen der *Silikose*gefährdung die Bestimmung des Gehaltes an Quarz in Gesteinen, deren Abtrag, Gewinnung oder Verarbeitung Staub erzeugt. Bei 10—30% Quarz wird z. B. für unterirdische Baustellen behördlich eine periodische Untersuchung der Belegschaft, bei über 30% die Anwendung des Naßbohrens verlangt. Die rationellste Ermittlung der Quarzmenge ist je nach Gesteinsart verschieden. Bei den Quarz-Kalkspat-Gesteinen (Kalksandsteinen, Kiesel- und Sandkalken) führt die Kalkbestimmung mit dem Apparat nach PASSON am raschesten zum Ziele. Man muß sich aber stets vergewissern (mikroskopisch), daß das Unlösliche aus Quarz besteht. Gesteine mit reichlich Silikaten neben Quarz werden durch Ausmessen oder Schätzen am Dünnschliff untersucht, eventuell auch an Körnerpräparaten. Dabei wählt man zweckmäßig als Einbettungsflüssigkeit Nelkenöl mit der Lichtbrechung 1,54. Die meisten Mineralien heben sich darin durch ein Relief vom Quarz deutlich ab. Bei Gesteinen von sehr feinem Korn (etwa unter 0,02 mm), z. B. bei feinsandigen oder kieseligen Phylliten, sandig-kieseligen Tonen oder Mergeln, Eruptivgesteinen mit feinkristalliner Grundmasse (Quarzporphyren), wird eine quantitative mikroskopische Erfassung des Quarzes unmöglich. Hier führt nur noch eine Berechnung aus der chemischen Analyse, die mindestens die Hauptkomponenten umfassen soll, zum Ziele. Hierüber sei auf die Lehrbücher der Petrographie verwiesen. Zur allgemeinen Orientierung über das Auftreten von Quarz in Gesteinen siehe die Übersichtstabellen des III. Teils.

2. Räumliche Anordnung der Gesteinsmineralien

a) *Lockergesteine*

Während die Struktur der Lockergesteine (Größenordnung der Gemengteile) durch die Bestimmung der Kornverteilung erfaßt wird, kann bei ihnen die Textur (Anordnung der Gemengteile) zumeist nur indirekt festgestellt werden. Die meisten Lockergesteine besitzen indessen eine lagige Textur. Diese geht auf Einregelung, das heißt gerichtete Anordnung der Bestandteile bei der Sedimentation und unter der Wirkung des Belastungsdruckes zurück. Die lagige Textur wirkt sich sowohl im Laboratorium wie auch im Felde, z. B.

in der Richtungsabhängigkeit der Durchlässigkeit, der elektrischen Leitfähigkeit, der Festigkeitseigenschaften wie z. B. der Zusammendrückbarkeit, aus.

Bei *nichtbindigen Lockergesteinen* (Sand, Kies, auch Schlammsande), das heißt Materialien mit geringer bis fehlender echter Kohäsion, liegt zumeist *Einzelkorngefüge* vor. Im Idealfall, Kugeln gleicher Durchmesser, variiert die natürliche Porosität je nach Anordnung zwischen 25,8% und 47,6%. Bei ungleichmäßig gekörnten nichtbindigen Lockergesteinen kann dagegen noch dichtere Lagerung vorherrschen. Die Lagerungsdichte wechselt somit je nach der Kornverteilung, dem Sedimentationsvorgang und dem Überlagerungsdruck. Während das Gefüge bei zunehmender statischer Belastung sich eher konservativ verhält, können dynamische Beanspruchungen rasche Verdichtungen bewirken, die zu unerwünschten Setzungen, bei Sanden und Schlammsanden im Grundwasser zur «Verflüssigung» führen. Diese Verdichtung wird mit Hilfe dynamischer Einrüttlungen von der Oberfläche oder von Bohrlöchern aus auch praktisch verwertet.

Bei den *bindigen Lockergesteinen* beeinflußt die Adsorptionswirkung zwischen den Einzelkörnern das Gefüge. Häufig treten Lockergesteine mit sehr hohen Porositäten auf. Sofern diese nicht nur auf die Beimengung leichter, hochquellfähiger organischer Gemengteile zurückzuführen sind, muß angenommen werden, daß die Teilchen größere Hohlräume, welche die Teilchen an Größe überragen können, umschließen. Dort, wo Einzelkörner diese Hohlräume umhüllen, spricht man von *Wabengefüge* (dispergierte Tone, z. T. Schlammsande). Entstehen bei der Sedimentation Koagulationen, das heißt aggregieren sich die Einzelteilchen zu Flocken, so bilden sich sehr hohlraumreiche sogenannte *Flockengefüge*. Diese treten vor allem bei Faulschlamm und faulschlammhaltigen Lehmen und Tonen auf, deren Wassergehalt dann oft über der Fließgrenze liegt. Auch die Flocken- und Wabengefüge sind empfindlich auf statische und vor allem dynamische Einwirkungen. Ursprünglich fest gelagerte Lockergesteine werden dadurch plötzlich breiartig oder sogar flüssig. Die Gefüge brechen zusammen, wobei teilweise thixotrope Erscheinungen[1]), teilweise auch das Auftreten von gespanntem Porenwasser an der Wirkung beteiligt sind.

Bindige Lockergesteine bilden über dem Grundwasserspiegel in Oberflächennähe unter dem Einfluß der pflanzlichen und tierischen Tätigkeit und der ausgeschiedenen Salze hohlraumreiche *Krümelgefüge*.

b) *Feste Gesteine*

Als wichtigste Anordnungen unterscheidet die Petrographie die *massige*, ohne bevorzugte Richtung, und die *gerichtete*, bei der die Verteilung oder die Lage der Mineralien in gewissen Richtungen oder Ebenen von derjenigen in andern sichtbar abweicht.

---

[1]) Die Thixotropie ist eine kolloidchemische Erscheinung, bei der in einem submikroskopischen oder mikroskopischen System fest-flüssig Änderungen der physikalischen Eigenschaften lediglich durch mechanische Beanspruchung dynamischer Art auftreten. Hört die mechanische Beanspruchung auf, so wird nach einer gewissen Ruhezeit der Ausgangszustand wieder erreicht.

Die für die Technik bedeutsamen Gesteinseigenschaften zeigen, daß die bei den meisten Eruptivgesteinen und zahlreichen Sedimenten scheinbar vorhandene *Massigkeit* der Textur selten vollkommen ist. In der Mehrzahl der Fälle zeigen dem Aussehen nach typisch massige Gesteine noch von der Richtung abhängige Kohäsions- und Festigkeitsunterschiede. Diese lassen sich am besten bei dynamischer Festigkeitsbeanspruchung aufdecken, weit weniger deutlich bei statischer. Die Abweichung vom isotropen Verhalten zeigt sich vor allem in bevorzugter Spaltbarkeit (durch Schlag) in bestimmten Ebenen und, damit zusammenhängend, in von der Richtung abhängiger Bearbeitbarkeit. So zeigen z. B. viele Granite (und verwandte körnige Eruptivgesteine) eine ausgesprochen bessere Spaltbarkeit parallel der Lagerklüftung (die in flachen Granitgebieten mit der Bankungsklüftung zusammenfällt). Etwas wenig ausgesprochen, aber meist ebenfalls deutlich bestehen bessere Spaltbarkeiten parallel den zwei

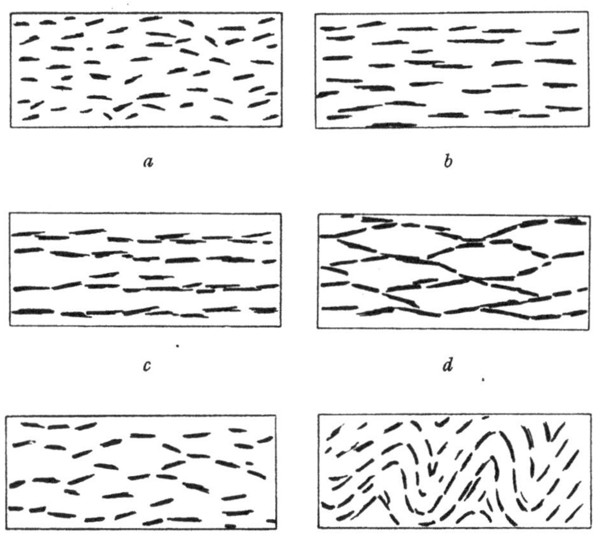

Fig. 5. Wichtige gerichtete Texturen (z. B. von Gneisen und Glimmerschiefern), deutlich an der Anordnung blättriger Mineralien (z. B. Glimmer). Ansicht des Längsbruches, etwa 1:1

a Glimmer einzeln, schlecht gerichtet; *b* Glimmer einzeln, gut gerichtet; *c* Glimmer in Lagen, nicht verbunden; *d* Glimmerlagen gewellt, Lagen verbunden; *e* Anordnung undeutlich gewellt, Glimmer einzeln; *f* Gefälteltes Gefüge.

weitern Hauptklüftungen, in tektonisch beanspruchten Regionen zudem parallel den wichtigsten tektonischen Kluftrichtungen. Diese leichtern Spaltbarkeiten beruhen auf einer gewissen Regelung der wichtigen Gesteinskomponenten, die natürlich schon vor der Anlage der Hauptabkühlungsklüfte bestand und dann deren Richtungen zu beeinflussen vermochte, eventuell auch auf dem Bestehen verborgener Spannungszustände. Damit steht in Zusammenhang, daß Granitvorkommen mit schlechter oder nahezu fehlender regelmäßiger Klüftung sich gewöhnlich auch nicht besonders gut spalten lassen, was die

Verarbeitbarkeit erschwert. Die Grünsteinumwandlung der Eruptivgesteine (Seite 131) verwischt zumeist eine bestehende Anisotropie, wodurch bevorzugte Spaltrichtungen verlorengehen.

Auch die Sedimentgesteine, die im Handstück massig sind, spalten oft am leichtesten parallel dem Lager und den etwaigen Hauptklüftungen, weisen also eine versteckt gerichtete Textur auf. Eine verborgene Schichtung kann bisweilen durch Tränkung mit Farblösungen aufgedeckt werden; sehr oft tritt sie auf der angewitterten Gesteinsoberfläche hervor.

Bei den Gesteinen mit von Auge deutlich *gerichtetem* Gefüge ist von vorneherein eine starke Abhängigkeit der Eigenschaften und des Verhaltens von der Richtung zu erwarten. Am auffallendsten ist dies bei der Schieferung der metamorphen Gesteine, die in erster Linie durch mehr oder weniger bevorzugte Anordnung blättriger Mineralien mit leichter Spaltbarkeit in einer Ebene hervorgerufen wird. Je nach der Strenge dieser Anordnung ist die Schieferung mehr oder weniger intensiv (siehe Fig. 5*a–f*, 6, 7).

Fig. 6

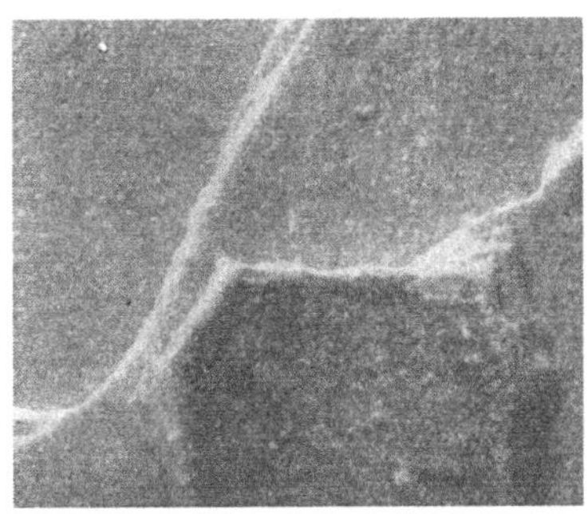

Fig. 7

Fig. 6. Gneis (Querbruch) mit nur undeutlich in Lagen angereicherten Glimmerblättchen. Spaltung mäßig gut, Spaltfläche ziemlich uneben. Natürliche Größe.

Fig. 7. Gneisquarzit (Ansicht des Lagerbruchs). Der helle Glimmer ist in dünnen Lagen in wenig Millimeter Abstand angereichert, eine ebenflächige Spaltung gestattend. Deutlich die von oben nach unten verlaufende Striemung.

Mit der Güte der Regelung der Glimmer in einer Ebene nimmt die Spaltfähigkeit zu und erreicht ein Maximum, wenn alle Glimmer streng gerichtet und zugleich in Lagen angereichert sind. In vielen stark geschieferten Gesteinen bemerkt man, daß die Glimmerblättchen in der Schieferungsebene einseitig gestreckt erscheinen, so daß die Gesteine drei ausgesprochene Richtungen verschiedenen Verhaltens zeigen (siehe Fig. 8). Die Streckungsrichtung bezeichnet man als Striemung. Vielfach, wenn auch nur bei genauer Betrachtung sichtbar, sind bei starker Schieferung zudem Mineralien, die normalerweise isometrisch-körnig sind, in der Schieferungsrichtung gestreckt. Häufig zeigen sie die Regelung, wenn nicht in der äußerlichen Umgrenzung, so doch in der kristallographischen Anordnung, die für das physikalische Verhalten maßgebend ist.

Die lagige Textur, verbreitet bei Sedimentgesteinen (hier als Schichtung bezeichnet), häufig auch bei kristallinen Schiefern und nicht selten bei Eruptivgesteinen, weist einen Aufbau in Lagen verschiedener mineralogischer Zusammensetzung (oder Korngröße) auf. Der Einfluß einer Lagentextur auf die Eigenschaften ist natürlich ganz durch die Zusammensetzung der einzelnen Lagen bedingt. Von größtem Einfluß sind Lagen eines Materials von weit geringerer Festigkeit, als sie dem übrigen Gestein zukommt; dies ist z. B. der Fall bei den obenerwähnten, bei kristallinen Schiefern verbreiteten Glimmerlagen sowie bei den Ton-Mergel-Lagen der Sedimentgesteine.

Eine nicht sehr verbreitete Unterart der Lagentextur ist die Fließtextur, mit gewundenen Lagen und Schlieren, vergleichbar den Strömungsbildern bei Flüssigkeiten.

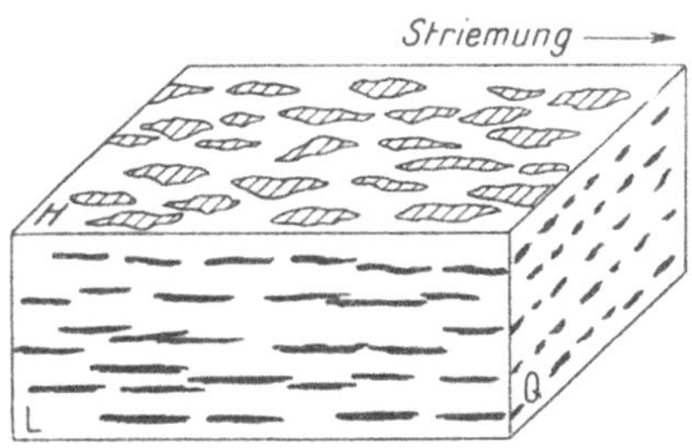

Fig. 8

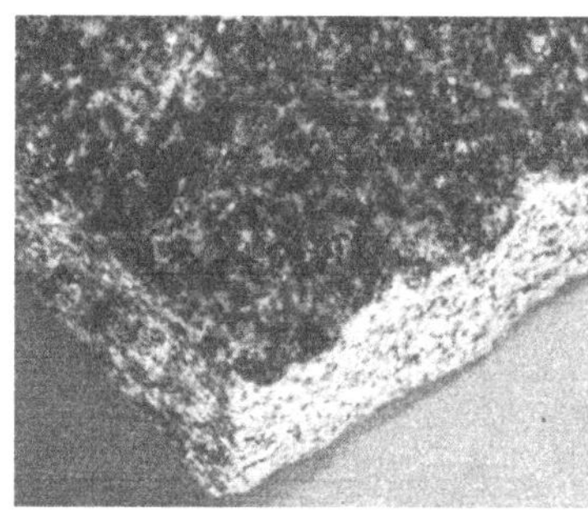

Fig. 9

Fig. 8. Bezeichnung der Bruchflächen eines dreihäuptigen Gneises. H = Haupt- oder Lagerbruch, L = Längsbruch, Q = Querbruch.

Fig. 9. Biotitgneis, zweihäuptig. Lager durch die Anreicherung der Biotitblätter viel dunkler als Quer- und Längsbruch.

Viele Gesteine sind zugleich lagig und geschiefert, wobei diese Texturen nicht in die gleiche Ebene zusammenzufallen brauchen wie bei der Gleitflächenschieferung oder Clivage (siehe Seite 123). Geschieferte und zugleich lagige Gesteine sehen auf dem Lagerbruch wesentlich anders aus als auf Längs- oder Querbruch (Fig. 9). Der Steinhauer bezeichnet sie als zweihäuptig. Bei dreihäuptigen Gesteinen sind auch die beiden letzteren Bruchflächen wesentlich voneinander verschieden, was man bei Gneisen mit ausgesprochener Striemung trifft.

3. Korngröße

Bei zahlreichen technischen Untersuchungen wird die Korngröße und die Kornverteilung der Gemengteile der Gesteine ermittelt. Ihre Bestimmung ist bei den Lockergesteinen, mit Ausnahme derjenigen, die organische Substanz enthalten, allgemein leichter durchzuführen als bei den Festgesteinen.

a) *Lockergesteine*

Bei den Lockergesteinen oder gebrochenen Festgesteinen erfolgt die Ermittlung der Korngröße der verschiedenen beteiligten Körner zumeist durch direkte oder indirekte gewichtsmäßige Trennung in einzelne Fraktionen. Je nach der Hauptkorngröße kommen verschiedene Methoden[1]) zur Anwendung:

Tabelle 3. *Methoden zur Bestimmung der Kornverteilung*

Anwendungsbereich	Material	Methode bzw. Gerät
über 1 mm	Block, Grobkies, Schutt, Kies, Grobsand, gebrochener Splitt usw.	Lehren, Loch- oder Maschensiebe
über 0,06 mm	Sand	Maschensiebe
0,02–0,2 mm	Schlammsand, Sand	Sieben (bis 0,06 mm) oder Spülverfahren (Kopecky, Schöne, Harkort usw.)
0,004–0,06 mm	Staub	Windsichtung
0,0005–0,05 mm	Lehm, Ton	Absetzverfahren (Pipett-, Aräometermethode)
0,0001–0,002 mm	Tone	Ultrazentrifuge, Photozelle

Die Wahl der Fraktionsgrenzen, bei denen die Abtrennung erfolgt, richtet sich nach dem Zweck der technischen Untersuchung. Es existieren eine Reihe von genormten Siebsätzen, z. B. schweizerischer und deutscher Maschensiebsatz (SNV. 70101, Din 1171), schweizerischer und deutscher Rundlochsiebsatz (Din 1179), britischer Siebsatz, ASTM. (namentlich in USA. gebrauchte Normierung). Als Umrechnung von Lochdurchmesser (d) auf Maschensiebweite (w) werden für den Bereich 1–30 mm von Schenk[2]) folgende Umrechnungsformeln gegeben:

$$w = 0{,}885\,d - 0{,}5 \text{ in Millimeter}, \qquad d = 1{,}13\,w + 0{,}565 \text{ in Millimeter.}$$

Die ermittelte Kornverteilung wird dargestellt:

α) In Prozentzahlen der Gewichtsteile der einzelnen Fraktionen in bezug auf das Gesamtgewicht im trockenen Zustand (siehe zum Beispiel Tabelle 6).

β) Als *Summationskurve.* Bei dieser Darstellung werden auf der Abszisse die Durchmesser der Körner in linearem oder logarithmischem Maßstab, auf der Ordinate die Prozentanteile derjenigen Körner, die einen kleineren Korndurchmesser als der betrachtete Grenzwert besitzen, im linearen Maßstab abgetragen (Fig. 10). Die Summationskurve ermöglicht insbesondere den Vergleich von Kornverteilungen, die mit verschiedenen Methoden und Fraktionsgrenzen bestimmt werden.

---

[1]) H. Gessner, Die Schlämmanalyse, Leipzig 1931. - A. Casagrande, Die Aräometermethode zur Beurteilung der Kornverteilung von Böden, Springer, Berlin 1934.

[2]) Zitiert nach G. Rothfuchs, Vergleich von Siebergebnissen trotz Verwendung verschiedener Siebsätze. Steinbruch und Sandgrube, Bd. 38, 1939.

γ) Als *Verteilungs- oder Häufigkeitskurve.* Dabei trägt man auf der Abszisse die verwendeten Kornintervalle, auf der Ordinate, sofern die Intervalle gleich groß sind, den prozentualen gewichtsmäßigen Anteil der Fraktion am Gesamtgewicht ab. Die dadurch entstehenden Rechtecke aus Grundfläche mal Höhe entsprechen dem prozentualen gewichtsmäßigen Kornanteil, der in das Intervall fällt. Bei verschieden großen Intervallen müssen die Höhen auf Grund der Verhältnisse der Grundlinien umgerechnet werden. In die Rechtecke kann auch anschließend die Ausgleichskurve gezeichnet werden (Fig. 10).

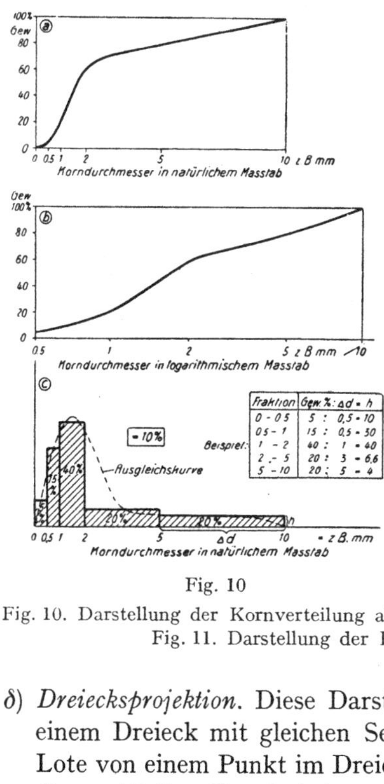

Fig. 10

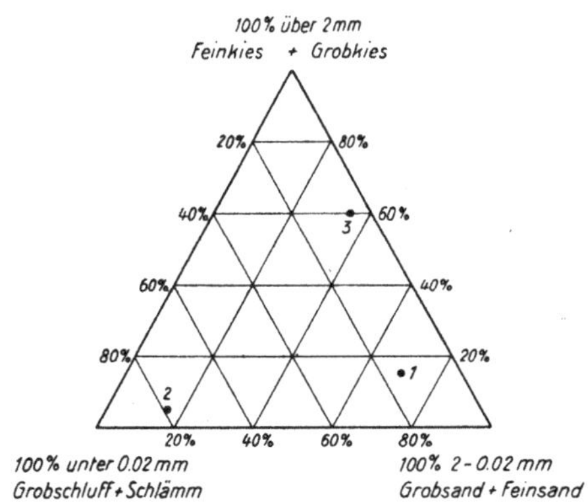

Fig. 11

Fig. 10. Darstellung der Kornverteilung als Summationskurve (*a*, *b*) oder Häufigkeitskurve (*c*).
Fig. 11. Darstellung der Kornverteilung im Dreiecksdiagramm.

δ) *Dreiecksprojektion.* Diese Darstellung geht von der Tatsache aus, daß in einem Dreieck mit gleichen Seitenlängen die Summe der Länge der drei Lote von einem Punkt im Dreieck auf die Seiten konstant ist. Werden nun die ermittelten Kornfraktionen auf drei Hauptfraktionen umgerechnet und diese je einem Lot zugeordnet, so kann die Kornverteilung durch einen Punkt im Dreieck dargestellt werden (Fig. 11).

Bei der Bezeichnung der einzelnen Fraktionen und Mischungen derselben auf Grund der Kornverteilung folgen wir hier dem Vorschlag ATTERBERG-FISCHER-NIGGLI[1]), welche Autoren die Hauptfraktionen wie folgt bezeichnen und begrenzen:

[1]) H. ATTERBERG, Die rationelle Klassifikation der Sande und Kiese, Chemikerzeitung, Bd. 15, 1905. – G. FISCHER, Gedanken zur Gesteinssystematik, Jb. Preuß. geol. Landesanstalt, Bd. 54, 1936.

Tabelle 4. *Bezeichnung der Hauptfraktionen der Lockergesteine*

Durchmesser in mm	Bezeichnung		
über 200	Block, Geschiebe, Geröll		
200–20	Grobkies	Kies	
20–2	Feinkies		Gries (Kiessand)
2–0,2	Grobsand	Sand	
0,2–0,02	Feinsand		Silt (Schlammsand)
0,02–0,002	Grobschluff	Schluff	
0,002–0,0002	Feinschluff		Schlämm
< 0,002	Schweb		

Zur raschen Beschreibung eines Lockergesteines an Hand der ermittelten Kornverteilung eignet sich folgende Charakterisierung:

Tabelle 5. *Rasche Charakterisierung nach der Kornverteilung*

Hauptbestandteile	über 30%	als Hauptwort, z. B. Kies
Nebengemengteile	10–30%	als beigeordnetes Hauptwort, z. B. mit Sand
Akzessorische Gemengteile	3–10%	als Adjektiv, z. B. grobschluffhaltig
Übergemengteile.	unter 3%	nicht erwähnt

Tabelle 6. *Beispiele der Charakterisierung nach der Kornverteilung*

Fraktion	Kornverteilung in Gewichts-% von 3 Proben		
	Nr. 1	Nr. 2	Nr. 3
20–200 mm Grobkies	5	0	0
2–20 mm Feinkies	10	5	30
0,2–2 mm Grobsand	40	5	60
0,02–0,2 mm Feinsand	30	10	5
0,002–0,02 mm Grobschluff . . .	10	40	3
< 0,002 mm Schlämm	5	40	2

Bezeichnung: Nr. 1 Sand mit Feinkies und Grobschluff, schlämm- und grobkieshaltig.

Nr. 2 Grobschluff und Schlämm mit Feinsand, grobsand- und feinkieshaltig.

Nr. 3 Gries, silthaltig.

Für zahlreiche technische Zwecke besteht das Bedürfnis, bei den Korngemischen anzugeben, ob sie sich über zahlreiche nebeneinanderliegende Fraktionen erstrecken (Summationskurve flach), oder ob sie nur auf eine oder

G. Fischer und H. Udluft, Einheitliche Benennung der Sedimentgesteine, Jb. Preuß. geol. Landesanstalt, Bd. 56, 1936. – P. Niggli, Die Charakterisierung der klastischen Sedimente nach der Kornzusammensetzung, Schweiz. min.-petr. Mitt., Bd. 15, 1935, siehe auch Erdbaukurs der ETH., Zürich 1938.

wenige Fraktionen beschränkt sind (Summationskurve steil). Von A. HAZEN ist vorgeschlagen worden, als Maß für diese Verteilung den sogenannten *Ungleichförmigkeitsgrad* $U = \frac{d\,60\,\text{Gew.-\%}}{d\,10\,\text{Gew.-\%}}$ der Summationskurve zu berechnen. *d* 60% bzw. *d* 10% sind die Korndurchmesser, bei denen der Gewichtsanteil der Körner mit kleinerem Durchmesser als *d* gleich 60% bzw. 10% betragen.

Tabelle 7. *Ungleichförmigkeitsgrad nach* A. HAZEN

Ungleichförmigkeitsgrad	Charakterisierung
< 5	sehr gleichkörnig
5–15	mittelgleichkörnig
>15	sehr ungleichkörnig

Für manche technische Probleme und Darstellungen ist es erwünscht, einen *maßgebenden* oder *wirksamen Korndurchmesser* zu berechnen. A. HAZEN schlägt zum Beispiel *d* 10% vor; in den Geschiebetriebformeln wurde *d* 50% verwendet, das heißt die Korndurchmesser, bei denen der gewichtsmäßige Anteil kleiner als *d* 10% bzw. 50% ist. Eine Zusammenstellung der neueren Berechnungsmethoden findet sich z. B. in P. NIGGLI: Gesteine und Minerallagerstätten, Birkhäuser, Basel 1948.

Zur feldmäßigen Charakterisierung der Lockergesteine genügen meist die in Kapitel III A erwähnten Namen (z. B. Schlammsand mit Kies), wobei aber, wenn möglich, die Hauptkorngröße und der mittlere Durchmesser der größten Bestandteile angegeben werden sollten (z. B. Kies 20 bis 40 mm, maximal 90 mm). Dazu tritt selbstverständlich noch die Erwähnung allfälliger Beimengungen (z. B. organischer Natur), Texturen, der Farbe und des Feuchtigkeitsgrades.

Der wesentliche Einfluß der Korngröße und der Korngrößenverteilung auf die technischen Eigenschaften der Lockergesteine wird in Kapitel III und V 3, eingehender dargestellt.

b) *Festgesteine*

Die Korngröße der Festgesteine muß durch direkte Messung mit dem Maßstab (bei Korn über etwa 2 mm) oder mit dem Mikrookular (bei feinerem Korn) erfolgen. Bei den verbreitetsten (oft weit vorwiegenden) einigermaßen isometrischen Mineralien gibt man das Mittel der maximalen Durchmesser der Einzelkörner an. Bei dünnblättrigen oder langstengeligen Mineralien ist ebenfalls die maximale Ausdehnung anzugeben, dabei aber auf die Ausbildung aufmerksam zu machen, was durch Namen wie Glimmerblättchen, Serpentinfasern bereits genügend geschieht. Bei Messungen an Schnitten (wie den Dünnschliffen) ist stets zu berücksichtigen, daß das gemessene Mittel unter dem wahren liegt, da natürlich nicht alle Mineralien in der Ebene ihrer maximalen Dimensionen geschnitten sind. Bei isometrischen Körnern sind die Meßwerte etwa mit dem Faktor 1,4 zu multiplizieren.

Die Größe der Einzelkörner eines Festgesteins ist von Einfluß auf die Bruchformen, die Beschaffenheit der Bruch- und Bearbeitungsflächen und weitgehend auch auf die Festigkeitseigenschaften, besonders bei kleinformatigen Anwendungsarten des Gesteins, bei denen die Dimensionen der Stücke die Ausmaße der Körner verhältnismäßig wenig überschreiten.

Die *Korngrößenbezeichnungen* müssen für die Hauptgesteinsgruppen: kristalline Gesteine, Trümmersedimente und Karbonatgesteine, verschieden gehandhabt werden. Die kristallinen Gesteine weisen, worauf bereits der Namen deutet, im allgemeinen ein gröberes Korn auf als die Sedimentgesteine.

Bei den kristallinen Gesteinen pflegen die Bereiche anders abgegrenzt zu werden, je nachdem man es mit den normalerweise relativ grobkörnigen Gesteinstypen (wie Granite, Diorite, Syenite, Gneise usw.) zu tun hat (A der Tabelle) oder mit den feiner gekörnten Gesteinsformen (B), wozu die meisten porphyrischen Ergußgesteine gehören. Es lassen sich für die beiden Gruppen etwa folgende Abgrenzungen ziehen:

Tabelle 8. *Bezeichnungen der Korngrößen bei kristallinen Gesteinen*

Mittlere Korndurchmesser	Bezeichnung A	Bezeichnung B
über 10 mm	sehr grobkörnig	kaum vorkommend
5–10 mm	grobkörnig	kaum vorkommend
2– 5 mm	mittelkörnig	sehr grobkörnig
0,5– 2 mm	feinkörnig	mittel- bis grobkörnig
0,2– 0,5 mm	sehr feinkörnig	fein- bis mittelkörnig
unter 0,2 mm	extrem feinkörnig	fein- bis sehr feinkörnig

Bei ausgesprochen porphyrischen Gesteinen ist zwischen dem Korn der Einsprenglinge und dem der Grundmasse zu unterscheiden.

Bei den *Trümmersedimenten* (Sandsteine, Konglomerate, Brekzien) ist meist die Größe der Trümmerbestandteile maßgebend, eventuell muß zwischen Trümmern und Bindemittel unterschieden werden; die Klassifikation folgt hier der entsprechenden der Lockergesteine (Seite 27).

Bei den *Kalksteinen* und verwandten Karbonatgesteinen, auch bei Kieselgesteinen, Gips, Anhydrit, Tongesteinen haben sich folgende Korngrößenkennzeichnungen eingebürgert:

Tabelle 9. *Korngrößenbezeichnungen bei Kalksteinen*

Bezeichnungen		Der Masse nach vorwiegende Korndurchmesser	
feinkristallin	kryptokristallin	unter 0,01 mm	von Auge kornlos
feinkristallin	mikrokristallin	0,01–0,1 mm	Korn bereits erkennbar
grobkristallin	mesokristallin	0,1 –0,5 mm	spätig
grobkristallin	makrokristallin	über 0,5 mm	spätig

Oft ist es bei den sehr wechselvoll gekörnten Kalksteinen zweckmäßiger, verschiedene Kornbereiche auseinanderzuhalten, z. B. abwechselnde Lagen von mikro- und mesokristallinem Korn oder Fossilreste von makrokristallinem Korn und kryptokristalliner Zwischenmasse.

Bei allen Gesteinen bezeichnet man allgemein eine Struktur, deren Feinheit von Auge keine deutliche Unterscheidung des Einzelkornes gestattet, als «*dicht*». Dieser Ausdruck wird allerdings oft mit kompakt = porenfrei verwechselt. Man verwendet daher auch die Bezeichnung aphanitisch.

Bei den vielen gröbergekörnten kristallinen Gesteinen, die nachträglich (z. B. durch Metamorphose, Grünsteinbildung oder Oberflächenverwitterung) verändert wurden, bestehen meist zwei Größenkategorien der Mineralkörner: die ursprünglichen groben Mineralien (z. B. Feldspäte) und die darin auftretenden, meist weit feiner gekörnten Neubildungen (z. B. Zoisit und Serizit). Überwiegen die Neubildungen, so ist deren Korn für die Eigenschaften maßgebender als das ursprüngliche, auch wenn letzteres noch gut sichtbar sein sollte.

4. Spezifisches Gewicht und Raumgewicht

Die Kenntnis des spezifischen Gewichtes (oft auch mit «Dichte» bezeichnet) und des Raumgewichtes ist bei Locker- und Festgesteinen für verschiedene technische Zwecke, z. B. für die Feststellung der Porositätsverhältnisse (siehe Abschnitt 5), wichtig.

Das *spezifische Gewicht*, das sich auf die porenfrei gedachte Gesteinssubstanz bezieht, kann im Laboratorium an Gesteinspulver mit dem Pyknometer, z. B. in Wasser, bestimmt und nach folgender Formel berechnet werden:

$$\gamma_s = \frac{G_s \cdot \gamma_w}{G_1 + G_s - G_2}$$

G_s = Gewicht der Probe in g;

G_1 = Gewicht Pyknometer + Wasser in g;

G_2 = Gewicht Pyknometer + Wasser + Probe in g;

γ_w = Spezifisches Gewicht des Wassers.

Die an die pulverförmige Probe oft hartnäckig adhärierende Luft muß durch Kochen oder verminderten Luftdruck sorgfältig entfernt werden. Für Baustellenlaboratorien eignet sich das Gerät von ERDMENGER-MANN[1]), das mit Flüssigkeiten kleinerer Oberflächenspannung als Wasser arbeitet (z. B. Tetrachlorkohlenstoff). Für Laboratorien sind Spezialapparaturen geschaffen worden, wie das praktische Notarivolumeter[2]).

[1]) J. v. WROCHEM, Über Apparate zur Bestimmung des spezifischen Gewichts fester Körper in pulveriger und körniger Form, Chem. Zbl., Vol. I, 1905.

[2]) F. Süffert-Bürner AG., Basel.

Das spezifische Gewicht der Gesteine hängt von demjenigen ihrer Bestandteile ab. Während die Beteiligung von Schweremineralien, wie Hornblenden, Augit, Epidot, Magnetit, Pyrit, ein hohes spezifisches Gewicht bedingt, wird dieses durch wasserbindende Tonmineralien oder organische Beimengungen herabgesetzt. Über die spezifischen Gewichte der Einzelmineralien siehe Tabelle 1.

Das Raumgewicht

Das Raumgewicht bezeichnet das Gewicht der Volumeneinheit, d. h. der Festsubstanz inkl. der Porenfüllung.

Es werden auseinandergehalten:

γ_e = Raumgewicht des vollständig trockenen Gesteins;

γ_e^* = Raumgewicht des feuchten, d. h. ungesättigten Gesteins;

γ_e' = Raumgewicht des wassergesättigten Gesteins;

γ_e'' = Raumgewicht des wassergesättigten Gesteins unter Wasser (bzw. bezogen auf Wasser).

Das Raumgewicht kann bestimmt werden an Festgesteinen und ungestörten Proben von Lockergesteinen in einem Glasgefäß mit angeschliffenem Deckel von bekanntem Volumen, in welches die Proben, die vorgängig durch Eintauchen in flüssiges Paraffin mit einer dichten Haut überzogen wurden, eingelegt werden. Die Formel für die Berechnung des Raumgewichtes lautet in diesem Falle:

$$\gamma_e^* = \frac{G_e^* \cdot \gamma_w}{G_1 + G_e^* - G_2 - G_p\left(\frac{\gamma_w}{\gamma_p} - 1\right)} \text{ g/cm}^3$$

G_e^* = Gewicht des Probekörpers ohne Paraffin in g;

G_p = Gewicht des Paraffinüberzuges in g;

γ_w = Raumgewicht des Wassers in g/cm³ = 1,0 g/cm³;

γ_p = Raumgewicht des Paraffins in g/cm³ = 0,878 g/cm³;

G_1 = Gewicht Gefäß + Wasser in g;

G_2 = Gewicht Gefäß + Wasser + paraffinierter Probekörper in g.

Das Raumgewicht gestörter Lockergesteine wird durch Einfüllen in ein Gefäß von gegebenem Volumen (V) nach Ermittlung des Gewichtes (G) wie oben, aber ohne Paraffin bestimmt, gemäß der Formel $\gamma_e^* = \frac{G \text{ in g}}{V \text{ in cm}}$.

Die Raumgewichte der wichtigsten Lockergesteine finden sich in Tabelle 32, 35, diejenigen der kristallinen Festgesteine in der Tabelle 42 zusammengestellt; sie werden für technische Zwecke meist in t/m³ angegeben.

5. Wasseraufnahme und Porosität

Jedes Gestein enthält neben der festen Phase (Mineral- und Gesteinskörner und organische Gemengteile) auch Poren, die von flüssiger oder gasförmiger Phase eingenommen werden. Der von Wasser und (oder) Luft erfüllte Raum wird als Porenvolumen bezeichnet. Die Kenntnis der Porositätsverhältnisse der Gesteine ist für viele technische Fragen (z. B. Zusammendrückbarkeit, Frostbeständigkeit) wichtig. Zu ihrer Bestimmung sind außer dem spezifischen Gewicht und dem Raumgewicht auch die Feststellung des Wassergehaltes notwendig.

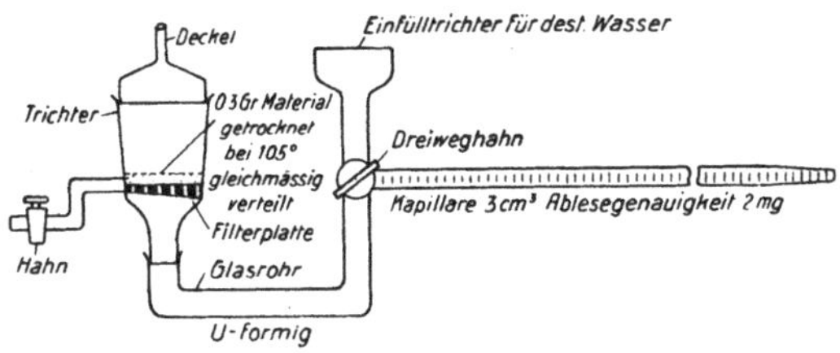

Fig. 12. Enslin-Gerät zur Bestimmung der Wasseraufnahmefähigkeit von Lockergesteinsproben.

Mit der gewöhnlichen technischen *Wassergehaltsbestimmung* durch Trocknen bei 105^0 C ermittelt man im Gestein das freie Wasser (Okklusionswasser), das Kapillarwasser und einen Teil des an die Mineralien adsorptiv gebundenen Wassers, nicht aber den Hauptteil des letzteren und den chemisch gebundenen Anteil. Der Wassergehalt w (Anlieferungswassergehalt w^*) wird normalerweise in Gewichtsprozenten pro Trockensubstanz angegeben.

Für viele technische Untersuchungen ist auch die Kenntnis der *Wasseraufnahmefähigkeit* (kurz Wasseraufnahme) wichtig. An Lockergesteinen wird sie an getrocknetem Material im Enslin-Gerät bestimmt (siehe Fig. 12). Bei Festgesteinen erfolgt sie durch Einlegen von Proben in Wasser unter Atmosphärendruck bis zur Gewichtskonstanz. Die Wasseraufnahme wird meist in Gewichtsprozenten des aufgenommenen Wassers pro Trockengewicht, seltener als Verhältnis Wasservolumen zu Gesteinsvolumen angegeben.

Über die generelle Verteilung der Phasen im Gestein orientiert Fig. 13.

Als ***absolute Porosität*** oder kurzweg ***Porosität*** (n) wird das Verhältnis

$$\frac{\text{totales Porenvolumen der Raumeinheit}}{\text{Totalvolumen der Raumeinheit}} = n = \frac{\gamma_s - \gamma_e}{\gamma_s} \text{ in Prozenten}$$

bezeichnet. Die Porosität berechnet sich für feuchte und wassergesättigte Materialien aus den bekannten Größen:

γ_e^* bzw. γ_e' = Raumgewicht des feuchten bzw. wassergesättigten Gesteins;
γ_s = spezifisches Gewicht der Festsubstanz;
w^* bzw. w = Wassergehalt des feuchten bzw. gesättigten Gesteins

wie folgt: $n = 1 - \dfrac{\gamma_e^*}{\gamma_s (1 + w^*)}$ bzw. $n = 1 - \dfrac{\gamma_e'}{\gamma_s (1 + w)}$.

Für Festgesteine oder ungesättigte Lockergesteine wird auch die *scheinbare Porosität* (n^*) berechnet.

$$n^* = \frac{\text{Volumen der bei atmosphärischem Druck füllbaren Poren}}{\text{totales Porenvolumen}}$$

Als *Porenziffer* (ε) bezeichnet man das Verhältnis

$$\varepsilon = \frac{\text{totales Porenvolumen}}{\text{Volumen der Festsubstanz}} = \frac{n}{1 - n} .$$

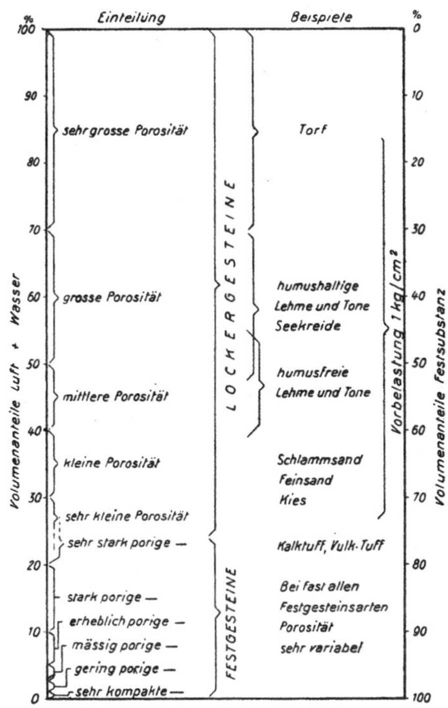

Fig. 13. Porositätsverhältnisse der Gesteine.

Sättigungsgrad oder Sättigungsziffer (ζ) nennt man das Verhältnis

$$\zeta = \frac{\text{wassergefüllte Poren}}{\text{totales Porenvolumen}} = \frac{n^*}{n} .$$

Die Sättigungsziffer berechnet sich aus den Größen

γ_e^* = Raumgewicht des feuchten Gesteins;

γ_w = Raumgewicht des Wassers = 1 g/cm³;

w^* = Wassergehalt des feuchten Gesteins;

γ_s = spezifisches Gewicht der Festsubstanz

wie folgt:

$$\zeta = \frac{\frac{\gamma_e^*}{\gamma_w} \cdot w^*}{1 + w^* - \frac{\gamma_e^*}{\gamma_s}} .$$

Eine Zusammenstellung der wichtigsten Formeln findet sich in Fig. 14. Sie kann noch durch das Raumgewicht des unter Wasser befindlichen Materials $\gamma_e'' = \gamma_e' - \gamma_w$ ergänzt werden.

Bekannte Grössen	Gesuchte Grössen					
	γ_s	γ_e	γ_e'	w	n	ε
γ_s, γ_e	—	—	$\gamma_e - \frac{\gamma_w \cdot \gamma_e}{\gamma_s} + \gamma_w$	$\frac{\gamma_w}{\gamma_e} - \frac{\gamma_w}{\gamma_s}$	$\frac{\gamma_s - \gamma_e}{\gamma_s}$	$\frac{\gamma_s - \gamma_e}{\gamma_e}$
γ_s, γ_e'	—	$\frac{\gamma_e' - \gamma_w}{1 - \frac{\gamma_w}{\gamma_s}}$	—	$\frac{\gamma_s - \gamma_e'}{\gamma_s\left(\frac{\gamma_e'}{\gamma_w} - 1\right)}$	$\frac{\gamma_s - \gamma_e'}{\gamma_s - \gamma_w}$	$\frac{\gamma_s - \gamma_e'}{\gamma_e' - \gamma_w}$
γ_s, w	—	$\frac{\gamma_w}{\frac{\gamma_w}{\gamma_s} + w}$	$\frac{\gamma_s(1+w)}{1 + \frac{\gamma_s}{\gamma_w} \cdot w}$	—	$\frac{1}{1 + \frac{\gamma_w}{\gamma_s \cdot w}}$	$\frac{\gamma_s}{\gamma_w} \cdot w$
γ_s, n	—	$\gamma_s(1-n)$	$\gamma_s - (\gamma_s - \gamma_w)n$	$\frac{\gamma_w \cdot n}{\gamma_s(1-n)}$	—	$\frac{n}{1-n}$
γ_s, ε	—	$\frac{\gamma_s}{1+\varepsilon}$	$\frac{\gamma_s + \gamma_w \cdot \varepsilon}{1+\varepsilon}$	$\frac{\gamma_w}{\gamma_s} \cdot \varepsilon$	$\frac{\varepsilon}{1+\varepsilon}$	—
γ_e, γ_e'	$\frac{\gamma_e \cdot \gamma_w}{\gamma_e + \gamma_w - \gamma_e'}$	—	—	$\frac{\gamma_e'}{\gamma_e} - 1$	$\frac{\gamma_e' - \gamma_e}{\gamma_w}$	$\frac{\gamma_e' - \gamma_e}{\gamma_w + \gamma_e - \gamma_e'}$
γ_e, w	$\frac{\gamma_e}{1 - \frac{\gamma_e}{\gamma_w} \cdot w}$	—	$\gamma_e(1+w)$	—	$\frac{\gamma_e}{\gamma_w} \cdot w$	$\frac{\gamma_e \cdot w}{\gamma_w - \gamma_e \cdot w}$
γ_e, n	$\frac{\gamma_e}{1-n}$	—	$\gamma_e + \gamma_w \cdot n$	$\frac{\gamma_w}{\gamma_e} \cdot n$	—	$\frac{n}{1-n}$
γ_e, ε	$\gamma_e(1+\varepsilon)$	—	$\gamma_e + \gamma_w \cdot \frac{\varepsilon}{1+\varepsilon}$	$\frac{\gamma_w \cdot \varepsilon}{\gamma_e(1+\varepsilon)}$	$\frac{\varepsilon}{1+\varepsilon}$	—
γ_e', w	$\frac{\gamma_e'}{1 - \frac{w}{\gamma_w}(\gamma_e' - \gamma_w)}$	$\frac{\gamma_e'}{1+w}$	—	—	$\frac{\gamma_e' \cdot w}{\gamma_w(1+w)}$	$\frac{\gamma_e'}{\gamma_w\left(1+\frac{1}{w}\right) - \gamma_e'}$
γ_e', n	$\frac{\gamma_e' - \gamma_w \cdot n}{1-n}$	$\gamma_e' - \gamma_w \cdot n$	—	$\frac{n}{\frac{\gamma_e'}{\gamma_w} - n}$	—	$\frac{n}{1-n}$
γ_e', ε	$\gamma_e'(1+\varepsilon) - \gamma_w \cdot \varepsilon$	$\gamma_e' - \gamma_w \frac{\varepsilon}{1+\varepsilon}$	—	$\frac{1}{\frac{\gamma_e'}{\gamma_w}\left(1+\frac{1}{\varepsilon}\right) - 1}$	$\frac{\varepsilon}{1+\varepsilon}$	—
w, n	$\frac{\gamma_w \cdot n}{w(1-n)}$	$\gamma_w \cdot \frac{n}{w}$	$\gamma_w n \frac{1+w}{w}$	—	—	$\frac{n}{1-n}$
w, ε	$\gamma_w \cdot \frac{\varepsilon}{w}$	$\gamma_w \frac{\varepsilon}{w(1+\varepsilon)}$	$\gamma_w \frac{\varepsilon}{w} \cdot \frac{1+w}{1+\varepsilon}$	—	$\frac{\varepsilon}{1+\varepsilon}$	—

Fig. 14. Beziehungen zwischen den erdbaumechanischen Kennziffern (Raumgewicht, Wassergehalt, Porosität, Porenziffer). (Nach Erdbaukurs der ETH. 1938.)

a) *Lockergesteine*

Der Wassergehalt der gesättigten Lockergesteine wächst, unter sonst gleichen Bedingungen, mit der Zunahme der feinkörnigen Bestandteile, dem Anteil der Tonmineralien und der organischen Bestandteile, wie das aus Tab. 10 hervorgeht, sowie mit abnehmender Belastung, an.

Tabelle 10. *Wassergehalt von gesättigten gestörten Lockergesteinen bei einer Vorbelastung von 1 kg/cm² im Zusammendrückungsapparat*

Wasser/Trockensubstanz in Gew.-%	Bezeichnung des Wassergehaltes	Beispiele
unter 18	sehr klein	Sand, Kies
18–22	klein	Schlammsand, magere Lehme
22–35	mittel	Lehm, Ton
35–90	groß	Seekreide, Lehme mit org. Bestandteilen

Die *Wasseraufnahmefähigkeit* zeigt dieselbe Abhängigkeit von Korngröße, Mineralbestand inkl. organischen Beimengungen, wie sie beim Wassergehalt angegeben wurde. Unter den Tonmineralien beobachtet man eine Zunahme der Wasseraufnahmefähigkeit, wenn z. B. Kaolinit durch Montmorillonit ersetzt wird, wobei auch die Art und Menge der angelagerten Ionen für die Wasseraufnahme maßgebend ist ($Na' > Ca''$). Diese Eigenschaft wird z. B. in der Keramik, ferner bei der Herstellung von synthetischen Formsanden (siehe Seite 185) ausgenützt.

Tabelle 11. *Wasseraufnahmefähigkeit verschiedener Lockergesteine nach* ENDELL[1])

Material (Einwaage 3 g trocken)	Anteile unter 0,002 mm in Gew.-%	Summe der austauschbaren Ionen in Milliäqu./100 g*)	Wasseraufnahme in % der Trockensubstanz im Enslin-Gerät
Na-Bentonit . . .	100	100 (30 Na)	700
Ca-Bentonit . . .	100	100	300
Zettlitzer Kaolin .	64	9	90
Dörentruper Quarzsand Nr. 10 .	35	0	30
Fette Tone	26–89	15–28	60–108
Magere Tone . . .	10–21	10	47– 68

*) 1 Milliäquivalent = $^1/_{1000}$ derjenigen Menge, die soviel Gramm wiegt, als die Zahl des Molekulargewichtes angibt.

Neben dem Wassergehalt variieren auch Porosität und Raumgewicht bei den Lockergesteinen stark. Sie sind abhängig von der Kornverteilung, der Verdichtung und der petrographischen Zusammensetzung. Die nachfolgende Tabelle gibt dafür einige Anhaltspunkte.

[1]) K. ENDELL, W. LOOS, H. MEISCHEIDER, V. v. BERG, Über Zusammenhänge zwischen Wasserhaushalt der Tonminerale und bodenphysikalischen Eigenschaften bindiger Böden. Veröffentlichungen des Instituts der Deutschen Forschungsgesellschaft für Bodenmechanik an der Technischen Hochschule Berlin, Heft 5, Julius Springer 1938.

Tabelle 12. *Porosität und Raumgewicht der gesättigten gestörten Lockergesteine bei einer Vorbelastung von 1 kg/cm² im Zusammendrückungsapparat*

Beispiele	Porosität n		Raumgewicht γ'_e gesättigt	
		%	t/m³	
Gemisch von Lehm, Sand und Kies	sehr klein	26–30	2,1–2,3	sehr groß
Schlammsand, Feinsand	klein	30–40	1,9–2,1	groß
Lehme, Tone	mittel	40–50	1,7–1,9	mittel
Seekreide, Lehme mit org. Beimengungen	groß	50–75	1,5–1,7	klein
Torf	sehr groß	75 u. mehr	0,8–1,6	sehr klein

b) *Festgesteine*

Die Festgesteine besitzen im allgemeinen weit geringere Porosität als die Lockergesteine, indessen weisen selbst von bloßem Auge völlig kompakt erscheinende Gesteine meist ein Porenvolumen von 0,5 bis zu mehreren Prozenten auf[1]). Nach der *absoluten Porosität* läßt sich folgende Klassifizierung durchführen:

Tabelle 13. *Porosität bei Festgesteinen*

< 1 %	sehr kompakt
1 – 2,5 %	geringporig
2,5– 5 %	mäßig porig
5 –10 %	erheblich porig
10 –20 %	stark porig
> 20 %	sehr stark porig

Bezüglich der *Porengröße* wird zwischen großporig (löcherig), grobporig, feinporig und mikroporig unterschieden, wobei folgende Definitionen aufgestellt wurden:

[1]) Eine genauere Berechnung der Porosität ist bei geringem Porenvolumen mit den normalerweise auf 2 Dezimalen vorliegenden Angaben über spez. Gewicht und Raumgewicht nicht möglich. Eine Abweichung um eine Einheit in der 2. Dezimalen bei einem dieser Werte ergibt (bei Werten um 2,7) eine Differenz im Porenvolumen von 0,36%!

Beispiel:	Spez. Gewicht	Raumgewicht	Porosität
	2,72	2,72	0,00%
	2,73	2,71	0,73%
	2,73	2,70	1,10%
	2,74	2,70	1,46%

Dies zeigt deutlich, wie vorsichtig Porositätsangaben zu bewerten und wie sinnlos die üblichen Angaben auf 2 Dezimalen sind.

Tabelle 14. *Bezeichnung der Porengröße bei Festgesteinen*

Porenbezeichnung	Minimale Weite der Poren
Mikropore	< 0,005 mm
Feinpore	0,005–0,2 mm
Grobpore	0,2–2 mm
Großpore	> 2 mm

Bei den Dimensionen der Feinpore beginnt das sehr wichtige kapillare Steigen des Wassers, die maximalen Dimensionen der Mikropore entsprechen bereits einer Steighöhe von einigen Dezimetern.

Von Bedeutung ist ferner die *Form* der Poren. Grobe bis große Poren sind in bezug auf den Hohlraum entweder konkav begrenzt (rundlich), vor allem bei Kalksteinen und blasigen vulkanischen Gesteinen, oder aber konvex als Bindungslücken zwischen Körnern bei Sandsteinen und Konglomeraten. Fein- und Mikroporen sind größtenteils flächenhafte Gebilde, die bei stark porigen Gesteinen ein weitgehend zusammenhängendes Netzwerk bilden können.

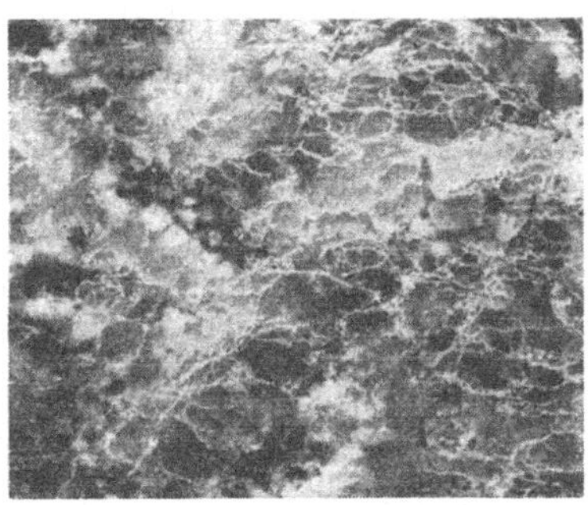

Fig. 15. An feinen Salzausblühungen wird die sonst kaum sichtbare Mikroporosität deutlich. Granit mit sehr geringer Porosität. Vergr. 4:1.

Die Bestimmung der *Wasseraufnahme* stößt bei den Festgesteinen auf erhebliche Schwierigkeiten. Bei der Wasserlagerung bis zum konstanten Gewicht (fast immer ist dies nach 28 Tagen erreicht, oft schon weit rascher) ergeben verschiedene (gleichdimensionierte) Proben desselben Gesteins meist sehr abweichende Werte (siehe Tab. 21). Noch größer sind oft die Unterschiede bei verschiedenen Dimensionen der Prüfkörper. Stücke mit einer kleinen Dimension (z. B. 1 cm) sättigen sich meist erheblich stärker als die üblichen Würfel von 6–7 cm, was bei Verwendung des Gesteines in kleinen Stücken (Schotter) sehr zu beachten ist. Dies gilt vor allem bei den sehr kompakten Gesteinen. Proben mit großen Löchern (Kalktuffe) lassen überhaupt keine Bestimmung der Wasseraufnahme zu.

Die Unsicherheiten der Wasseraufnahmebestimmung und des Porenvolumens (siehe Fußnote Seite 36) übertragen sich natürlich auch auf die *Sätti-*

gungsziffer. Diese bleibt allgemein meist erheblich unter 1 (volle Sättigung). Auch scheinbar ganz von Wasser durchtränkbare Gesteine mit weitgehend zusammenhängendem Porennetz weisen gewöhnlich Sättigungsziffern zwischen 0,6 und 0,8 auf. Über die Bedeutung der Sättigungsziffer zur Beurteilung der Frostbeständigkeit siehe Seite 203.

Der Umstand, daß die vollständige Porenfüllung auch bei langer Wasserlagerung meist bei weitem nicht erreicht wird, ließe vermuten, daß in Gesteinen zahlreiche völlig abgeschlossene Hohlräume bestehen. Daß dies nicht der Fall ist, zeigen die Wasseraufnahmeversuche unter hohem Druck (HIRSCHWALD), bei welchen bei 60 Atm die theoretische Wasserfüllung nahezu erreicht wird; auch bei sehr vermindertem Druck läßt sich meist eine Sättigung über 90% erzielen.

Die Aufnahme der Flüssigkeit und ihre Eindringwege in das Gestein lassen sich durch Eintauchen von Proben in Farbstofflösungen sichtbar machen. HIRSCHWALD, der eine große Zahl von Färbungstypen unterschied, verwendete zur Färbung eine 4%ige alkoholische Lösung von Nigrosin. Dieser Farbstoff wird indessen von feinsten Partikeln abfiltriert. Am deutlichsten sichtbar werden die feinen Poren an den nach Tränkung in Salzlösung und langsamem Trocknen entstehenden Ausblühungen (Fig. 15).

Eine direkte Erfassung der Fein- und Mikroporosität auf mikroskopischem Wege stößt auf Schwierigkeiten, da die Dünnschliffe zu dick sind und überdies Lücken und Rißbildungen auch durch den Schleifprozeß entstehen können.

6. Durchlässigkeit und Kapillarität

Die Durchlässigkeit und die Kapillarität der Gesteine hängen mit der Porengröße, den Porenverbindungen, der Querschnittsgestaltung und der Wasserbindung der Festsubstanz zusammen. Ihre Kenntnis ist für zahlreiche Probleme der Lockergesteine (Grundwasserabsenkung, Frosterscheinungen, Formsande) aber auch für die Prüfung und Beurteilung natürlicher und künstlicher Festgesteine (Verwitterungserscheinungen, Frostzerstörungen, z. B. an Dachziegeln, Ölmigration, schlagende Wetter usw.) wichtig.

a) *Durchlässigkeit für Flüssigkeiten*

Die Durchlässigkeit eines Materials in bezug auf eine Flüssigkeit wird im Laboratorium wie folgt ermittelt: Eine Gesteinsprobe, die sich in einem Hohlzylinder zwischen zwei durchlochten Platten befindet, wird von einer Flüssigkeit (z. B. Wasser) unter einem bestimmten Druckgefälle durchströmt (Fig. 16). Während gestörte Lockergesteine direkt in diesen Hohlzylinder eingestampft werden, müssen ungestörte Locker- oder Festgesteinsproben, sofern sie nicht genau zugerichtet, d. h. ausgestochen oder zugeschliffen sind, in ein Material von bekannter Durchlässigkeit (Ton, Wachs) eingebettet werden. Da die Durchlässigkeit eine Funktion des Belastungsdruckes ist, wird der Versuch, namentlich für die druckempfindlichen Lockergesteine, bei verschiedenen Belastungen durchgeführt. Die Strömungsgeschwindigkeit hängt ihrerseits wieder von der Zähigkeit der Flüssigkeit ab, die eine Funktion der Temperatur ist.

Die sog. Durchlässigkeitsziffer k_{10^0} für Wasser wird definiert als Filtergeschwindigkeit unter dem hydraulischen Druckgefälle = 1 und der Temperatur = 10° C und wird bezogen auf den ganzen Querschnitt der durchflossenen Probe. Die Grundlage der Berechnung bildet das Filtergesetz von DARCY für laminäre Strömung $v = k \cdot J$ (v = Filtergeschwindigkeit, z. B. in cm/s, J = Druckgefälle, k = Durchlässigkeitskoeffizient in cm/s).

In den Apparaturen, die der Bestimmung der Durchlässigkeit dienen, können außerdem die mechanische oder chemische Auswaschbarkeit, die Injektionsfähigkeit bestimmter Gesteinsproben u. a. m. ermittelt werden.

Lockergesteine. Bei Lockergesteinen nimmt die Durchlässigkeitsziffer mit abnehmender Korngröße und zunehmender Verdichtung ab. Bei den bindigen Lockergesteinen wird der Porenquerschnitt zwischen der Festsubstanz zudem durch die zähen adsorbierten Wasserhüllen, die namentlich um die Tonmineralien auftreten, stark verringert. Die Durchlässigkeitsziffer wird normalerweise und zum Zweck der Vergleichbarkeit bei einer bestimmten Vorbelastung, z. B. von $\sigma = 1$ kg/cm², angegeben.

Sowohl im Laboratorium wie auch beim Feldversuch zeigt sich, daß die Durchlässigkeit selbst bei anscheinend homogenen Proben senkrecht und parallel zur Druckrichtung verschieden ist. Bei Durchfluß eines elektrischen Gleichstroms kann die Sickerströmung bei denselben übrigen Bedingungen erhöht werden.

Tabelle 15. *Durchlässigkeit von gestörten Lockergesteinsproben im Laboratorium*

k_{10^0} in cm/s bei $\sigma = 1$ kg/cm²	Durchlässigkeit	Beispiele
10^{-7} bis 10^{-10}	sehr klein	Ton, Lehm
10^{-5} bis 10^{-7}	klein	Schlammsand
10^{-3} bis 10^{-5}	mittel	Feinsand
10^{-1} bis 10^{-3}	groß	Grobsand und Feinkies
10^{-2} und höher	sehr groß	Kiessand und Grobkies

Die Durchlässigkeitsziffer von Lockergesteinen wird für durchströmte Dämme im Wasserbau, für Fundationen unter dem Grundwasserspiegel, z. B. Grundwasserspiegel-Absenkungen, für Setzungsfragen, sodann bei Filtersanden ermittelt. Neben der Entwässerung bietet die Anwendung der Elektroosmose die Möglichkeit, sehr feinkörnige Lockergesteine zu injizieren, die mit den bisherigen Verfahren nicht erfaßbar sind[1]).

Festgesteine. Da die am Handstück ermittelte Durchlässigkeit nur ausnahmsweise auf den Verband übertragen werden kann, erfolgt ihre Bestimmung selten, so etwa bei Dachschiefern, Ölspeichergesteinen usw.

[1]) W. SCHAAD und R. HAEFELI, Elektrokinetische Erscheinungen und ihre Anwendung in der Bodenmechanik. Schweiz. Bauztg., Jg. 65, 1947 (daselbst übrige Literatur zitiert).

b) *Durchlässigkeit für Gase*

In ähnlicher Weise wie bei der Bestimmung der Wasserdurchlässigkeit wird Luft unter einem bestimmten Druckgefälle durch eine trockene oder feuchte (ungesättigte) Probe gepreßt. So wird bei der Formsandprüfung aus einer luftgefüllten Glocke von bekanntem Gewicht, die in ein Wasserbad taucht, Luft durch die in einem Mundstück eingespannte, dynamisch oder statisch verdichtete Probe gepreßt. Aus der Zeit, die ein bestimmtes Volumen Luft für die Durchströmung der Probe braucht, läßt sich mit Hilfe der Formel von DARCY (siehe Seite 39), die entsprechend für die Apparatur umgerechnet wird, die Luftdurchlässigkeit bestimmen.

c) *Kapillare Steighöhe*

Die kapillare Steighöhe eines Gesteins nimmt im allgemeinen zu mit der Oberflächenspannung der Flüssigkeit und der Verengung des Porenquerschnittes. Die Geschwindigkeit des kapillaren Aufstieges dagegen sinkt mit der Abnahme der Durchlässigkeit.

Die Bestimmung der kapillaren Steighöhe kann durch direkte Beobachtung des vertikalen Anstieges der Flüssigkeit bei Eintauchen des einen Probeendes in Wasser (Lockergestein trocken in Glasrohr eingefüllt) erfolgen. BESKOW[1]) taucht die Unterfläche der in ein Glasrohr eingefüllten Probe unter Wasser und bringt gleichzeitig an der freien Oberfläche das Kapillarwasser durch einen Warmluftstrom zum Verdunsten. Er mißt die kapillare Hubgeschwindigkeit des Wassers und berechnet bei bekannter Durchlässigkeitsziffer die kapillare Steighöhe nach DARCY.

Die kapillare Steighöhe kann auch angenähert dadurch bestimmt werden, daß Luft mit steigendem Druck durch die wassergesättigte Probe gepreßt wird. Im Moment des Durchbruches der Luft durch die vorher wassererfüllten Poren entspricht der herrschende Luftdruck den durch die Oberflächenspannung bewirkten Haftkräften des Kapillarwassers.

Tabelle 16. *Kapillare Steighöhen der wichtigsten Lockergesteine bei einer Vorbelastung von 1 kg/cm², ermittelt im Laboratorium an gestörten Proben*

Kapillare Steighöhe H in m bei $\sigma = 1$ kg/cm²	Bezeichnung	Beispiele
0–0,1	sehr klein	Kies, Grobsand
0,1–0,5	klein	Sand
0,5–2	mittel	Feinsand
2–5	groß	Schlammsand
über 5	sehr groß	Lehm, Ton

[1]) G. BESKOW, Tjälbildningen och Tjällyftningen. Sveriges Geologiska Untersökning. Arsbok Bd. 26, 1932, Stockholm 1935.

7. Festigkeitseigenschaften

a) *Lockergesteine*

Die Kenntnis der Festigkeit der Lockergesteine bildet vor allem im Erdbau die Grundlage zahlreicher Berechnungen. Während man sich früher hauptsächlich auf Erfahrungswerte stützte, tendiert die moderne Erdbaumechanik dahin, die Einzelwerte in den Laboratorien und im Felde experimentell zu bestimmen. Diese Bestimmung bietet bei den Lockergesteinen zufolge des wesentlichen Einflusses des Wassers experimentell größere Schwierigkeiten als bei Festgesteinen. Dagegen zeigen die ermittelten Werte innerhalb einer genetisch und makroskopisch einheitlichen Gesteinsserie geringere Streuungen als bei den Festgesteinen. Als wichtigste mit der Festigkeit zusammenhängende Kennwerte der Lockergesteine sind zu erwähnen: die Zusammendrückbarkeit, die Scherfestigkeit und die Zugfestigkeit.

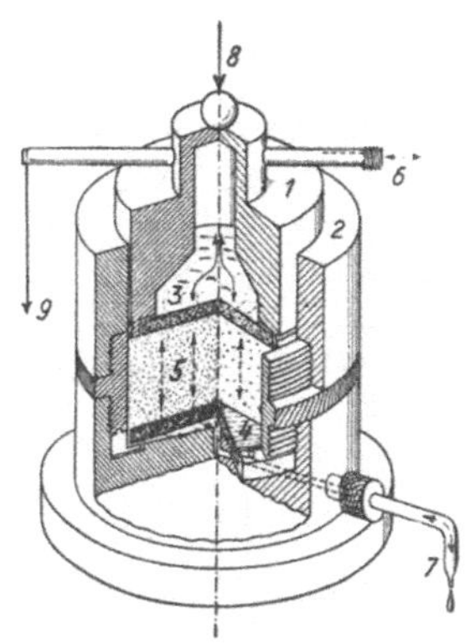

Fig. 16. Zusammendrückungsapparat (Ödometer) (Bauart MAAG) zur Bestimmung der Durchlässigkeit, der kapillaren Steighöhe, der Zusammendrückbarkeit bzw. Schwellbarkeit. *1* Kolben, *2* Zylinder, *3* und *4* obere und untere Filterplatte, *5* Probe, *6* und *7* Wasserzufluß bzw. -abfluß, *8* Lastangriff, *9* zur Meßuhr.

Die *Zusammendrückbarkeit* oder Verdichtbarkeit der Lockergesteine bei verhinderter Seitenausdehnung, d. h. die plastische Volumenverminderung, erfolgt durch Verengerung der Poren und Abströmen des Porenwassers unter dem Einfluß konstanter äußerer Kräfte. Sie wird im Laboratorium im Zusammendrückungsapparat (Ödometer) bestimmt, der aus einem Zylinder mit gelochter Boden- und Deckplatte und einem Kolben besteht (Fig. 16). Die wassergesättigte, gestörte oder ungestörte Probe wird darin unter Wasser mit Hilfe des Kolbens bei verhinderter Seitenausdehnung stufenweise belastet. Bei jeder Belastungsstufe wird das Abklingen der Hauptsetzung abgewartet und nach dem Versuch je nach Bedarf die Probe wieder entlastet. Dabei kann das ab- oder zuströmende Porenwasser durch die Filterplatten zirkulieren und der Zusammendrückungsvorgang an einer Meßuhr beobachtet werden.

Die Meßresultate werden meist graphisch dargestellt:

α) *Als Zusammendrückungs- bzw. Schwelldiagramm* in Funktion des Druckes. Daraus berechnet sich die als Vergleichswert und für die Setzungsanalyse benutzte Zusammendrückungszahl Δe. Diese bedeutet die prozentuale Zusammendrückung der Probe infolge Erhöhung der Vertikalbelastung von 1 auf $e = 2{,}718$ kg/cm² [1]), bezogen auf die Höhe bei der Belastung 1 kg/cm² (siehe Fig. 17).

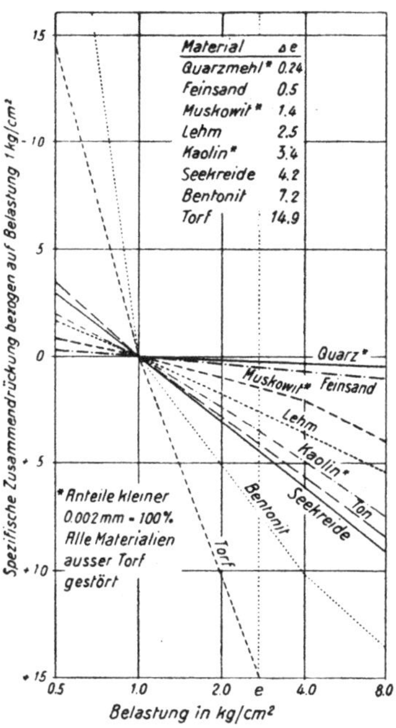

Fig. 17. Zusammendrückungsdiagramm verschiedener Lockergesteine resp. Mineralpulver.

β) *Druck-Porenziffer-Diagramm.* Da bei gegebenem Material jedem Verdichtungsgrad eine bestimmte Porenziffer entspricht, wird der Vorgang der Zusammendrückung resp. der Schwellung auch als Veränderung der Porenziffer in Funktion des Druckes dargestellt (siehe Fig. 18).

Bei grobkörnigen, durchlässigen Materialien (Sand, Kies) ist der Setzungsvorgang ein rascher (Sekunden bis Stunden) in Versuch und Natur, da das aus den verengten Poren ausgepreßte Wasser leicht abströmen und sich das Gleichgewicht zwischen Boden und Belastung rasch bilden kann. Eine Nachsetzung findet dabei kaum statt. Bei sehr feinkörnigen Materialien (Lehm) erfolgt die Setzung dagegen nur sehr langsam (Nachsetzung selbst im Laboratorium Monate bis Jahre) und nähert sich asymptotisch einem Grenzwert (Fig. 19a).

[1]) R. Haefeli, Mechanische Eigenschaften von Lockergesteinen, Schweiz. Bauztg. Bd. 111, 1938, und Erdbaukurs ETH. Zürich 1938.

Die Hauptursache für diesen langsamen Vorgang liegt in der sehr geringen Durchlässigkeit dieser Lockergesteine, die das überschüssige Porenwasser nur langsam abströmen läßt.

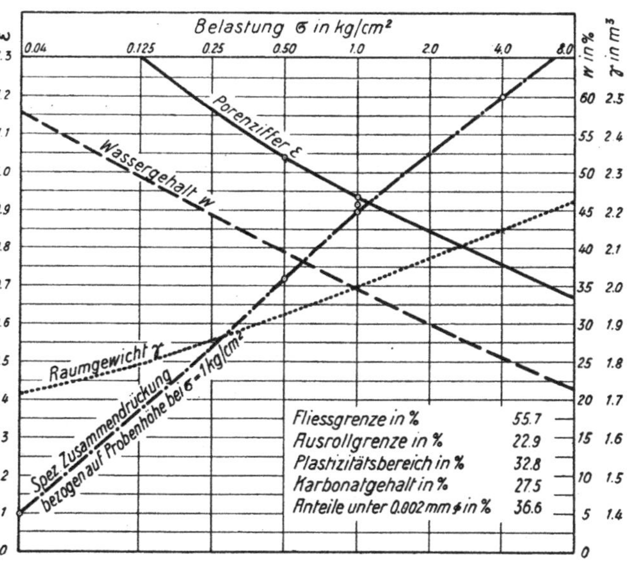

Fig. 18. Kombiniertes Zusammendrückungs-, Porenziffer-, Wassergehalts- und Raumgewichtsdiagramm einer Lehmprobe.

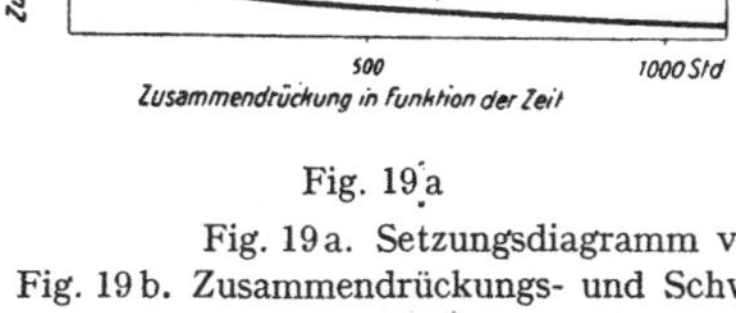

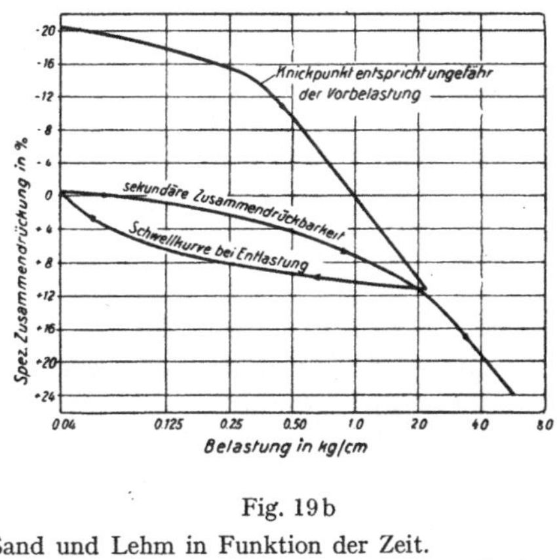

Fig. 19a Fig. 19b

Fig. 19a. Setzungsdiagramm von Sand und Lehm in Funktion der Zeit.
Fig. 19b. Zusammendrückungs- und Schwelldiagramm einer vorbelasteten ungestörten Probe.

Wird die Probe nach erfolgter Belastung wieder entlastet, so schwillt sie unter Wiederaufnahme von Wasser an. Infolge irreversibler Gefügeveränderungen und neuer Einregelung erreicht sie aber die primäre Raumerfüllung nicht mehr. Bei anschließender Wiederholung des Zusammendrückungsvorganges mündet die Setzungskurve wieder in die ursprüngliche ein (sog. Hysteresisschleife). Bei durch Eis, geologische Überlagerung oder durch Bauwerke vorbelasteten ungestörten Proben weist die Setzungskurve bei einer bestimmten Belastung einen deutlichen Knick auf, aus dem auf die Vorbelastung geschlossen werden kann (siehe Fig. 19b). Diese Versuche können auch bei gewissen Festgesteinen, die Wasser unter Quellung aufnehmen, durchgeführt werden (z. B. tertiäre Molassemergel des schweizerischen Mittellandes).

Die prozentuale Zusammendrückbarkeit im gestörten Zustand ist ganz allgemein groß bei Materialien mit hohem Gehalt an wasserbindenden Tonmineralien sowie bei hohem Gehalt an organischen Bestandteilen. Die Größe der Setzung ist bei ungestörten Proben vom Verdichtungsgrad, d. h. vom Gefüge des Ausgangsmaterials abhängig.

Einzelne Richtwerte für die Zusammendrückbarkeit Δe gibt die nachfolgende Tabelle:

Tabelle 17. *Zusammendrückbarkeit resp. Plastizitätsmodul gestörter Lockergesteine, ermittelt im Zusammendrückungsapparat*

Material	Zusammendrückungszahl Δe	Plastizitätsmodul M_{E_1} in kg/cm²
Mergel (Festgestein) . .	unter 1	über 100 bis 1000
Kies und Sand	1–3	100–33
Magere Lehme, Tone . .	3–6	33–16
Fette Lehme und Tone sowie solche mit organischen Gemengteilen .	6–10	16–10
Torf, humusreiches Material	über 10	unter 10

Während die beschriebene Apparatur hauptsächlich im Erdbau Verwendung findet, haben sich z. B. in der Formsandprüfung Methoden entwickelt, bei denen die ungesättigten Proben, unter Anpassung an den praktischen Vorgang, dynamisch durch Rammen verdichtet werden.

An Stelle der Zusammendrückungszahl wird öfters auch der *Plastizitätsmodul* angeführt (Fußnote [1]), S. 42):

$$M_E = \frac{\sigma_i}{\Delta e} \text{ bzw. } \operatorname{tg} \alpha \text{ in kg/cm}^2$$

wobei σ_i = Belastung in kg/cm², Δe = Zusammendrückungszahl, α = Neigung der Zusammendrückungs- resp. Setzungskurve in Funktion der Belastung im nichtlogarithmischen Maßstab bedeuten. Der M_E-Wert nimmt mit zunehmender Belastung zu und ist von der Vorbelastung abhängig. Zur allgemeinen Charakterisierung verschiedener Lockergesteine wird er auf $\sigma = 1$ kg/cm² bezogen und ist dann umgekehrt proportional der Zusammendrückungszahl. Siehe Tab. 17.

Die durch den Zusammendrückungsversuch ermittelten Daten bilden im Erdbau die Grundlage für die Setzungsberechnung von Gebäuden, Mauern, Dämmen und künstlichen Schüttungen. Sie können aber auch auf Probleme der Grobkeramik, der Bodenkunde u. a. m. angewendet werden. Bei den Gießereiformsanden gibt die Bestimmung der Verdichtbarkeit Anhaltspunkte für die Eignung des Materials in der Gußform (siehe Kapitel V, 6).

Die *Scherfestigkeit* bezeichnet den Zustand, bei dem unter Überwindung der Reibungskräfte, eventuell auch der Kohäsion eines Materials, Bruch eintritt. Kohäsion und innere Reibung steigen mit dem Normaldruck an. Als Vergleichswert für die Scherfestigkeit dient der Winkel der scheinbaren inneren Reibung.

$$\operatorname{tg} \varphi_s = \frac{\text{Scherfestigkeit } s}{\text{Normalspannung } \sigma} .$$

Zur Bestimmung der Scherfestigkeit s wird z. B. der Kreisringscherapparat benutzt (Fig. 20). Darin wird ein durch eine gewisse Normalspannung (z. B. 1 kg/cm²) beanspruchter kreisringförmiger Probekörper des zu untersuchenden Materials nach einer Vorbelastung unter Wasser einer gleichmäßig ansteigenden Scherbeanspruchung unterworfen, bis Abscherung, d. h. Bruch eintritt. Die in diesem Moment benötigte Schubkraft pro Quadratzentimeter entspricht der Scherfestigkeit φ_s.

Fig. 20. Ringscherapparat (Bauart HAEFELI). *1* Aufnahmering der Probe, *2* Wasserbecken für Versuche unter Wasser, *3* Belastungsvorrichtung, *4* Torsionseinrichtung mit 2 Zugbändern und Belastungskesseln mit zeitlich konstanter Wasserzufuhr, *5* Registriertrommel der Scherbewegung, *6* Feder zur Abbremsung der Scherbeanspruchung, *7* Gefäß zur Regulierung des Wasserzuflusses (konstante Druckhöhe).

Die Scherfestigkeit nimmt mit abnehmender Korngröße, d. h. mit der Zunahme der quellfähigen Tonmineralien und fein verteilter organischer Gemengteile, im allgemeinen ab. Wesentlich bei dem Vorgang des Abscherens im Laboratorium und im Felde ist die Anpassung an den Wassergehalt. Bei rascher Zunahme der Druckspannungen im Boden resp. in den Versuchsproben übernimmt das Porenwasser einen Teil der Spannung. Während das Porenwasser sehr wohl Druckspannungen aufzunehmen vermag, leistet es einer Scherbeanspruchung keinen Widerstand. Kann nun der Wassergehalt des Bodenmaterials sich den Druckverhältnissen nicht rasch genug anpassen, so entsteht sog. druckgespanntes Porenwasser, und es vermindert sich der Reibungswinkel gegenüber dem angepaßten Zustand. In Ergänzung zu den Scherapparaten wurden in den letzten Jahren sog. *Triaxialapparate* entwickelt, in welchen die Verformungs- und Brucherscheinungen von Lockeraggregaten unter einem regulierbaren dreiaxialen Spannungszustand untersucht werden können[1]. Dabei wird der vertikale Druck durch einen Stempel, der horizontale Druck durch eine Flüssigkeit erzeugt. Abgesehen von der Zähigkeitsprüfung eignen sich diese Apparate vor allem zur Bestimmung der Scherfestigkeitsverhältnisse ungestörter oder im Laboratorium vorbelasteter Proben. In Kombination mit dem Ringscherapparat ermöglicht der Triaxialapparat die vollständige Abklärung des Scherdiagramms.

Tabelle 18. *Scherfestigkeiten gestörter Lockergesteine, ermittelt im Scherapparat (Vorbelastung 1 kg/cm²)*

Scherfestigkeit	Winkel der scheinbaren inneren Reibung		Beispiele
	$\operatorname{tg} \varphi_s$	φ_s	
sehr große Festigkeit .	über 0,8	über 39°	Kies, Sand, Mischung von Lehm, Sand und Kies (z. B. Moräne)
große Festigkeit . .	0,6–0,8	31°–39°	Schlammsand
mittlere Festigkeit . .	0,4–0,6	22°–31°	Lehm und Ton
kleine Festigkeit . .	0,2–0,4	11°–22°	Ton
sehr kleine Festigkeit .	unter 0,2	unter 11°	sehr fetter Ton

Die Kenntnis der Scherfestigkeit bildet die Grundlage für die Stabilitätsberechnungen bei Schüttungen, Dämmen, Böschungen in Lockergesteinen. Sie wird auch bei Tragfähigkeitsberechnungen benötigt, um die Fließgefahr zu ermitteln.

Die *Zerreißfestigkeit* relativ weichplastischer, bindiger Lockergesteine, die ein Maß für die Kohäsion ergibt, wird z. B.[2] durch Rotation eines Probekörpers um eine Achse bis zum Bruch bestimmt. Die achterförmigen Proben werden aus den im Zusammendrückungsapparat vorbelasteten Probekörpern ausgestochen. Die Zerreißfestigkeit z ist dabei proportional einem Formfaktor λ, dem Quadrat der beim Bruch des Körpers vorhandenen Drehzahl n und dem Raumgewicht γ des Materials. Für trockene, kohärente Proben wird außerdem die Zerreiß- oder Zugfestigkeit direkt nach dem für feste Körper üblichen Verfahren, bei relativ festen, aber feuchten Proben im Triaxialapparat ermittelt.

[1] R. Haefeli und Ch. Schaerer: Der Triaxialapparat. Ein Instrument der Boden- und Eismechanik zur Prüfung von Verformungs- und Bruchzuständen. Schweiz. Bauztg., Bd. 128, 1946. Dort auch weitere Literaturangaben.

[2] R. Haefeli, Erdbaumechanische Probleme im Lichte der Schneeforschung. Schweiz. Bauztg. Bd. 123, 1944.

Diese Zerreißfestigkeit wird bei gegebener Vorbelastung um so größer, je mehr wasserbindende Tonmineralien vorhanden sind. Außerdem zeigen aber auch Lockergesteine, die sperrige Pflanzenfasern (Torf) oder faserig-stengelige Mineralien aufweisen, eine relativ hohe Zugfestigkeit.

Fig. 21. Rotationszerreißapparat (Bauart HAEFELI-SCHAERER). *1* Aufnahmegerät der Probe, *2* Motor, *3* Tourenzähler, *4* Widerstand zur Regulierung der Tourenzahl.

Tabelle 19. *Zerreißfestigkeit z gestörter Lockergesteine unter Wasser*

z bei Vorbelastung 4 kg/cm² in kg/cm²	Zerreiß-festigkeit	Beispiele
unter 0,2	sehr klein	Sand
0,2–0,7	klein	humushaltiger Sand, Schlammsand
0,7–1,1	mittel	fetter Lehm, Ton, Torf
1,1–1,5	groß	
1,5 u. mehr	sehr groß	

Die Kenntnis der Zerreißfestigkeit dient zur Ermittlung der Kohäsion, z. B. bei Stabilitätsuntersuchungen.

b) *Festgesteine*

In der Steinverwendung im Hoch- und Straßenbau spielen Festigkeiten eine große Rolle. Besonders die Druckfestigkeitswerte werden oft (z. B. in Reklamen) zur technischen Kennzeichnung eines Gesteins mitgeteilt. Über die Bedeutung und den Genauigkeitsgrad der meist drei bis vier Stellen umfassenden Zahlenwerte der Festigkeitsbestimmungen gibt man sich indessen oft nicht genügend Rechenschaft.

Man unterscheidet zwei Hauptarten von Festigkeitsbeanspruchungen: *statische* (durch Belastungen oder konstante Kräfte) und *dynamische* (durch veränderliche Kräfte).

Die bei der Überschreitung der Gesteinsfestigkeit auftretenden Brucherscheinungen[1]) lassen zwei reine Hauptformen erkennen:

α) den *Trennbruch*, als Folge der Überwindung des Trennwiderstandes (oder der Querdehnung),

β) den *Gleitbruch*, der unter Überwindung der innern Reibung (Schubfestigkeit) eintritt, in reiner Form sich nur in den Gleitebenen der Kristalle ausbilden kann.

Bei einigen Festigkeitsbeanspruchungen sind sowohl Querdehnungen wie Gleitungen beteiligt. Die sich dabei bildenden Brucherscheinungen bezeichnet man als *Verschiebungsbruch.*

Beziehungen zwischen Festigkeit und Gesteinsaufbau

Die Festigkeitseigenschaften der Gesteine sind durch folgende Umstände bestimmt:

α) Die *innere Festigkeit* der Einzelmineralkörner. Diese ist bei den kristallisierten Mineralien von der Richtung abhängig und deshalb keine Konstante. Die größten Richtungsunterschiede weisen Mineralien mit ausgesprochenen Spaltbarkeiten, Translationen und Gleitzwillingsbildungen auf. Andere Unregelmäßigkeiten sind oft durch innere Störungen im Mineralbau (Zertrümmerungen, Spannungszustände) bedingt.

β) Die Festigkeit des gegenseitigen *Verbandes* der Mineralkörner im Gestein (Verbands- oder Kornbindungsfestigkeit).

γ) Die *Lage der Mineralkörner* in bezug auf die Beanspruchungen und die dabei auftretenden Querdehnungen oder Gleitungen. Von größter Bedeutung ist dieser Umstand bei den geschieferten Gesteinen, die reich an leicht spaltbaren oder zu inneren Gleitungen neigenden Mineralien (z.B. Glimmern) sind.

δ) «*Normale*» *Inhomogenitäten*, worunter vor allem die regelmäßig auftretenden Bindungslücken (Poren aller Art) verstanden werden.

Die Porosität setzt die statische Festigkeit herab, da an den Hohlraumstellen die Bindung fehlt. Man kann aber nicht aus dem Porenvolumen auf die Festigkeitsabnahme schließen, da es vor allem auf die Form resp. das Ausmaß der Oberfläche und die Anordnung der Poren ankommt. Je größer bei gegebenem Hohlraumvolumen die Oberfläche ist (resp. je schmäler die Poren sind), desto größer sind die Bindungslücken und damit der Festigkeitsabfall.

ε) *Unregelmäßig* auftretende *Inhomogenitäten*, d. h. alle die verschiedenen Gesteins«fehler», wie Klüftchen, Haarrisse, Nähte usw.

ζ) Die *Wassersättigung* des Gesteins. Die Festigkeiten sind im wassergesättigten Zustande im Mittel stets geringer als im trockenen, und zwar je ge-

[1]) Näheres über die Theorie der Brucherscheinungen an Gesteinen und Versuche darüber siehe besonders: M. Roš, Versuche zur Klärung der Frage der Bruchgefahr. EMPA. Diskussionsbericht Nr. 28. Zürich, Juni 1928.

ringer, desto größer die Wasseraufnahme ist. Es gilt dies auch für Gesteine ohne irgendwelche Beimengungen von quellbaren Tonmineralien (frische kristalline Gesteine). Das Verhältnis von Trocken- zu Naßfestigkeit hat man als *Erweichungsziffer* bezeichnet. Eine Wasserfüllung der Poren setzt offensichtlich die innere Reibung herab.

η) *Korngröße.* Im allgemeinen besitzen, nach Bestimmungen an Proben der üblichen Prüfkörpergröße zu urteilen, bei sonst gleicher Zusammensetzung und Struktur gröbergekörnte Gesteine eine geringere Festigkeit als feiner gekörnte. Dies hat folgende Hauptursachen:

Beim groben Gestein ist oft der Kornverband schon ursprünglich schwächer und wurde durch Witterungseinflüsse noch weiter gelockert.

Vereinzelte schwache Stellen im Verband oder innerhalb von Mineralbestandteilen (z. B. ungünstige Lage von Ebenen leichter Spaltung oder Gleitung) können sich bei grobem Korn (im Verhältnis zur Prüfkörperdimension) schon erheblich auswirken.

Aus den Zahlenwerten der Festigkeitsbestimmungen geht natürlich nicht hervor, welcher Umstand den Bruch bedingte. Oft kann eine genaue Untersuchung der Bruchfläche (wenigstens bei reinen Trennbrüchen) darüber Auskunft geben. Ist die Verbandsfestigkeit geringer als die innere Festigkeit, so lösen sich die Einzelkörner eher aus dem Verband als daß sie mitten durchbrechen, andernfalls gehen die Bruchflächen durch die Körner. Brüche längs Fehlstellen sind oft gut zu erkennen. Bei allen Gesteinsklassen gibt es Fälle, bei denen die Verbandsfestigkeit größer ist als die innere Festigkeit und umgekehrt.

Bei den Prüfkörpern werden fast immer die unter ε genannten Umstände durch entsprechende Auswahl ausgeschaltet. Man kann das Prüfergebnis dann als *Stoffestigkeit* bezeichnen im Gegensatz zur *Verwertungsfestigkeit,* welch letztere auch die je nach Gesteinsart mehr oder weniger zahlreichen, in der Praxis selten ganz vermeidbaren Fehler umfaßt.

Die statischen Festigkeiten

Am Bauwerk oder im Straßenbelag unterliegen die Steine Zug-, Druck-, Biegezug- und Scherbeanspruchungen (siehe die Beispiele der Fig. 22). Bei den Prüfungen sind aber die im Grunde klarere Verhältnisse bietenden Zug- und Scherfestigkeiten gegenüber der Druckfestigkeit stark vernachlässigt worden.

Aus der *Zugfestigkeitsprüfung* resultiert ein reiner Trennbruch. Sie vermittelt den besten Einblick in die Kornbindungskräfte eines Gesteins. Bei der *Scher-(Schub-)festigkeitsbestimmung* erzeugt man Verschiebungsbrüche, die den Gleitbrüchen nahestehen. Obwohl von wissenschaftlicher Seite (u. a. von HIRSCHWALD[1]) immer wieder auf die Bedeutung dieser Beanspruchungen und deren Prüfung hingewiesen wurde, hat sich die letztere in der Praxis nicht eingebürgert, so daß die für die gegenseitigen Beurteilungen notwendigen Vergleichszahlen nicht vorliegen.

[1]) J. HIRSCHWALD, Handbuch der bautechnischen Gesteinsprüfung, 1912.

Die ganz allgemein gebräuchliche *Druckfestigkeitsprüfung* ergibt in der gehandhabten Form, bei der eine Querdehnung durch Reibung zwischen Prüfkörper und Druckbacken verhindert wird, einen *Verschiebungsbruch*, somit einen kombinierten Trenn- und Gleitbruch. Es bilden sich dabei die durch Gleitflächen, die meist bedeutend steiler sind als 45°, begrenzten pyramidenförmigen Bruchkörper. Die Druckfestigkeitszahlen sind insofern von den Werten der Zug- und Scherfestigkeit verschieden, als die letztern auf die Bruchflächen, die erstern auf die gar nicht als Bruchfläche in Erscheinung tretende

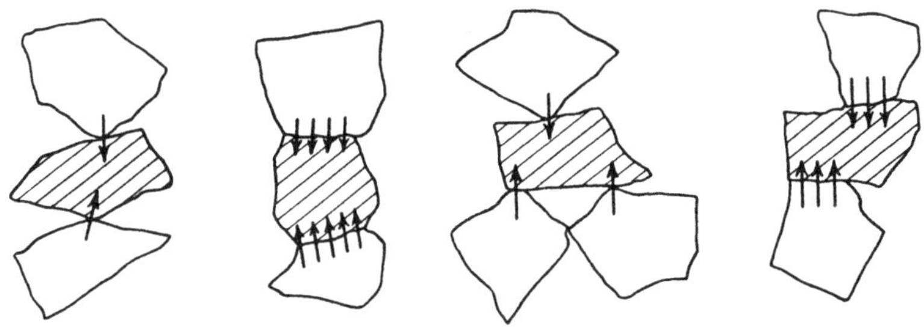

Fig. 22. Beanspruchung von Schotterstücken in Straßendecke auf Zug (*a*), Druck (*b*), Biegezug (*c*) und Scherung (*d*).

Druckfläche bezogen werden. Da die Bruchflächen bei der Druckbeanspruchung weit ausgedehnter sind als bei den beiden andern, ist es augenscheinlich, daß die Druckfestigkeitswerte weit höher liegen müssen als Zug- und Scherfestigkeit. Nach den Prüfungen von HIRSCHWALD ist das Verhältnis

Druckfestigkeit : Zugfestigkeit = 10–15 : 1
Druckfestigkeit : Scherfestigkeit = 20–40 : 1

Eine Proportionalität der Druckfestigkeitswerte mit den Ergebnissen der Zug- und Scherprüfung (besser mit den letztern) ist ohne Frage feststellbar. Man darf somit trotz einer gewissen Unübersichtlichkeit und trotz der geringern Gefahr von Überschreitungen in der Steinverwendung die Druckfestigkeit als eine gute und relativ billig feststellbare Materialkonstante betrachten.

Biegezugfestigkeit. Bei der Biegebeanspruchung tritt Bruch im wesentlichen durch Überschreiten der Zugfestigkeit ein, weshalb man allgemein von Biegezugfestigkeit spricht. Systematische Biegeprüfungen sind bei Gesteinen selten gemacht worden. Die Werte liegen meist wenig höher als die der Zugprüfung.

Die dynamischen Festigkeiten

Bei vielen Verwendungen werden die Gesteine sehr intensiv durch veränderliche Kräfte beansprucht, vor allem durch Schlag. Je nach Art des Schlages entstehen im Stein Querdehnungen und damit Trennrisse oder Schubbeanspruchungen mit Gleitbrüchen oder Verschiebungsbrüche. Gesteine mit geringer Schlagfestigkeit bezeichnet man als spröde. Alle Schlagfestigkeitsbestimmungen zeigen eine sehr große Streuung der Einzelwerte, weil sich alle Ungleichmäßigkeiten und Fehler des Gesteins stark auswirken. Nur durch große Versuchsserien ließen sich für Gesteinsarten charakteristische Werte ermitteln. Solche Versuche wurden bisher nur selten durchgeführt.

Fig. 23. Bruchkörper nach dem Druckversuch. Auftreten von charakteristischen Gleitebenen (Rissen).

Beim Spalten eines Gesteins (mit dem Hammer oder mit Keilen) resultiert meist ein reiner Trennbruch (dynamische Zugbeanspruchung), unter Umständen, z. B. beim Zurichten von Pflastersteinen, handelt es sich aber auch um eine teilweise Scherbeanspruchung. Bei allen Schlagbeanspruchungen sind jedoch nicht nur die Festigkeitseigenschaften des Gesteins maßgebend, sondern auch Elastizitätsverhältnisse von Werkzeug, Stein und Unterlage Poröse Gesteine sind oft schlagfester als hohlraumfreie. Die Poren dämpfen die dynamische Welle, und der Schlag bewirkt eine oberflächliche Zertrümmerung (starke Schlagspuren), aber keine Spaltung. So ist es meist bedeutend leichter, einen kompakten als einen stark porigen Kalkstein zu spalten.

Die größten dynamischen Beanspruchungen erzeugen Sprengschüsse. Über die Beziehungen zwischen Spaltbarkeit und Gesteinstextur siehe Seite 22.

Die *Gesteinselastizität* wird zusammen mit den Elastizitätsverhältnissen am Fels Seite 75 behandelt.

Die Bestimmung der Festigkeiten[1])

Die *statistische Druckfestigkeit* wird allgemein an Würfeln (vereinzelt auch an Zylindern gleichen Durchmessers und Höhe) von 4—8 cm Kante bestimmt. Das Ergebnis wird in kg/cm² der Druck-(Würfel-)fläche angegeben. Wichtig ist für Vergleiche, daß die Lastzunahme stets gleich ist (meist 10—15 kg/s)

[1]) Handbuch der Werkstoffprüfung, Bd. 3, Berlin 1941. Mit vielen Literaturangaben.

und daß die Reibung zwischen Druckbacken und Gestein groß und konstant ist. Ist durch eine geringe Reibung (z. B. durch Schmierung) eine Querdehnung des Gesteins möglich, so tritt Bruch (nun ein reiner Trennbruch) bei viel tieferen Werten ein. Gewöhnlich wird das Mittel von 2–4 Bestimmungen als maßgeblich erachtet. Die Einzelwerte weichen von dem «Mittel» meist um 10–25% ab. Die Angaben auf 3–4 Stellen täuschen eine nichtexistierende Genauigkeit vor.

Von der Würfeldruckfestigkeit weichen die an Prismen ermittelten Werte ab. Mit zunehmender Höhe sinkt vorerst die Festigkeit, um ab etwa der doppelten Höhe konstant zu werden (Prismendruckfestigkeit), bei Werten, die 85 bis 90% der Würfelfestigkeit betragen.

Tabelle 20. *Bezeichnung von Druckfestigkeiten bei Gesteinen*

Druckfestigkeit		Vertreten z. B. bei:
über 2800 kg/cm²	sehr hoch	Basalten, Diabasen, selten Sandsteinen
2800–1800 kg/cm²	hoch	feinkörnigen Graniten, Dioriten; Quarzporphyren, Basalten, kompakten Kalksteinen und Sandsteinen
1800–800 kg/cm²	mittelhoch	Kalksteinen, Sandsteinen; mittel- bis grobkörnigen Graniten; Gneisen
800–400 kg/cm²	gering	porösen Kalken und Sandsteinen
unter 400 kg/cm²	sehr gering	Tuffen, kreidigen Kalken, sehr porösen Sandsteinen

Über die Bestimmung der andern statischen Festigkeiten siehe das Seite 51 zitierte Werk.

Die *dynamischen Festigkeiten* werden an Würfeln mit einem Schlagwerk bestimmt. Es wird die spezifische Schlagarbeit gemessen (pro cm³ des Gesteins), angegeben wird aber oft der sog. Zähigkeitsfaktor

$$z = \frac{\text{spezifische Schlagarbeit}}{\text{Druckfestigkeit}} = \frac{\text{cm kg cm}^{-3}}{\text{kg cm}^{-2}}\,.$$

Gewöhnlich wird ein Fallgewicht von 50 kg zuerst aus 1 cm und sodann aus jeweils um 1 cm vergrößerter Fallhöhe angewandt. Die Streuungen sind sehr groß; Abweichungen von 50–100% vom Mittel sind fast normal. Nur große Bestimmungsserien vermögen ein einigermaßen zutreffendes und vergleichbares Bild zu geben; solche sind der Kosten wegen selten durchgeführt worden.

Tabelle 21. *Abweichungen der Mittelwerte von 12 Prüfergebnissen an Gesteinsproben verschiedener Bänke eines Hartsandsteinbruches*

	Mittel	Minimum	Maximum	Größte Abweichung vom Mittel in %
Spezifisches Gewicht	2,645	2,62	2,67	0,9
Wasseraufnahme in Prozenten des Steingewichts	0,129	0,06	0,24	85
Abnützung durch Schleifen (S. 59) in cm	0,161	0,133	0,192	19
Abnützung im Sandstrahl in cm	0,069	0,052	0,084	25
Druckfestigkeit, naß, in kg/cm²	2216	2041	2481	12
Zähigkeit (spezifische Schlagarbeit)	110,1	31,9	305,8	178

Diese Aufstellung zeigt deutlich die geringen Abweichungen im spezifischen Gewicht (die aber für die Porositätsberechnung bereits zu groß sind), die recht gute Konstanz der Druckfestigkeitswerte, die mäßigen Schwankungen der Abnützungsbestimmungen, die großen in der Wasseraufnahme (hier auf den geringen absoluten Werten beruhend) und die extremen in den Zähigkeitswerten. Die Konstanz der Druckfestigkeitswerte zeigt auch (was auch die petrographische Beschaffenheit ergibt), daß die Schwankungen viel mehr in experimentellen Umständen als in der Verschiedenheit der einzelnen Bänke liegen.

Bei sehr feinkörnigen Gesteinen lassen sich die Druckfestigkeiten recht gut beurteilen, indem man Splitter von einigen Millimetern Durchmesser mit einem schweren Hammer zerdrückt und mit dem Kraftaufwand bei Gesteinssplittern bekannter Druckfestigkeit vergleicht. Bei gleichen Größen und Formverhältnissen der Splitter lassen sich meist Unterschiede von 50–100 kg/cm² bei weniger festen, von 200–400 kg/cm² bei festeren Gesteinen auseinanderhalten. Da ein großer Teil der als Schotter in Betracht kommenden Gesteine von feinem Korn ist, ist diese einfache Methode im Straßenbau für die Härtebeurteilung eines Gesteins (siehe den Abschnitt 9) recht brauchbar. Als Testmaterialien beschafft man sich zweckmäßig feinkörnige Gesteine von ca. 1000, 1400, 1800, 2200, eventuell 2600 kg/cm² Druckfestigkeit (z. B. Kalksteine, feinkörnige Sandsteine, Porphyre, Kieselkalke, Basalte usw.).

8. Konsistenz der Lockergesteine

Ein Charakteristikum der Lockergesteine ist ihre mannigfaltige Wechselwirkung mit der flüssigen Phase. Je nach dem Verhältnis Wasser zu Festsubstanz liegt z. B. ein mit Wasser übersättigter leichtflüssiger Lehmbrei oder ein durch Kapillar- und Adsorptionskräfte verfestigter, ungesättigter harter Lehmklotz vor. Diese wechselnden Zustände werden mit Begriffen wie fließbar, weich, knetbar, bröckelig, fest, hart beschrieben. Die Wasseraufnahme- und -bindefähigkeit wechselt bei den Lockergesteinen außerdem je nach Körnung und nach petrographischer Zusammensetzung. Nach der Wasseraufnahmefähigkeit resp. dem Sandgehalt spricht man in der Praxis deshalb auch von fetten (leicht und lange knetbaren) und mageren (rasch trocknenden) Lehmen oder Tonen.

In Ergänzung zu diesen reinen Beschreibungen sind Methoden entwickelt worden, die die Konsistenzverhältnisse zahlenmäßig erfassen lassen.

Der *Kegelversuch* ergibt ein Festigkeitsmaß, das die Konsistenz eines Lockergesteins in einem gegebenen Zustand der Verdichtung charakterisiert und sich auch zur Feststellung des Vorhandenseins eines auf Störung empfindlichen Gefüges eignet. Nach der in der Erdbauabteilung der Versuchsanstalt für Wasserbau und Erdbau an der ETH. Zürich entwickelten Methode wird ein Kegel von Gewicht $P = 1$ kg/cm² mit dem Spitzenwinkel 90° auf die Oberfläche einer Probe abgesetzt und die Eindringungstiefe r des Kegels, die mit dem Radius der ideellen Belastungsfläche (Basisfläche) des eingedrungenen Kegelteils übereinstimmt, nach 2 Minuten in Zentimeter bestimmt. Die daraus ermittelte Konsistenz wird angegeben als spezifische Belastung (sog. Grenzbelastung) $\sigma = \frac{P}{r^2 \pi}$ kg/cm² (siehe Fig. 24).

Fig. 24. Kegelapparat (Bauart Versuchsanstalt für Wasserbau und Erdbau ETH. Zürich).

1 Metallkegel, Öffnungswinkel 90°, *2* Auflagegewicht, *3* Probe nach Versuch, *4* Registrieruhr, *5* Führung, *6* Arretierung.

Tabelle 22. *Spezifische Belastungen (Grenzbelastung) beim Kegelversuch*

Spez. Belastung	σ in kg/cm²	Konsistenz
sehr hoch	über 50	sehr fest
hoch	5–50	fest
mittel	0,5–5	knetbar
klein	0,05–0,5	weich
sehr klein	kleiner als 0,05	sehr weich

Das Verhältnis der spezifischen Grenzbelastung im ungestörten (σ_u) zu derjenigen im gestörten Zustand (σ_g) gibt ein Maß für die Empfindlichkeit des Materials gegen Gefügestörungen. Es kann bei sehr empfindlichen lockeren Gefügen, wie sie etwa wenig konsolidierte Seekreide- oder Faulschlammlagen besitzen, bis auf 15 ansteigen. Die Kegelmethode eignet sich zufolge ihrer Einfachheit als Serienuntersuchung, ferner zu Kontroll- und Vergleichszwecken. Ihre Hauptanwendung hat sie im Erdbau und in der Keramik gefunden. Neben Laboratoriumsgeräten existieren auch leicht transportierbare kleine Apparate (Kegel oder Nadeln), mit denen man an Hand des Eindringungswiderstandes in natürlichen Aufschlüssen, Baugruben oder an Gießereiformen usw. die Konsistenz der betreffenden Materialien bestimmt.

Die *Atterbergschen*[1]) *Konsistenzgrenzen* ergeben vergleichbare Werte für die Zustandsform bindiger Materialien bei verschiedenem Wassergehalt. Die *Fließgrenze*, ausgedrückt in Prozent Wasser pro Trockensubstanz, ergibt den Zustand beim Übergang vom plastischen in den fließbaren Bereich. Sie wird heute meist mit einem von CASAGRANDE[2]) entwickelten und normalisierten Gerät bestimmt (siehe Fig. 25). Mit einem Spatel wird in einem in einer Messingschale befindlichen weichplastischen Brei eine Furche gezogen und diese durch Auffallenlassen der Schale aus einer Höhe von 1 cm zum Zusammenfließen gebracht. Anschließend wird der Wassergehalt ermittelt. Die Fließgrenze ist dann erreicht, wenn die Furche bei 25 Schlägen auf 1 cm Länge zusammenfließt. In der Praxis wird der Versuch bei verschiedenem Wassergehalt der Probe durchgeführt und die Fließgrenze durch Interpolation ermittelt.

Fig. 25

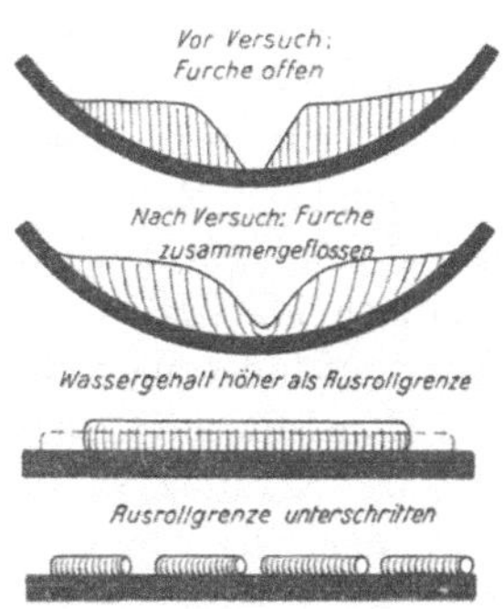

Fig. 26

Fig. 25. Fließgrenzenbestimmungsapparat von CASAGRANDE mit Spatel zum Ziehen der Furche.
Fig. 26. Bestimmung der Fließ- und Ausrollgrenze (Materialmenge 100 g, bzw. 15 g).

Die *Ausrollgrenze*, dargestellt in Prozent Wasser pro Trockensubstanz, ergibt den Zustand beim Übergang vom plastischen, d. h. bildsamen, zum festen Bereich. Sie wird an einer steifplastischen Probe (3—4 mm dicke Walze), die durch Ausrollen auf einer saugenden Papierunterlage zum Zerbröckeln gebracht wird, bestimmt, an der anschließend der Wassergehalt ermittelt wird (siehe Fig. 26).

Die *Plastizitätszahl*, auch Bildsamkeitszahl genannt, ermittelt sich aus der Differenz von Fließgrenze und Ausrollgrenze.

[1]) A. ATTERBERG, Über die physikalische Bodenuntersuchung und über die Plastizität der Tone, Int. Mitt. Bodenk., Vol. 1, 1911.

[2]) A. CASAGRANDE, Research on the Atterberg limits of soils. Public roads, Vol. 13, 1932.

Tabelle 23. *Bezeichnung der bindigen Materialien nach ihrer Plastizität*

Plastizitätszahl in % Wasser/Trockengewicht	Klassifikation für nicht organische Bestandteile enthaltende Lockergesteine
1–5	sehr mager
5–15	mager
15–25	mittelfett
25–40	fett
über 40	sehr fett

Fließ- und Ausrollgrenze lassen sich nur bei bindigen Lockergesteinen feststellen. Ihre Bestimmung ergibt deshalb eine Grundlage, um die bindigen (kohärenten) von den nichtbindigen (inkohärenten) Lockergesteinen zu unterscheiden. Je feinkörniger ein Material ist und je mehr Tonmineralien es enthält, desto größer wird die Wasserbindung und damit Fließ- und Ausrollgrenze. Denselben Einfluß üben auch organische Gemengteile aus. Zwischen der Fließgrenze und der Zusammendrückbarkeit, teilweise auch der Scherfestigkeit im gestörten Zustand, besteht eine gewisse Parallelität.

Die *Klebegrenze* gibt den Wassergehalt, ausgedrückt in Prozent pro Trockensubstanz an, bei dem die bindigen Materialien an eisernen Instrumenten zu kleben beginnen. Sie liegt zwischen Fließ- und Ausrollgrenze und läßt sich somit nur bei bindigen Materialien feststellen.

Die *Schwind- oder Schrumpfgrenze* entspricht demjenigen Wassergehalt, bei dem die bindigen Materialien während des Austrocknungsvorganges keiner stärkeren Volumenänderung mehr unterliegen.

Auch diese Konsistenzgrenzen werden im Erdbau, in der Bodenkunde, untergeordneter in der Keramik, ermittelt. Sie eignen sich sowohl für Serienuntersuchungen wie auch als erste orientierende Feststellung bei Einzelproben und können ohne Schwierigkeit auch auf dem Bauplatz festgestellt werden. Im Erdbaulaboratorium werden die gestörten Lockergesteinsproben normalerweise bei einem Wassergehalt, der der Fließgrenze entspricht, in den Zusammendrückungsapparat eingepackt. Nur anhangsweise sei erwähnt, daß Tone und Lehme, besonders solche mit organischem Gehalt, gewöhnlich dann als Schlamm bezeichnet werden, wenn ihr Wassergehalt im Entnahmezustand höher liegt als ihre Fließgrenze.

9. Der Härtebegriff bei Festgesteinen

Oft bezeichnet man ein Gestein als «hart» oder «weich». Besonders häufig wird der Ausdruck «Hartschotter» gebraucht. Bis heute fehlt eine allgemein anerkannte Definition dieser Begriffe; man verwendet sie deshalb in sehr verschiedenem Sinne. Im Straßenbau stellt man in der Regel vorwiegend auf die Druckfestigkeit ab oder noch häufiger auf eine gewisse Gebrauchsbewährung, um den Härtegrad eines Gesteins zu kennzeichnen. Bisweilen stellt man auch die reine Schleifabnützung in den Vordergrund (z. B. bei Pflastersteinen). In der steinverarbeitenden Industrie gibt meist die Schwierigkeit der Verarbeitung das Maß für die Härte ab. Schließlich werden in der petrographisch-technischen Literatur die Gesteine oft in «harte» und «weiche» gegliedert, wobei die Zuordnung in der Regel schematisch nach Eigenschaften besonders bekannter Vertreter der Gesteinsarten vorgenommen werden. So findet man etwa folgende Aufstellung:

Hartgesteine:	Granite, Diorite, Syenite, Porphyre, Basalte, Quarzite.
Weichgesteine:	Kalksteine, Dolomite, Sandsteine, Schiefer, Tuffe usw.

Eine solche Klassifizierung rein nach dem Gesteinsnamen ist natürlich nicht brauchbar. Sie läßt die großen Unterschiede, die innerhalb jeder Gesteinsgruppe auftreten, außer acht. Eigentliche Härteprüfungen (Ritzhärte wie bei Mineralien, Eindruckverfahren usw.) sind bei Gesteinen nur teilweise oder gar nicht durchführbar. Eher ließe sich mit Abnützungsversuchen (mit dem Sandstrahl oder durch Abschleif- und Bohrverfahren) eine zweckmäßige Härtebeurteilung vornehmen. Es fehlen aber dazu die nötigen allgemein durchgeführten Prüfungen nach vergleichbaren Methoden.

Zu einer sinnvollen *Härtedefinition*, die auf die meisten nutzbaren Gesteine ohne große Untersuchung anwendbar ist, kommt man, wenn die *Druckfestigkeit* als Ausdruck der allgemeinen Verbandsfestigkeit (siehe Seite 50) mit dem *Gehalt an Mineralien* bestimmten *Härtegrades* kombiniert wird. Als «hartes» Gestein würde somit ein Gestein hoher Druckfestigkeit, das zugleich einen großen Gehalt an harten Mineralien aufweist, anzusprechen sein. Die Druckfestigkeit allein genügt nicht, ebensowenig der Gehalt an Mineralien hohen Härtegrades. Die folgende Tabelle soll einen Vorschlag der Abgrenzung nach diesem Prinzip geben, wobei fünf Kategorien unterschieden werden, von denen man die extremen auch weglassen kann.

Tabelle 24. *Einteilung der Gesteine nach Härtegruppen*

Mittlere Druckfestigkeit in kg/cm²	Gehalt an Mineralien härter als Stahl = 5½			
	0–25%	25–50%	50–75%	75–100%
über 2200	mittelhart	hart	hart	sehr hart
1800–2200	mittelhart	mittelhart	hart	hart
1400–1800	mittelhart	mittelhart	mittelhart	hart
1000–1400	weich	weich	mittelhart	mittelhart
600–1000	weich	weich	weich	mittelhart
unter 600	sehr weich	sehr weich	weich	weich

Tabelle 25. *Beispiele für Gesteinshärte im Vergleich mit Abnützungsdaten*

Gestein	Druckfestigkeit kg/cm²	Mineralbestand	Härtebezeichnung	Abnützungsprüfungen		
				Sandstrahl cm	Abschleifen cm	
					trocken	naß
Granit	1768	Feldspat 50–60 % Quarz 30–40 % Glimmer 10–15 %	hart	0,032	0,061	0,198
Quarzporphyr	1824	Feldspat 30–40 % Quarz 20–30 % Biotit 0–5 % glasige Grundmasse 30–40 %	hart	0,035	0,060	0,163
Basalt	2608	Augit 30 % Feldspat 25 % Olivin 20 % Glas 25 %	sehr hart	0,031	0,086	0,191
Kieselkalkstein	2522	Quarz u. Kieselmasse 30–40 % Kalkspat 60–70 %	hart	0,031	0,102	0,178
Spatkalkstein	1628	Kalkspat 100 %	mittelhart	0,40	0,261	0,392
Kalkstein, eisenschüssig	824	Kalkspat nahezu 100 %	weich	0,483	0,385	1,128
Muschelkalkstein	710	Kalkspat 75 % Quarz 25 %	weich	0,194	0,166	0,434
Flyschsandstein	2118	Quarz 60–70 % Feldspat 10 % Kalkspat 20–30 %	hart	0,030	0,057	0,183
Sandstein, kalkreich	1618	Quarz 20 % Kalkkörner 35 % Kalkbindemittel 40 %	mittelhart	0,055	0,152	0,361
Glaukonitsandstein	2619	Quarz 65–70 % Glaukonit 10–15 % Kalkspat 10–15 %	sehr hart	0,020	0,047	0,093

Von den häufigsten Mineralien sind härter als Stahl (siehe auch Tabelle 1): Quarz (Ritzhärte 7), frische Feldspäte (um 6), z. T. saussuritisierte Feldspäte [mit viel Epidot, Zoisit (um 6–7)], Hornblenden und Augite (um 6), Olivin (6½), Granat (6½–7½). Weicher sind: Kalkspat (3), Dolomitspat (3½), Serpentinmineralien (3–4), Chlorit (2–3), Glimmer (3), viele stark veränderte, mit Serizit oder Kaolin durchsetzte Feldspäte (gegen 6 bis unter 3). Gesteinsglas hat Härte 5½–6.

Maßgebend ist die Druckfestigkeit trocken (da am häufigsten bestimmt); ist nur der Wert für wassergesättigt bekannt, so wird man, wenn dieser wenig unter einem Grenzwert liegt, die höhere Zeile berücksichtigen, besonders bei Gesteinen von hoher Wasseraufnahme. Sind bei erheblich geschieferten Gesteinen nur die Werte senkrecht zur Schieferung bekannt, wird man eine Zeile tiefer berücksichtigen. Die Zusammenstellung in Tab. 25 gibt einige Beispiele der Zuordnung in die Härtegruppen.

Von den direkten *Gesteinsprüfverfahren* haben die Abnützungsversuche mit dem Sandstrahl und durch Abschleifen engere Beziehungen zur in Tab. 24 definierten Gesteinshärte.

Bei der früher viel angewandten *Sandstrahl*prüfung (nach GARY) wird auf den Probekörper Quarzsand mit 3 Atmosphären Druck während 2 Minuten aufgeblasen und so eine Korrosion erzeugt. Gemessen wird die Dicke der abgenützten Schicht. Die Werte liegen meist zwischen 0,02 cm und 0,5 cm.

Die *Abschleifmethode* (nach BAUSCHINGER) besteht darin, daß der Prüfkörper bei einer Belastung von 0,5 kg/cm² auf einer Schmirgelscheibe mit einem Radius von 50 cm während 200 Umdrehungen beansprucht wird. Gemessen wird ebenfalls die Dicke der abgenützten Schicht. An trockenem Gestein kann bei der erwähnten Versuchsanordnung eine Abnützung von 0,05 cm als sehr gering, von 0,5–0,1 cm als gering, von über 0,1 cm als mittel bis hoch bezeichnet werden. Im wassergesättigten Zustande weist das Gestein meist eine doppelt so hohe Abnützung auf. Vergleiche zwischen Resultaten verschiedener Anstalten lassen sich nur schwer ziehen, da die Vorschriften etwas verschieden gehandhabt werden.

Weitere Prüfungen, die mit der Gesteinshärte zusammenhängen

Für Straßenbaustoffe sind schon eine Unmenge Prüfverfahren vorgeschlagen und z. T. auch eingeführt worden, um die Abnützungsverhältnisse direkt an Schotterstücken, wie sie in der Straße eingebaut werden, zu beurteilen. Früher wurde vor allem die Deval-Probe häufig angewandt, bei welcher die Schotterstücke (5 kg) in einer Trommelmühle 10000mal gedreht wurden, wobei sie sich gegenseitig abnützten. Bestimmt wurde das dabei unter 0,1 mm zerkleinerte Material (also der Gesteinsstaub) und in Prozenten des Gesteinsgewichtes angegeben. Ein Nachteil der Deval-Probe und auch der andern Prüfungen an Schotterstücken liegt darin, daß fast ebensosehr wie die Gesteinsbeschaffenheit die Form der Stücke auf das Ergebnis von Einfluß ist. Je kubischer die Stücke sind, desto geringer ist der Verschleiß. Beim gleichen Gestein wird je nach der Art des Brechens das Ergebnis anders, ganz abgesehen von einer Beeinflussung durch Auslese. Daher begegnet man diesen Prüfresultaten mit starkem Mißtrauen. Näheres über diese Prüfmethoden siehe Handbuch der Werkstoffprüfung, Bd. 3.

10. Beschaffenheit der Bruch- und Abnützungsflächen

Die Beschaffenheit einer künstlich erzeugten Gesteinsbruchfläche hängt ab vom Gesteinskorn, der Größe und Zahl der Poren und den Spaltverhältnissen der Gesteinsmineralien. Für die Technik ist am bedeutungsvollsten die Frage nach der *Unebenheit* (Gegensatz: Ebenheit) und der *Rauhigkeit* (Glätte) einer Bruch- oder Abnützungsfläche. Man umschreibt zweckmäßig mit Unebenheit die relative Großform der Abweichung einer Fläche von einer Ebene, mit Rauhigkeit die Kleinform. Beide Begriffe sind schwer ziffernmäßig zu erfassen. Am besten läßt sich noch die Gesamtvergrößerung der Oberfläche durch die

Unebenheit und Rauhigkeit gegenüber einer vollkommenen Ebene mit Haftversuchen ermitteln, doch kann man dadurch natürlich kein Bild über die wichtige Oberflächenbeschaffenheit im einzelnen gewinnen. Einen recht guten Überblick der Oberflächenbeschaffenheit vermitteln Profile (die man am besten aus Abdrücken schneidet und vergrößert betrachtet). Meistens sind diese Profil-(Rauhigkeits-)linien von einiger Gleichmäßigkeit und lassen sich ohne allzu großen Zwang schematisch als Wellenlinie darstellen.

Fig. 27

Fig. 28

Fig. 27. Gestein mit ebener, aber rauher Abnützungsfläche. Sandstein mit kalkigem Bindemittel und gleichmäßiger Struktur. Vergrößerung 6 : 1.

Fig. 28. Gestein mit unebener Abnützungsfläche durch ungleichmäßige Mineralverteilung bei gröberem Korn. Vergrößerung 6 : 1.

Die Rauhigkeit wird in der Hauptsache durch die «Wellenhöhe», d. h. die Höhe der mittleren Abweichung der Erhebungen und Vertiefungen von einer Ebene, und durch die «Wellenlänge», dem Abstand der einzelnen Erhebungen bestimmt, weiter natürlich von der speziellen Formgebung der Ungleichmäßigkeiten.

Die Wellenhöhe gibt die Gröbe der Rauhigkeit, das Verhältnis von Wellenlänge zu Wellenhöhe, den Rauhigkeitsgrad an. Je kleiner dieses Verhältnis ist, um so größer ist die Rauhigkeit. Man kann folgende Definitionen über Grad und Gröbe der Rauhigkeit bei Gesteinen aufstellen:

Tabelle 26. *Rauhigkeitsbezeichnungen*

Gröbe der Rauhigkeit Wellenhöhe	
fein rauh	1/100–1/10 mm
mittelrauh	1/10–1/2 mm
grob rauh	1/2–2 mm

Grad der Rauhigkeit Wellenlänge/Wellenhöhe	
groß	3
mittel	3–5
gering	5

Die Rauhigkeit (Gröbe und Grad) hängt natürlich engstens von der Korngröße, den Härte- und Festigkeitseigenschaften der Gesteinsmineralien und dem Gefüge, vor allem der Porosität ab. Sie ist am gleichmäßigsten bei gleichkörnigen Gesteinen mit regelmäßig verteilten Mineralien.

Die Unebenheit, die Großform, steht in Beziehung mit den Inhomogenitäten des Gesteins: Klüften, Suturen, Tonhäuten, Lagen verschiedener Zusammensetzung, Nester härterer oder weicherer Mineralien, großen Löchern usw. Sie ist dadurch, von wenigen Ausnahmen abgesehen, viel ungleichmäßiger und kann meist nicht als Wellenverlauf schematisiert werden.

Die Beschaffenheit der durch den Verkehr *abgenützten Flächen* von Steinmaterial ist wegen der Gleit- und Schleudergefahr von besonderer Bedeutung. Verlangt wird allgemein eine rauhe, aber doch vorwiegend ebene Abnützungsfläche. Die Rauhigkeit wird begünstigt durch:

α) Große Härteunterschiede wichtiger Gesteinsgemengteile (z. B. Quarz und Kalkspat in manchen Kalksandsteinen) bei im allgemeinen hoher Gesteinsfestigkeit. Die Rauhigkeit entsteht vorwiegend durch Ausarbeiten des weicheren Gemengteils; die Abnützung ist relativ gering.

β) Geringe Verbandsfestigkeit bei körnigen Gesteinen mit harten Gemengteilen. Die Rauhigkeit entsteht durch Ausbrechen von Körnern, die Abnützung ist groß.

γ) Vorwiegen sehr harter körniger Gemengteile bei sehr hoher Verbandsfestigkeit. Die Abnützung ist minim, eine ursprünglich meist vorhandene Rauhigkeit bleibt sehr lange erhalten (praktisch fast nur bei Quarziten der Fall).

Feinkörnige porenfreie Gesteine, die bei guter Festigkeit (Fehlen von Ausbrüchen) nur aus gleich harten Mineralien (jedoch weicher als Quarz) bestehen, ergeben die glatteste Abnützungsfläche. Dies trifft am meisten bei dichten Kalksteinen, aber auch bei Basalten zu (Härte von Feldspat und Augit = 6).

Fig. 29. Kalkstein, etwas mergelig, sehr feinkristallin. Oberfläche matt. Typisch muscheliger Bruch. Etwas verkleinert.

In der Struktur gleichmäßige und nicht sehr grobkörnige Gesteine werden beim Abnützungsvorgang meist ebener (glatter oder rauher). Unebener werden alle Gesteine von grob ungleichmäßiger Beschaffenheit (Herausarbeiten von

Mergellagen, verwitterten Partien, weichern oder sehr spröden großen Einsprenglingen usw.). Ein anderer Vorgang ist die Rundung bei Kleinpflastersteinen, die durch Kantenabbrüche und Abschliff erzeugt wird und vor allem bei Gesteinen geringer Zähigkeit auftritt.

Fig. 30

Fig. 31

Fig. 30. Gebrochener Splitt (dichte Kalksteine) von vorwiegend flachen, keilförmig zugespitzten Formen.

Fig. 31. Gebrochener Splitt von gut «kubischen» Formen durch entsprechendes Brechen, wodurch allerdings die Stücke etwas von der Kantenschärfe verloren (starke Schlagspuren).

Für die nähere Charakterisierung der meist unebenen, glatten oder rauhen *Gesteinsbruchflächen* verwendet man viele Ausdrücke, wie muschelig, wellig, hackig, grubig, gerieft, splittrig, erdig usw., wie sie z. T. aus den Fig. 29, 72, 73 hervorgehen. Im allgemeinen ist die natürliche Bruchfläche bei feiner körnigen Gesteinen glatter (aber nicht unbedingt ebener) als bei grobkörnigen (gleiche Porosität vorausgesetzt). Am glattesten ist die Oberfläche bei sehr dichten Kalksteinen und bei vulkanischen Gläsern.

Auch bei den Sanden kann die Beschaffenheit der Kornoberfläche ermittelt und beschrieben werden. Quarzkörner können sowohl poliert, glatt, aber auch matt, rauh und gerieft sein. Bei den Formsanden hat die Beschreibung der Kornoberfläche insofern eine Bedeutung, als der Binderton an rauhen Körnern besser haftet; gleichzeitig wird aber dadurch die Luftdurchlässigkeit herabgesetzt.

11. Bruch- und Abrollformen, Rundung

Die *Bruchformen* an künstlich zerkleinertem Gestein sind praktisch wichtig bei Splitt und Brechschotter für Straße und Geleisebettung. Je kubischer (d. h. würfelähnlicher) die einzelnen Brechstücke sind, desto dichter lassen sie sich in einem Belag packen, wodurch einerseits ihre gegenseitige Beanspruchung durch den Verkehr und damit ihr Verschleiß vermindert wird, andererseits auch eine geringere Menge an Bindemitteln benötigt wird. Im allgemeinen neigen ziemlich feinkörnige, massige aber zähe Gesteine zu kubischen Bruchformen, sehr spröde Gesteinsarten mehr zu splittrigen, geschieferte Gesteine zu plattigen Formen. Es kommt aber daneben noch sehr auf die Art und Weise des Brechvorganges an. Für jedes Gesteinsvorkommen ist deshalb die geeignetste Verarbeitungsweise auszuprobieren; oft ergibt ein zweimaliges Brechen die besseren Formen, allerdings unter Verlust von Kantenschärfe. Die Charakterisierung der Bruchformen kann auf gleiche Weise geschehen wie für die Abrollformen (siehe unten).

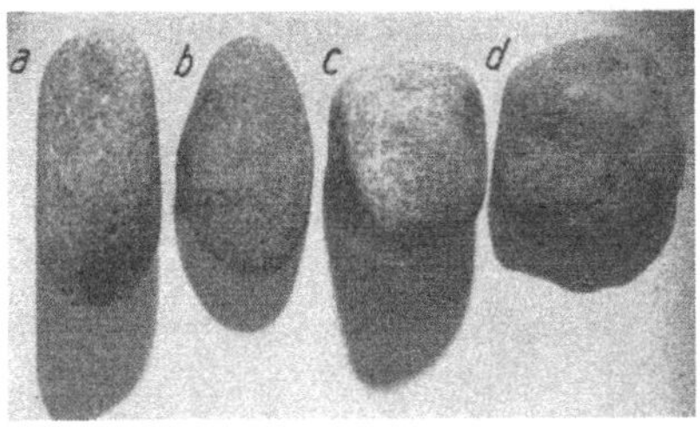

Fig. 32. Typische Geröllformen nach ZINGG. *a* stengelig, *b* flachstengelig, *c* kugelig, *d* flach.

Abrollformen. Unter den Abrollformen lassen sich flache, kugelige, ferner stengelige und flachstengelige Gerölle resp. Körner auseinanderhalten. Von ZINGG[1]) stammt ein Vorschlag, diese Formen zahlenmäßig zu kennzeichnen. Man denkt sich ein Gesteinsbruchstück von einem dreiachsigen Ellipsoid umhüllt und mißt mit einer Schublehre die drei aufeinander senkrecht stehenden Hauptdurchmesser $a > b > c$. Eine Kornform kann nun durch die beiden Koeffizienten $\frac{b}{a}$ und $\frac{c}{b}$ eindeutig charakterisiert werden, und diese Koeffizienten können bestimmten Typen zugeordnet werden (Fig. 32 und Tabelle 27).

Tabelle 27. *Einteilung der Formen nach* ZINGG

Form	$\frac{b}{a}$	$\frac{c}{b}$
flach	über $^2/_3$	unter $^2/_3$
kugelig	über $^2/_3$	über $^2/_3$
stengelig	unter $^2/_3$	über $^2/_3$
flachstengelig	unter $^2/_3$	unter $^2/_3$

Ähnliche Vorschläge macht auch Entwurf Din DVM. 1991/2 für Straßenschotter und Splitt, wobei der Koeffizient $\frac{c}{b}$, die sog. Flachheit, und der Koeffizient $\frac{a}{b}$, die sog. Langgestrecktheit, festgestellt wird. Bewertet wird nach dem Anteil der Körner, die nach den von Fall zu Fall aufzustellenden Grenzwerten für $c : b$ (z. B. 0,5) und $a : b$ (z. B. 1,5) als zu flach bzw. zu lang erscheinen.

Aus den aus einem größeren Material, z. B. 100–200 Individuen, ermittelten Daten kann der prozentuale Anteil an den verschiedenen Formen festgestellt werden. Es lassen sich aber auch Mittelwerte für die beiden Koeffizienten berechnen.

[1]) TH. ZINGG, Beitrag zur Schotteranalyse, Schweiz. min.-petr. Mitt., Bd. 15, 1935.

Diese Methode eignet sich zur Bestimmung und Charakterisierung sowie zum Vergleich der Formen von Flußgeschieben, von Betonzuschlag- und Straßenbaugesteinen.

Kornrundung. Von der Kornform unabhängig ist die Rundung oder der Rundungsgrad eines Kornes, wie er besonders bei Wasser, Wind, untergeordnet auch bei Gletschertransport, sodann in Kugelmühlen erzeugt wird. Man charakterisiert sie etwa mit eckig, kantenbestoßen, angerundet oder rund. Zur Beurteilung einer größeren Anzahl von Körnern haben sich Vergleiche mit

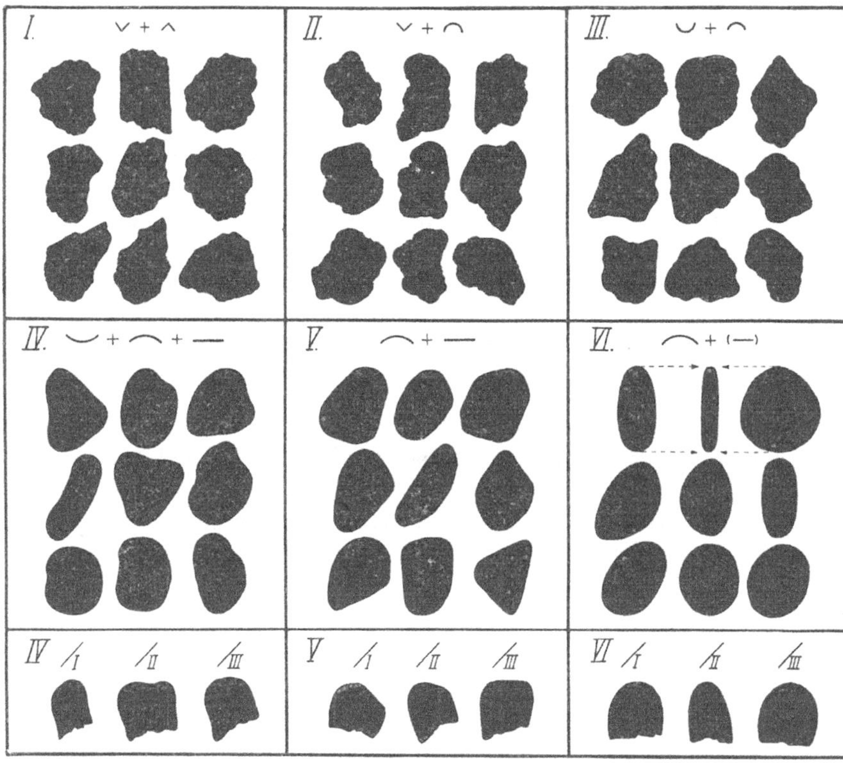

Fig. 33. Geröllrundung nach DAL VESCO. A. *Ganze Gerölle: I* extrem kantig, feinzackige Umrisse; *II* hervorstehende Partien abgerundet, Einbuchtungen, zackige Ränder; *III* Einbuchtungen abgerundet, Umriß gewellte Linie, partiell kleine Krümmungsradien; *IV* einzelne Teile große Krümmungsradien. konkave, konvexe und planare Teile; *V* wie *IV*, nur fehlen konkave Teile; *VI* angenähert oder vollkommen ideale Form (kugelig, flachstengelig und stengelig), nur flache Gerölle noch teilweise planar. – B. *Geröllbruchstücke:* Klasse der ursprünglichen Form im Zähler, Bruchfläche im Nenner, wobei nur 3 Klassen (I, II, III) unterschieden werden.

Standardbildern bewährt, z. B. diejenigen von KRUMBEIN[1]) oder DAL VESCO (Fig. 33). Man vergleicht dabei jedes Korn mit den Typen und ordnet es einer Klasse zu. Die erhaltenen Werte lassen sich wiederum statistisch zu Häufigkeitskurven oder zu einem Mittelwert für ein Gemisch verarbeiten.

[1]) M. C. KRUMBEIN, Measurement and geological significance of shape and roundness of sedimentary particles, J. Sediment. Petrol., Vol. 11, 1941.

B. DAS GESTEIN IM VERBANDE

Jede vollständige Charakterisierung eines Gesteins beschränkt sich nicht nur auf die Beschreibung im Kleinbereich (Werkstück, Probeblock, ungestörte oder gestörte Probe, Handstück, Dünnschliff oder Gesteinspulver), sondern hat sich auch mit seinen Beziehungen zum *geologischen Verbande* zu befassen. Für zahlreiche technische Anwendungen kommt es ebensosehr oder mehr als auf das Gestein an sich auf dessen Klüftung und Lagerung und die dadurch beeinflußten Festigkeits- und Wasserdurchlässigkeitsverhältnisse an.

1. Schichtung

Schichtung wird oft mit Bankung verwechselt. Beide Begriffe haben aber je nach der Gesteinsgruppe eine etwas abweichende Bedeutung.

Die augenfällige Schichtung der Großzahl der *Sedimentgesteine* beruht einerseits auf einem mehr oder weniger regelmäßig sich wiederholenden stofflichen Wechsel senkrecht zum Absatz (Schichtung i. e. S.). Dieser Wechsel ist in der Regel an der angewitterten Gesteinsoberfläche besser sichtbar als am frischen Fels. Anderseits wird sie durch Trennfugen erzeugt, welche die Sedimentmasse parallel den Absatzflächen in oft sehr regelmäßige Gesteinsbänke zerlegt. Solche Trennfugen (Bankungsfugen) finden sich bei völlig homogenen Gesteinen; oft fallen sie indessen zugleich mit einem Wechsel in der Beschaffenheit zusammen. Die Bankung an Sedimenten ist meist deutlicher zu erkennen als die eigentliche Schichtung (siehe auch unten).

Bei den geschieferten *kristallinen Gesteinen* trifft man häufig einen starken lagigen Wechsel parallel der Schieferungsebene und spricht dann auch oft von Schichtung, ein Ausdruck, der hier besser vermieden wird und durch Bänderung, Lagentextur ersetzt wird. Bankungsklüfte parallel einer Schieferung sind verbreitet.

Von dem schichtigen Beschaffenheitswechsel hängt auch bei Gesteinen ohne Bankungsklüfte die maximale Dicke der gewinnbaren Blöcke ab. Weiche Gesteinslagen zwischen festen (Mergellagen zwischen Kalkbänken, glimmerreiche Lagen, wie sie bei vielen Gneisen, Glimmerschiefern und Phylliten [Dachschiefern] auftreten), gestatten natürlich auch ohne eigentliche Bankungsfugen eine leichte Trennung. Die Flächen parallel zur Bankung, Schichtung oder Schieferung bezeichnet man im steinverarbeitenden Gewerbe allgemein als *Lager*. Eine erhebliche Verwirrung entsteht, wenn in wenig geschichteten Sedimentgesteinen die auch als Bankung bezeichnete Oberflächen- oder Talklüftung von den eigentlichen Bankungsfugen parallel der Schichtung abweichen. Man bezeichnet dann bisweilen eine Fläche als Lager (parallel der Talklüftung), die nicht der Schichtung entspricht. Bei jeder Steingewinnung oder beim Steinabtrag ist der Verlauf der Lagerfläche wichtig (siehe Seite 193). Ein Lagerverlauf parallel einem Hang führt leicht zu Rutschungen oder Felsschlipfen, doch ist hier auch die Klüftung oft stärker maßgebend.

2. Klüftung

Zu den technisch bedeutsamsten Erscheinungen am festen Fels gehören die Klüfte[1]). Man bezeichnet damit alle mehr oder weniger ebenen, kleinen oder ausgedehnten Trennfugen im Gestein. Die Gesamtheit der Klüfte bildet die Klüftung. Eine Klüftung fehlt praktisch den primären Lockergesteinen.

Die Ursachen der Kluftbildung sind:

a) *Volumenverminderung* (Schwinden) des Gesteinskörpers beim *Abkühlungsvorgang*. Primäre Klüftung der Eruptivgesteine.

b) Schwinden des Gesteinskörpers durch *Lösungs-(Wasser-)verlust*. Primäre Klüftung der Sedimentgesteine.

c) *Überwindung* der Gesteinsfestigkeit (Bildung eines Trenn- oder Gleitbruches) durch *mechanische Beanspruchung* im Gefolge tektonischer Vorgänge.

d) *Spannungszustände* in Oberflächennähe durch *Entlastung, evtl. Temperatureinflüsse*.

e) *Schwereeinwirkungen* an der Erdoberfläche.

a) Reine *Abkühlungsklüfte* (immerhin in Zusammenhang mit Bewegungen innerhalb der Schmelzflüsse) finden sich an *vulkanischen Gesteinen* (Lavaschloten, -decken und -strömen). Man bezeichnet sie oft als Absonderungen. Sie sind bei einem Vorkommen häufig recht gleichmäßig und besonders auch regelmäßig ausgebildet. Bekannt sind die durch solche Absonderungen entstandenen, meist 20–50 cm dicken, oft sehr langen, ziemlich regelmäßig sechsseitig begrenzten Säulen bei Basalten, verbreiteter sind aber unregelmäßiger ausgebildete, bis meterdicke Pfeiler (auch Schienen genannt), ferner mehr plattenartig oder kugelig abgesonderte Gesteinskörper.

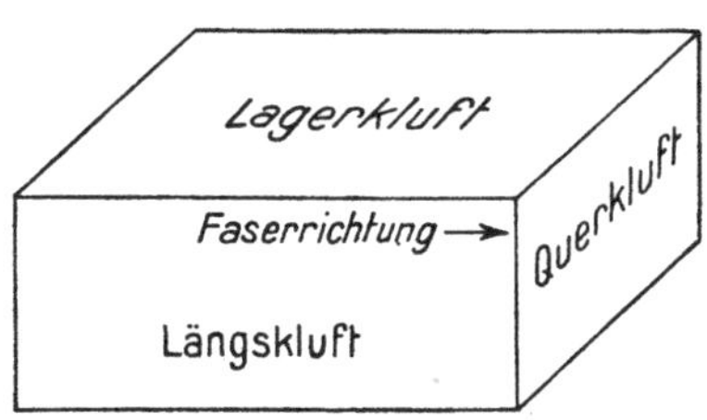

Fig. 34. Bezeichnung der Hauptklüftungen in einem Granitmassiv.

Die Klüftung der mächtigen Erstarrungskörper, besonders der *Granitstöcke*, ist selten eine reine Abkühlungsbildung, sondern meistens unter mehr oder weniger intensiven Bewegungen entstanden. Normalerweise trifft man in den großen Granitmassiven drei Kluftsysteme:

1. Längssystem (Streckungs[*S*]klüfte mit Lage parallel einer oft kaum sichtbaren Paralleltextur [Faserrichtung]).
2. Quer*(Q)*klüfte, normal zur Faserrichtung.
3. Lager*(L)*klüfte, normal zu den beiden andern.

[1]) Eine gute Übersicht der Gesteinsklüftung bietet H. Cloos, Grundzüge der Geologie, 1936.

Die Längsklüfte sind meist eben, schmal und oft ausgedehnt, die Querklüfte sind breiter, oft mit sekundären Rissen, häufig nicht mehr offen, sondern von späteren Abscheidungen erfüllt. Das Lager liegt oft flach. Bei vielen Graniten sind allerdings die Klüfte weit unregelmäßiger ausgebildet. Die Kluftabstände dieser primären Klüftung liegen meistens in der Größenordnung von mehreren Metern.

Fig. 35: Weitständige Klüftung in einem Granitstock. Grundkörper begrenzt vom flachen Lager und einem steilstehenden Kluftsystem mit Kluftabstand von ca. 2 m.

Fig. 36. Intensive Klüftung in tektonisch stark gestörter Zone. Bevorzugte Kluftebenen sind nur undeutlich erkennbar. Das Gestein (Granit) ist im kleinen Stück völlig massig.

b) Die primäre Hauptklüftung der *Sedimentgesteine* ist die Bankung, eine Trennfugenbildung parallel der Schichtungsfläche.

c) In Gebieten, die eine wenn auch nur schwache tektonische Beanspruchung erfahren haben, ist die Mehrzahl der Klüfte tektonisch bestimmt. Diese *tektonischen Klüfte* (auch Druckklüfte, Lose, Lassen, Schlechten genannt) treten oft in charakteristischen Richtungen auf, die je nach dem tektonischen Bau auf weite Erstreckungen dieselben sein können. Sie häufen sich manchmal zonenweise zu Kluftbündeln oder Ruschelzonen und sind oft mit Bruchbildungen oder Verwerfungen verknüpft. Es handelt sich vorwiegend um Scherbrüche, aber auch um Torsions-, Druck- und Zerrungsklüfte. Bei den Graniten fallen diese Klüfte oft mehr oder weniger mit den primären Klüftungen zusammen oder werden durch diese auch in der Richtung abgelenkt, so daß recht komplizierte Verhältnisse entstehen, die nur durch zahlreiche systematische Messungen zu entwirren sind. Bei Sedimenten werden speziell auch viele Bankungsklüfte bei tektonischen Einwirkungen geöffnet, bei kristallinen Schiefern bilden sich Fugen parallel der Schieferung, ebenfalls Bankungsklüfte genannt. Bei Durchdringung verschiedener Kluftsysteme sind häufig kaum mehr regelmäßige Richtungen festzustellen, die Gesteinsvorkommen scheinen wirr zerstückelt, oft bis unter Handstückgröße (tektonische Brekzienbildung).

Fig. 37. Klüftung in massigem Granit parallel der Felsoberfläche (Talklüftung).

d) Eine charakteristische Klüftung vieler Gesteinsvorkommen, die offensichtlich jünger ist als eine primäre oder tektonische Klüftung, tritt parallel der heutigen Felsoberfläche auf, und zwar nur in geringer Erdtiefe. Sie ist auffällig besonders an massigen Gesteinen mit sonst großen Kluftabständen (Graniten, wenig geschieferten Gneisen, mächtigen Bänken von Sandsteinen, Kalksteinen, vulkanischen Tuffen usw.). Besonders charakteristisch und technisch wichtig ist, daß sie an Berghängen mit deren Neigung einfällt, so daß sie die Gesteinsgewinnung sehr erleichtert. In Gebirgsgegenden bezeichnet man sie als *Talklüftung*. Diese Oberflächenklüftung zerlegt ein Gestein oft in schöne «Bänke»; sie wird deshalb meist ebenfalls als Bankung bezeichnet; dieser Ausdruck wird somit für die verschiedensten Bildungen gebraucht (siehe auch unter Schichtung).

e) Schließlich sind noch (bei sonst nicht klüftigen Gesteinen) die Klüfte zu erwähnen, die sich durch *Schwerewirkung* (meist vorgängig Felsstürzen und Felsschlipfen) öffnen. Bei klüftigen Gesteinen figurieren hier natürlich bereits bestehende Klüfte als Ablösungsflächen. Völlig von Klüften durchsetzt ist im weiteren durch die mechanische Beanspruchung des Absturzes der Bergsturzschutt (Bergsturzbrekzie); er ist nicht immer leicht von tektonischer Brekzienbildung zu unterscheiden.

Viele ältere Klüfte sind nicht mehr offen, sondern mit späteren Gesteins- oder Mineralbildungen wieder aufgefüllt. Die Gesteins- oder Mineralgänge stellen solche Kluftfüllungen dar. Ist der Füllinhalt mit dem Gestein verwachsen, so spricht man von *verheilten Klüften*. Bei den Sedimentgesteinen

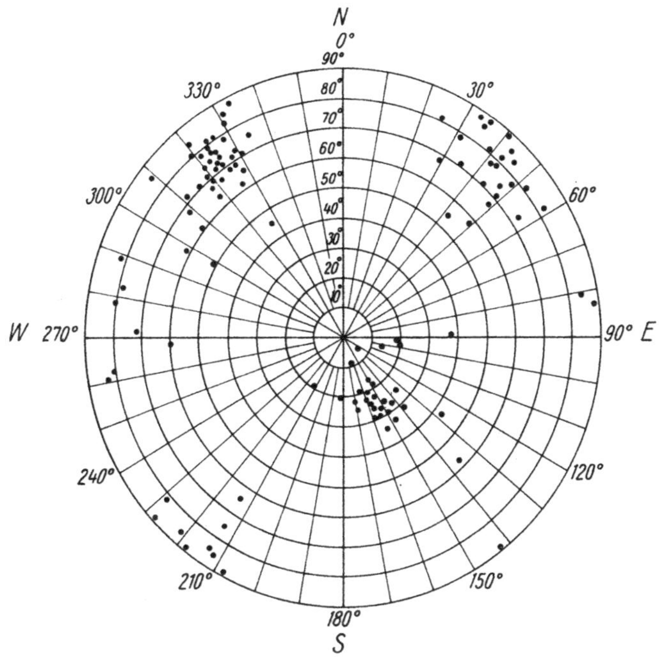

Fig. 38. Darstellung von Kluftmessungen in Polarkoordinaten. Die Punkte entsprechen den Polen der Kluftebenen. Meridiane: Streichen; Breitenkreise: Fallen. Horizontale Klüfte fallen ins Zentrum, vertikale auf den Randkreis.

besteht die Verheilung meistens aus Kalkspat oder Quarz. Bei älteren Kalksteinen sind die weißen Durchaderungen eine ganz gewöhnliche Erscheinung. Verbreitet ist eine Kluftfüllung von lockerem tonigem Material (Lettenbesteg).

Im unverwitterten Bereich sind die Klüfte teilweise so eng, daß sie von Auge leicht übersehen werden können (Haarrisse). In der Verwitterungszone erweitern sich die Klüfte in der Regel und sind dann erst auffällig. Man spricht dann von *Verwitterungsklüftung*.

Man bezeichnet den Gesteinskörper, der durch die mittleren Kluftabstände des Vorkommens begrenzt ist, als *Grundkörper*. Von der Größe des Grundkörpers wird die Art der Nutzung eines Gesteinsvorkommens bedingt. Kluftdichte und Kluftrichtungen sind für alle Lösungsarbeiten im Fels von größter Wichtigkeit.

Zu einer *graphischen Darstellung* der Kluftbildungen trägt man am besten die Meßwerte für Streichen und Fallen in Polarkoordinaten auf (siehe Fig. 38). Bei Kluftmessungen ist es wichtig, daß möglichst alle Klüfte eines Vorkommens erfaßt werden. Sofern man sich in einfacheren Fällen auf das Streichen oder Fallen bei annähernd gleichartigem Fallen resp. Streichen beschränken kann, so ist die windrosenartige Darstellung recht anschaulich (siehe Fig. 39). Man faßt dabei am besten die Messungen innerhalb von 5°- oder 10°-Intervallen zusammen.

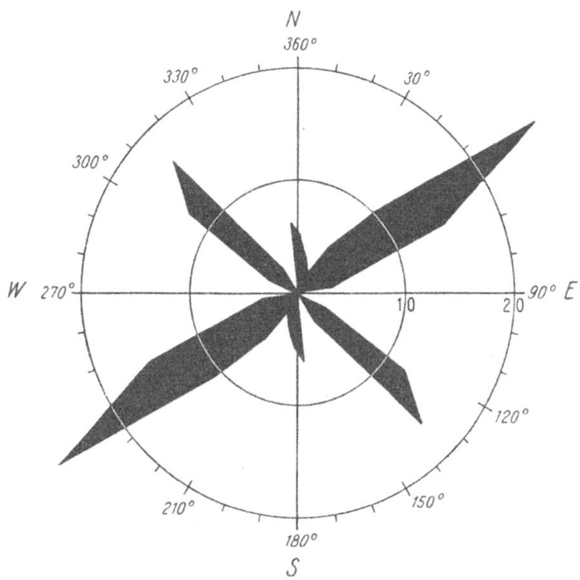

Fig. 39. Darstellung des Streichens von Klüften in windrosenartiger Figur. Messungen in 10°-Intervallen zusammengefaßt. Abstand vom Zentrum: Zahl der Messungen pro Intervall. Gleiches Beispiel wie in Fig. 38.

Um eine quantitative Angabe der Klufthäufigkeit zu geben, ermittelt man zweckmäßig die mittlere Anzahl der Grundkörper pro *m'* Gesteinswand in der Horizontalen und Vertikalen. Mittelangaben haben aber wenig Sinn, wenn die Klüftigkeit eines Vorkommens stark wechselt.

Bergschläge. Als eine plötzlich sich vollziehende Kluftbildung kann man die Bergschläge bezeichnen. Man versteht darunter das fast explosionsartige Ablösen von Gesteinspartien meist in Form von Platten oder Schalen von frischen Gesteinsanbrüchen. Sie sind ein Anzeichen von Spannungen im Fels, die noch nicht zum Kluftaufreißen geführt haben.

Die Ursachen dieser Spannungen dürften ebenso mannigfaltig sein wie diejenigen, die zur eigentlichen Klüftung führten. Besonders wichtig sind wahrscheinlich Spannungen durch Temperaturabnahme und Druckentlastung im Anschluß an eine relativ rasche Talerosion, da man tatsächlich Bergschläge gehäuft in Gesteinsvorkommen mit ausgesprochener Talklüftung findet. Bergschläge finden sich nur in massigen oder wenig geschieferten festen Gesteinen mit großen natürlichen Kluftabständen vor allem an Graniten, Granitgneisen, Porphyren, dann weniger ausgeprägt an Sandsteinen und Kalksteinen. Sie bilden sich vorzugsweise bei unterirdischen Arbeiten (Stollen), fehlen aber auch bei offenem Felsabtrag nicht. In Steinbrüchen sind sie seltener als bei frischen Felsanschnitten (großer Bergschlag beim Fundamentaushub der Zentrale Handeck im Haslital). In Stollen, wo die Bergschläge vorzugsweise an der Ulme erfolgen, sind die Schalen oft entsprechend dem Stollenprofil gebogen. Nach dem Abspringen erfahren sie eine gewisse Streckung und passen nicht mehr ganz in ihre Ablösungsstelle.

3. Bestimmung der Durchlässigkeit des Gesteins im Verbande

Die im Laboratorium ermittelten Werte für die Durchlässigkeit haben streng genommen nur für die Untersuchungsprobe Gültigkeit. Während eine Übertragung der Werte ungestörter Proben auf die im natürlichen Verband stehenden Lockergesteine wenigstens der Größenordnung nach zumeist möglich ist, wird bei den Festgesteinen das allgemeine Gefüge mit Klüften usw. viel maßgebender. Deshalb sollten in Festgesteinen, wo es angängig ist auch bei den Lockergesteinen, die Durchlässigkeitsverhältnisse durch Feldversuche festgestellt werden. Bei derart ermittelten Daten muß man sich indessen immer bewußt sein, daß nur die Größenordnung der Durchlässigkeit gemessen werden kann. Man unterscheidet zwischen Dauerversuchen, Anstiegs- und Absenkversuchen sowie Abpressungen[1]).

Dauerversuch: Eine beliebige, konstante Wassermenge wird aus dem verrohrten, unten geöffneten Bohrloch oder Schacht abgepumpt. Der Pumpvorgang erzeugt nach einer gewissen Zeit, gemessen von der Ruhelage aus, eine dauernde, konstant bleibende Absenkung h. Für das in die untere Öffnung des nicht perforierten Rohrs radial einströmende Wasser, resp. für das Gestein in dieser Zone gilt die von MAAG nach FORCHHEIMER abgeleitete Näherungsformel in Fig. 40[1]).

Der Versuch wird mit verschiedenen Wassermengen durchgeführt und daraus ein Mittelwert berechnet. Um die Eintrittsgeschwindigkeit klein zu halten, sollte die Absenkung nicht zu groß gewählt werden. Ein Nachteil dieser Methode besteht darin, daß h im Bohrloch schwer bestimmt werden kann (enge Verhältnisse, steiler Absenkungstrichter). Eine elegantere Lösung ergibt die Ermittlung der Absenkung mittels Piezometer, die im Umkreis der Bohrung geschlagen werden.

Anstiegsversuche: Im nichtperforierten, unten offenen Bohrrohr wird der Grundwasserspiegel z. B. durch Pumpen rasch abgesenkt. Anschließend mißt man den Wiederanstieg des Wassers nach verschiedenen Zeiten. Näherungsweise kann die Durchlässigkeitsziffer, unter der Voraussetzung des radialen Wasserzuflusses, gemäß Fig. 40 berechnet werden.

[1]) E. MAAG, Über die Verfestigung und Dichtung des Baugrundes. Hoch- und Tiefbau Zürich, 1938. Erdbaukurs der ETH. Zürich 1938. – E. MAAG, Methode zur feldmäßigen Bestimmung der Wasserdurchlässigkeit. Straße und Verkehr, Zürich 1941.

In wenig bis nicht bindigen Gesteinen sollte auch hier die Absenkung nicht zu groß (unter 1 m) gewählt werden, da die sonst auftretenden Grundbrüche die Ergebnisse fälschen. Die Methode ist, wie die nachfolgende, besonders bei mittlerenDurchlässigkeitskoeffizienten angebracht, versagt aber bei größerem k.

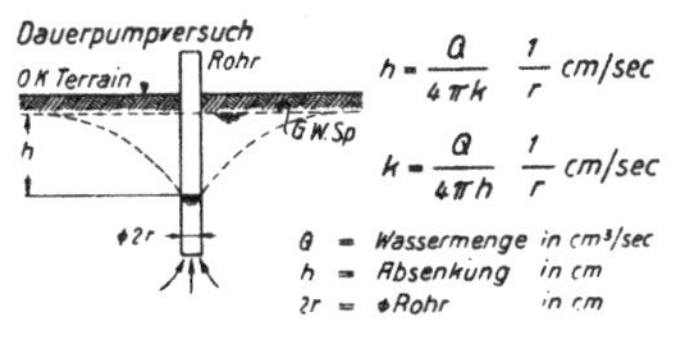

Fig. 40. Dauerpumpversuch.

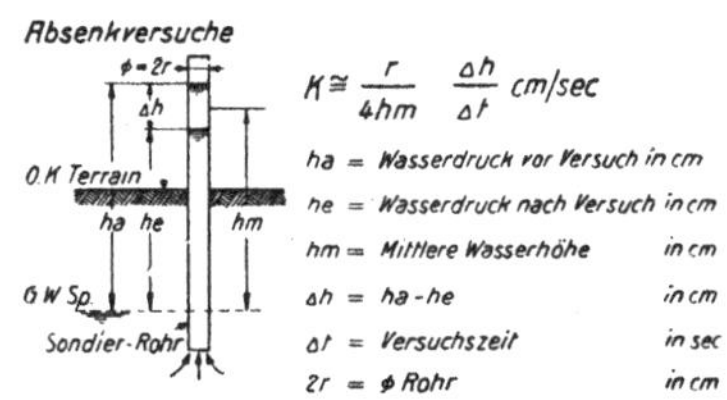

Fig. 41. Absenkversuch.

Nach neueren Untersuchungen ist es besser, in den Bestimmungsformeln für die Durchlässigkeitsziffer statt des in der Literatur enthaltenen Faktors 4 den Faktor 2 einzuführen.

Absenkversuch: Der soeben beschriebene Versuch kann auch so durchgeführt werden, daß Wasser in das Bohrrohr eingeführt wird. Die mittlere Höhe des Wasserspiegels im Rohr über dem Grundwasser während des Versuches (hm) wird dabei in die in Fig. 41 erwähnte Formel eingeführt. Bei dieser Methode werden durch Absetzung des ausgespülten Schlammes die Poren leicht verstopft, wodurch oft zu kleine Werte bestimmt werden.

Oft werden Anstiegs- und Absenkversuche im gleichen Bohrrohr kombiniert, wobei die daraus ermittelten Durchlässigkeitsziffern meist voneinander abweichen, da im ersten Falle Grundbrüche zu große, im zweiten Falle die Abdichtung zu kleine Werte ergeben. Der Mittelwert aus beiden Versuchen ergibt dann gewöhnlich einen guten Näherungswert.

Abpreßversuche: Bei Festgesteinen erfolgt die Ermittlung der Durchlässigkeit durch Abpressung von meist kurzen (2–3 m), durch Kolben abgeschlossenen, unverrohrten Bohrlochabschnitten. Diese Abpreßversuche können abwechslungsweise mit dem Bohrprozeß durchgeführt werden. Der Druck wird dabei während mindestens 10 Minuten konstant gehalten, außerdem werden verschiedene Druckstufen (normalerweise 5—10 atü, unter besonderen Umständen auch höhere, z. B. bis 80 atü) angewendet. Der Druck ist den lokalen Überlagerungs- und Gesteinsverhältnissen anzupassen, damit nicht unerwünschte Lockerungen durch Hebungen eintreten. Bei gleichmäßig durchlässigen, d. h. porösen Gesteinen (z. B. Lockergestein) steigt der Wasserverlust linear mit dem Druck, bei Anwesenheit von Spalten angenähert proportional der Wurzel aus dem Druck an.

Zu Vergleichszwecken werden die Ergebnisse als Druckwasserverluste pro m/min bei 10 atü Druck als Mittelwert einer Versuchsdauer von mindestens 10 min angegeben, und zwar in l/sec und m. Die Ergebnisse können aber auch auf k-Werte umgerechnet werden, wodurch Vergleiche mit anderen Gesteinen möglich sind.

In beidseitig abgedichteten Stollen oder Schachtpartien wird die Durchlässigkeit des Gesteins sodann durch Einpressen von Wasser und Bestimmung der Wasserverluste ermittelt. Die Durchlässigkeit wird hiebei meistens als Wasserverlust in l/sec pro 1000 m^2 Stollenwand, z. B. bei 10 atü Druck angegeben (siehe Fig. 46).

Im allgemeinen sollte man weder aus den im Laboratorium noch aus den im Bohrloch ermittelten Daten allzu strenge Schlüsse ziehen, da die Inhomogenitäten des Untergrundes zumeist wesentlich größer sind als die wenigen Aufschlüsse und Versuche ergeben.

4. Festigkeitseigenschaften des Gesteins im Verband

Für zahlreiche technische Probleme ist die Kenntnis der elastischen und plastischen Eigenschaften der Gesteine im Verbande wichtig. Dazu gehören Fragen der Setzung empfindlicher Bauwerke (z. B. statisch unbestimmte Massivkonstruktionen, wie eingespannte Brückenbogen, Rahmenbauwerke, durchlaufende Balken usw.), ferner solche des Verhaltens beanspruchter Gesteine, z. B. unter Staumauern, in Druckstollen, Tunnels usw.

Zumeist verhalten sich die Gesteine im Verbande bei mechanischer Beanspruchung anders als im Handstück oder den Proben. Bei den Festgesteinen haben Klüftung und Schichtung in bezug auf die Beanspruchung einen großen Einfluß. Die elastische Deformation ist im Verband meist kleiner, die plastische Verformung meist größer als bei der Einzelprobe.

Bei Lockergesteinen werden die Bodenproben auch bei «ungestörter» Entnahme etwas gestört, was sich in einer Lockerung des Gefüges äußert (siehe Fig. 52). Die Störung wird hier um so größer, je geringer die Kohärenz der Lockergesteine ist. Aus diesem Grunde bilden bei Lockergesteinen Feldversuche eine willkommene Ergänzung der Laboratoriumsuntersuchungen und geben bei einwandfreier Vornahme meist genauere und zuverlässigere Werte der Gesteinseigenschaften, als sie im Laboratorium ermittelt werden können.

Die experimentelle Bestimmung der Zusammendrückungseigenschaften, d. h. der elastischen und plastischen Verformbarkeit, bietet in der Natur dagegen allgemein größere Schwierigkeiten als im Laboratorium. Es sind dazu meist umfangreichere Versuchsapparaturen erforderlich, die oft ungünstigeren Versuchsbedingungen unterliegen als im Laboratorium (z. B. rascher Wechsel der thermischen Verhältnisse, Feuchtigkeitseinflüsse, Korrosion bei langdauernden Versuchen, Erschütterungen usw.). Die Wahl der Untersuchungsmethode muß dem Zweck der Prüfung angepaßt werden. Seismische Untersuchungen können z. B. andere Elastizitätswerte ergeben als statische Belastungsversuche, da im ersten Falle dynamische, im letzten statische Beanspruchungen des Gesteins erzeugt werden. Wird ein Gestein hinsichtlich der Bauwerksbeanspruchung untersucht, so eignen sich hiefür namentlich statische Versuchsmethoden.

Bei *Lockergesteinen*, ferner bei wenig konsolidierten Festgesteinen, erfolgt die direkte Bestimmung der Zusammendrückungseigenschaften durch Belastungsversuche in der Baugrube, im Sondierschacht oder evtl. auch am Grunde des Bohrloches. Die Belastungsfläche besteht meist aus einer kreisförmigen oder quadratischen Lastplatte. Vor Aufbringung der Lastplatte muß durch Reinigung dafür gesorgt werden, daß ein guter Anschluß an die ungestörte Bodenoberfläche erzielt wird. Die Einsenkung der Fläche wird unter stufenweise zunehmender Belastung gemessen, was mittels Uhren oder Präzisionsnivellements erfolgen kann. Anschließend wird wieder stufenweise entlastet und die Schwellung bestimmt. Die Geschwindigkeit der Laststufenfolge muß bei diesen Versuchen den speziellen Verhältnissen des zu prüfenden Lockergesteins und der Größe der angewendeten Lastfläche angepaßt werden, da namentlich bei feinkörnigen, gesättigten Lockergesteinen das unter der Belastung nur langsam abfließende Porenwasser die Setzungserscheinungen beeinflußt[1].

Die Einsenkungen vergrößern sich, je größer Belastungsfläche und Belastung, ferner die Zusammendrückbarkeit des Gesteins, sind. Große Lastflächen haben bei Anwendung in demselben Material bei gleichen Bodenpressungen eine größere Tiefenwirkung als kleine Flächen und damit auch größere Einsenkungen zur Folge. Die letzten wachsen annähernd proportional dem Durchmesser bzw. der Kantenlänge der Lastplatte an.

Belastungsversuche im Bohrloch sind nicht leicht durchzuführen und erfordern spezielle Apparaturen, Erfahrungen und Methoden. Außerdem empfiehlt es sich, zur Kontrolle und Vermeidung von Fehlinterpretationen parallel mit den Feldversuchen auch Laboratoriumsversuche an ungestört entnommenen Bodenproben vorzunehmen.

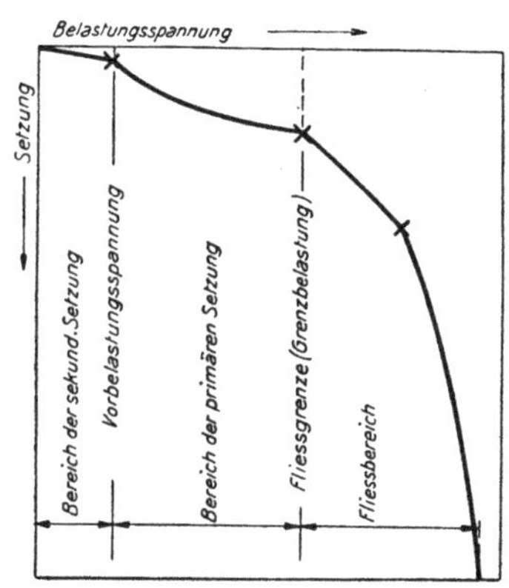

Fig. 42. Belastungs-Setzungs-Diagramm in einem vorbelasteten Boden bis zur Erreichung des Fließzustandes.

Ist der Boden bereits vorbelastet, was bei Grundmoränen durch die eiszeitliche Überlagerung durch Gletschereis, am Grunde von Bohrungen durch die Vorbelastung der überliegenden Bodenschicht an und für sich schon zutrifft, so befindet man sich bei kleinen, unterhalb der Vorbelastungsspannung liegenden Bodenpressungen noch im sekundären Bereich der Setzungskurve (Fig. 42).

[1] E. Meyer-Peter, Berechnung der Setzung von Bauwerken, Schweiz. Bauztg., Bd. 112, 1938. – R. Haefeli und W. Schaad, Setzungen infolge Senkung, Schwankung und Strömung des Grundwassers, Schweiz. Bauztg. 123, 1944. – R. Haefeli, Vorlesung über Erdbaumechanik. ETH. Zürich, 1945.

Wird die Vorbelastung im Versuch überschritten, so gelangt man in den Bereich der primären Setzungskurve. Aus dem Verlauf des Belastungs-Setzungs-Diagrammes (Fig. 42) läßt sich die Vorbelastung angenähert bestimmen (Knickpunkt beim Übergang vom sekundären zum primären Bereich der Setzungskurve); ebenso läßt sich der M_E-Wert (siehe S. 44) für verschiedene Spannungsbereiche feststellen. Aus der rechnerisch bestimmbaren Verteilung der Bodenspannungen unterhalb der Lastplatte kann nun die Senkung unter der zur Anwendung gelangenden Bodenpressung des Bauwerkes ermittelt werden. Bei Überschreitung der Tragfähigkeit des Bodens stellt sich im Belastungs-Setzungs-Diagramm ein weiterer Knickpunkt ein, welcher als Fließgrenze oder Grenzbelastung bezeichnet wird. Von dieser Belastung an beginnt der beanspruchte Boden unter Überschreitung der Scherfestigkeit durch die Scherspannungen auszuweichen, ein Zustand, der «Fließen» genannt wird.

Mit den relativ kleinen Belastungsflächen beansprucht man nur einen Bruchteil der durch das Bauwerk eingenommenen Kontaktfläche zwischen Boden und Fundament. Es ist die Aufgabe der erdbaumechanischen Berechnung, die experimentell ermittelten Daten auf die beim Bauwerk auftretenden Größenverhältnisse zu übertragen.

Fig. 43

Fig. 44

Fig. 43. Abpreßversuch mit hydraulischen Pressen in Gneis; Anordnung senkrecht zur Schieferung; links Windkessel, hinten Abpreßkolben.

Fig. 44. Abpreßversuch mit Wasser in Stollen im Gneis. Hinten Abschlußmauer mit Mannsloch und Manometer, links Pumpe mit Wasseruhr.

Bei *Festgesteinen* erfolgt die Ermittlung des elastischen und plastischen Verhaltens entweder wie bei den Lockergesteinen in Schächten oder Bohrungen, häufiger aber in Stollen. Die Übertragung der Lasten auf die Platten erfolgt im letzteren Falle mit hydraulischen Pressen oder mechanischen Kniehebelvorrichtungen. Auch hier ist es wesentlich, daß die Lastflächen satt an das zuvor abgeglichene Gestein anschließen, was z. B. durch Anbetonieren erfolgen kann. Eine andere Methode arbeitet in mittels Spezialtoren geschlossenen Stollen. Die Abpreßversuche werden dort mit Wasser durchgeführt, dessen Druckregulierung mit hydraulischen Pressen erfolgt (Fig. 43, 44).

Bei diesen Versuchen wird eine Distanzänderung diametral gelegener Belastungs- bzw. Stollenflächen in Funktion des Belastungsdruckes gemessen. Dieser Druck wird stufenweise gesteigert und dann bei den einzelnen Laststufen längere Zeit (oft mehrere Tage) konstant belassen. Anschließend folgt gewöhnlich wieder eine stufenweise Entlastung. Die Messung geschieht je nach Versuchsart mittels Uhren, Schreibstiften, die die Dehnungen in eine Metallplatte einritzen oder auf elektrischem Wege.

Die graphische Darstellung des Spannungs-Dehnungs-Diagrammes ermöglicht die Zerlegung der totalen Zusammendrückung oder Dehnung in einen elastischen und einen plastischen Verformungsanteil.

Die Auswertung der Versuche erfolgt auf Grund der bestehenden Theorien über die Druckverteilung unter belasteten Flächen. Da die Meßgrößen meist nur Bruchteile von Millimetern betragen, vermeidet man nach Möglichkeit große, auf Meßinstrumente und Gestein einwirkende Temperaturschwankungen während des Versuchs. Die auftretenden Temperaturen werden beobachtet und in der Auswertung berücksichtigt.

Da die meisten, auch die scheinbar massigen Gesteine anisotrop sind, variieren die ermittelten Werte je nach der in bezug auf den Gesteinsverband angewendeten Belastungsrichtung. Die Bestimmung der Verformungseigenschaften wird deshalb oft in mehreren Richtungen, zum mindesten aber senkrecht und parallel zu den Gefügeflächen durchgeführt. Allgemein ist die Zusammendrückbarkeit in Richtung parallel den Hauptgefügeflächen kleiner als senkrecht dazu.

Je nach dem Charakter des Gesteins können sich außer den elastischen auch noch plastische Deformationen abspielen, die unter Umständen während langer Zeit anhalten. In diesem Fall ist statt mit dem Elastizitäts- mit dem Zusammendrückungsmodul, der sowohl elastische wie plastische Deformationen in sich schließt, zu rechnen. Im Druckstollen Amsteg betrugen z. B. im Serizitschiefer die plastischen Deformationen etwa 28% der Gesamtdeformation, während bei den Versuchen im dortigen Biotitgneis die Dehnungen sich fast vollkommen elastisch verhielten[1]).

Zur Orientierung sind in der nachfolgenden Tab. 30 die Ergebnisse einiger Gesteinsuntersuchungen angegeben. Daraus ist die große Variation der Gesteinseigenschaften ersichtlich, die nach den lokalen Verhältnissen schwanken und sehr stark von Textur, Klüftung und dem Verwitterungszustand des Gesteins abhängen. Die an einem Ort bestimmten Gesteinseigenschaften dürfen deshalb nicht ohne weiteres auf eine in einem anderen Gebiet auftretende geologisch und petrographisch ähnliche Formation übertragen werden.

---

[1]) A. SCHRAFL, Kurzer Bericht über die Druckstollen-Versuche der Schweizerischen Bundesbahnen, Schweiz. Bauztg. 83, 1924. – «Urserenkraftwerke», Techn. Rdsch., 1945, Bern. – O. FREY-BAER, Die Berechnung der Betonauskleidung von Druckstollen, Schweiz. Bauztg. 124, 1944. – Persönliche Mitteilung der Entreprises Electriques Fribourgeoises 1945. – E. MEYER-PETER und TH. FREY, Das Projekt 1943/44 der Urserenkraftwerke. Schweiz. Bauztg. Bd. 126, 1945. – Persönliche Mitteilung der Elektrowatt AG. Zürich. – Neuere Angaben siehe auch O. FREY-BÄR, Die Dehnungsmessungen im Druckstollen des Kraftwerkes Lucendro, Schweiz. Bauztg., Jg. 65., 1947.

Tabelle 28. *Elastizitätsmoduln einiger Gesteine* (am anstehenden Fels gemessen) (siehe Fußnote Seite 76)

Gesteinsart	Ort	Bestimmungsart	Belastungsspannung kg/cm²	Beanspruchungsrichtung	Elastizitätsmodul kg/cm²	Bemerkungen
Granit, lagig	Andermatt linke Talflanke (Bühl)	im Verband (mit hydraulischen Pressen)	60	∥ Schieferung	ca. 400000	Die angegebenen Werte sind Zusammendrückungsmoduln des Gesteins
id.	id.	id.	60	⊥ id.	ca. 250000	
Biotitschiefer	id.	id.	60	∥ id.	ca. 280000	
id.	id.	id.	60	⊥ id.	80000	
Serizitschiefer	Druckstollen Amsteg	im Verband (Abpreßversuch mit Wasser)	3,5	—	ca. 35000	Mittelwerte mehrerer Richtungen
id.	id.	id.	4,0	—	ca. 32000	
id.	id.	id.	5,0	—	ca. 33000	
Feinkörn. Molassesandstein u. sandiger Mergelschiefer	Staubecken Rossens	im Verband (mit Druckplatten)	0–30	∥ Schichtung	18000–36000	Zusammendrückungsmoduln bei der Belastung von 30 kg/cm² ∥ Schichtung: 10–20000 ⊥ Schichtung: 8–10000 kg/cm² Vgl. auch die Werte der entsprechenden Gesteinsproben in Tab. 29
id.	id.	id.	0–30	⊥ id.	13000–26000	
Mittel- u. grobkörn. Molassesandstein	id.	id.	0–30	∥ id.	14000–28000	
id.	id.	id.	0–30	⊥ id.	10000–20000	
Molassegesteine wie oben	id.	Abpreßversuche im Zuführungsstollen mit Wasser	0–5	∥ id.	70000	—
	id.		0–5	⊥ id.	42000	—
id.	id.		0–10	∥ id.	63000	—
id.	id.	id.	0–10	⊥ id.	42000	—
id.	id.	id.	0–15	∥ id.	58000	—
id.	id.	id.	0–15	⊥ id.	38000	—

Tabelle 29. *Festigkeitseigenschaften von Gesteinsproben* (siehe Fußnote Seite 76)

Gestein	Herkunft	Prismendruckfestigkeit kg/cm²	Würfeldruckfestigkeit kg/cm²	Spannungsstufen kg/cm²	Elastizitätsmodul E kg/cm²	Zusammendrückungsmodul M kg/cm²	Querzahlen m_e	Querzahlen m_t
Granit	Handeck (Bern)	1050	—	10–130	216000	194000	10,0	11,5
Granit	id.			10–350	403000	292000	7,0	7,6
Granit	id.		900–2300	—	240000	—	—	—
Gneis	ValVerzasca (Tessin)	1332	—	10–610	360000	317000	—	—
				10–410	322000	280000	3,3	3,4
				10–50	261000	210000	6,6	6,0
Diabas	Württbg.	1475	—	10–60	560000	560000	3,1	3,1
Marmor	Carrara (Italien)	1100	—	50–150	788000	788000	3,7	3,3
Marmor	Blanc clair Carrara (Italien)	1010	—	10–200	865000	865000	4,3	4,3
Marmor	—	—	—	—	—	—	3,7	—
Kalkstein	Arvel (Waadt)	887	—	10–90	975000	975000	2,7	2,7
Kalkstein	id.	—	—	10–410	860000	853000	2,9	2,9
Kalkstein	Collombey (Wallis)	—	1450	10–90	834000	817000	3,1	2,9
Kalkstein	id.	—	—	10–210	820000	804000	3,1	3,0
				10–610	817000	797000	3,1	3,1
Kalkstein	St-Triphon (Waadt)	846	—	10–210	813000	813000	2,9	2,9
				10–250	783000	783000	3,1	3,1
Roter Sandstein	Schleitheim (Schaffh.)	—	765	5–505	147000	113000	—	—
				5–15	107000	65000	—	—
Grauer Sandstein	St. Margrethen (St. Gallen)	453	—	10–210	122000	74000	2,3	—
				10–50	88000	47000	7,5	2,8
Sandstein	Bollingen (St. Gallen)	746	—	5–425	114000	82000	—	—
				5–15	64000	33000	—	—
Sandstein	St. Margrethen	532	—	10–180	83000	53000	—	—
				10–20	58000	23000	2,6	—

Tabelle 29 (Fortsetzung). *Festigkeitseigenschaften von Gesteinsproben*

Gestein	Herkunft	Prismendruckfestigkeit kg/cm²	Würfeldruckfestigkeit kg/cm²	Spannungsstufen kg/cm²	Elastizitätsmodul E kg/cm²	Zusammendrückungsmodul M kg/cm²	Querzahlen m_e	Querzahlen m_t
Feiner Sandstein u. sandig-mergeliger Schiefer	Rossens (Fribourg)							
‖ Schichtung		—	600–900	0–30	80000–150000			
⊥ id.		—	350–400	0–30	30000–50000	15000–40000 (0 = 15 kg/cm²)	6–10	—
Mittel- u. grobkörn. Sandstein	Rossens (Fribourg)							
‖ Schichtung		—	300	0–30	30000–50000			
⊥ id.		—	160–300	0–30	15000–30000			

Als Ergänzung sind in Tab. 29 noch einige Werte der Festigkeitseigenschaften verschiedener Gesteine aus Untersuchungen an Gesteins*proben* angeführt. Die Tabelle enthält die Druckfestigkeit dieser Proben, die entweder an Würfeln oder an Prismen bestimmt wurde, die Elastizitätsmoduln, die elastische und plastische Deformationen einschließenden Zusammendrückungsmoduln M, sowie die elastischen und totalen Querdehnungszahlen m_e und m_t (e = elastisch, t = total). Die letzten geben das Verhältnis zur Dehnung der Probe in der einaxialen Druckrichtung und der Dehnung quer dazu an.

Namentlich der Vergleich der Elastizitätsmoduln, sowie der entsprechenden Querdehnungszahlen zeigt auch hier die große Verschiedenheit der mechanischen Eigenschaften gleichartiger Gesteine.

Oft wird für bautechnische Zwecke auch das Verhältnis des Elastizitätsmoduls E_b des Betons zum Elastizitäts- bzw. Zusammendrückungsmodul E_f bzw. M des Gesteins angegeben. Beispielsweise wurde in die Berechnung der Staumauer Rossens, welche in Molassefels fundiert wird, auf Grund von Belastungsversuchen dieses Verhältnis $n = \frac{E_b}{E_f} = 10-15$ eingeführt.

[1]) R. V. Baud, Entwicklung und heutiger Stand der Photoelastizität und der Photoplastizität, EMPA.-Bericht, Nr. 118, Zürich 1938. – Th. Pöschl, Elementare Festigkeitslehre, Springer, Berlin 1936. – M. Roš, Versuche zur Klärung der Frage der Bruchgefahr. EMPA.-Diskussionsbericht, Nr. 28, Juni 1928, Zürich.

5. Untersuchung der Schichtfolge und der Lagerungsdichte (Sondierungen)

Die Schichtfolge, die Zusammensetzung und die technischen Eigenschaften, ferner die hydrologischen Verhältnisse des geologischen Untergrundes werden durch Sondierungen, in denen auch Versuche durchgeführt und Proben entnommen werden können, festgestellt. Als Sondiermethoden kommen in Frage: Schürfschlitze, Sondierstollen, Schächte, Taucherglocken, Sondierbohrungen, ferner Rammsondierungen. Dazu treten noch die indirekten geophysikalischen Untersuchungen, auf die hier nicht näher eingegangen wird. Diese Methoden werden einzeln oder miteinander kombiniert angewendet. Die Wahl der Methode richtet sich in erster Linie nach dem Zweck der Untersuchung, sodann nach dem Material, seinen voraussichtlichen Eigenschaften, ferner nach der Tiefe, bis zu der diese Untersuchung erfolgen soll. Die Sondierungen sind nach Lage und Anzahl so anzusetzen, daß die ganze Variation des maßgebenden Untergrundes erfaßt wird und durch geologisch-technische Schnitte dargestellt werden kann. Die Tiefe, bis zu der sondiert wird, hängt vom vorgesehenen Bauwerk und den lokalen geologischen Verhältnissen ab.

a) *Schürfschlitze, Sondierstollen, Schächte* werden in oberflächennahen Zonen vorgetrieben, die über dem Grundwasserspiegel liegen, trocken sind oder in denen nur geringe Wasserzuflüsse erwartet werden. Sie bieten den großen Vorteil, daß in ihnen die Gesteine und deren Verbandsverhältnisse direkt betrachtet und größere, relativ ungestörte Proben entnommen werden können. Da nach der Freilegung gewisse Gesteine, wie Mergel, Lehm, versackte Tonschiefer usw., rasch erweichen, sich sonst verändern oder ein Einbau sie verdeckt, ist eine laufende Kontrolle dieser Arbeiten, z. B. durch den Geologen, notwendig. In diesen Aufschlüssen können zusätzliche Sondierungen (Bohrungen oder Rammsondierungen und Versuche, z. B. Belastungsversuche usw.) vorgenommen werden. Bei großem Wasserandrang kommen in besonders wichtigen Fällen gelegentlich Taucherglocken zur Verwendung.

b) *Sondierbohrungen.* Sondierbohrungen werden dann angesetzt, wenn die Abklärung der geotechnischen Verhältnisse bis in größere Tiefen notwendig und mit den vorerwähnten Methoden nicht oder nur unwirtschaftlich erreicht wird. Man kann unterscheiden zwischen Bohrungen in Locker- und solchen in Festgesteinen.

Lockergesteine: Mit den einfachen *Handbohrungen,* wie sie namentlich bei Meliorationen, ferner bei einfachen Sondierungen im Bauwesen in Gebrauch sind, wird mit Spiralbohrer, Schappe oder Tellerbohrer durch drehende Bewegungen eine Abteufung erzielt. Diese Methode, die ohne Verrohrung auskommt, eignet sich vor allem für bindige Gesteine, ferner für nichtbindige fein- bis mittelkörnige Lockergesteine über dem Grundwasserspiegel, in denen normalerweise Tiefen von 3–6 m erreicht werden (siehe Fig. 45). In der Ölexploration sind indessen auch Bohrtiefen von über 100 m erzielt worden.

Am häufigsten findet die *Freifall- oder Schlagbohrung* Anwendung, bei der mit Meißel, Schlammbüchse und Kiespumpe gelockert wird. Da eine Verrohrung eingeführt wird, eignet sie sich sowohl für bindige, wie namentlich auch für nichtbindige Lockergesteine und wird gelegentlich auch für weichere Festgesteine verwendet. Je nach dem Zweck der Bohrung wird das vorgelockerte Material in gestörtem Zustand mit Schlammbüchse, Kiespumpe, Speziallöffel oder -greifer gefördert (z. B. Grundwasserbohrung). Beim Auftreten größerer Blöcke muß gemeißelt oder gesprengt werden. Zur nachträglichen Ausführung erdbaumechanischer Untersuchungen werden in diesen Bohrungen, namentlich wenn es sich um bautechnische Untersuchungen handelt, häufig (ohne vorherige Lockerung) mit Spezialgeräten sogenannte ungestörte Proben entnommen (siehe Seite 44). Der Durchmesser der Verrohrung variiert je nach Zweck und Tiefe der Bohrung. Für bautechnische Untersuchungen werden heute wegen zeitlicher und finanzieller Ersparnisse oft kleinere Durchmesser von 50—150 mm gewählt, wohingegen namentlich bei Grundwasserbohrungen Durchmesser bis zu 2000 mm Anwendung finden. Am Grunde der Bohrungen können außerdem Belastungsversuche, ferner Durchlässigkeitsbestimmungen ausgeführt werden. Mit Schlagbohrungen werden Tiefen von über 100 m erreicht.

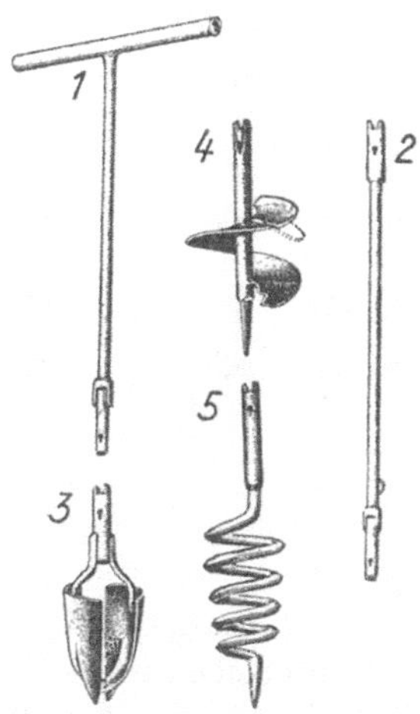

Fig. 45. Einfacher Handbohrer (Bauart A. Locher, Zürich). *1* Stange mit Quergriff, *2* Verlängerungsstück (Verbindung erfolgt mit Bolzen an federnden Bügeln), *3* Bohransatz für sehr weiche bindige und feuchte feinkörnige, nichtbindige Lockergesteine, *4* für festgelagertes Material, *5* für Steine usw.

Bei Anwesenheit von wenig oder nichtbindigen Lockergesteinen, wie Schlammsand, Sand, ist es auch möglich, das Material nur durch Spülung am Grunde der Verrohrung zu lockern und zu fördern (sogenannte *Spülbohrung*).

Festgestein: In Festgesteinen, Beton, ferner bei Anwesenheit von Einzelblöcken und seltener bei besonders fest gelagerter Grundmoräne erfolgt die Sondierung mittels *Rotationskernbohrung*. Dabei wird ein Hohlbohrer durch Rotation in das Gestein getrieben und der Bohrschmant durch einen kontinuierlichen Spülstrom aus dem Bohrloch gefördert. Während im weichen bis mittelharten Gestein, wie Mergel, Kalk, Kalksandstein usw., die Bohrkrone mit Hartmetall besetzt ist, verwendet man im harten Gestein, wie Granit, Gneis, eine mit Diamanten bewehrte Krone. Eine andere Methode, die sich aber nur für weiche bis mittelharte Gesteine eignet, verwendet Stahlschrot von 1–3 mm Durchmesser. Der erbohrte Felskern wird in das Kernrohr gepreßt und mit diesem aus dem Bohrloch gefördert; am Kern lassen sich Gesteinszusammensetzung und deren Eigenschaften, ferner Schichtung und Klüftung bestimmen. Sowohl die Zeit, die für das Bohren notwendig ist, wie auch

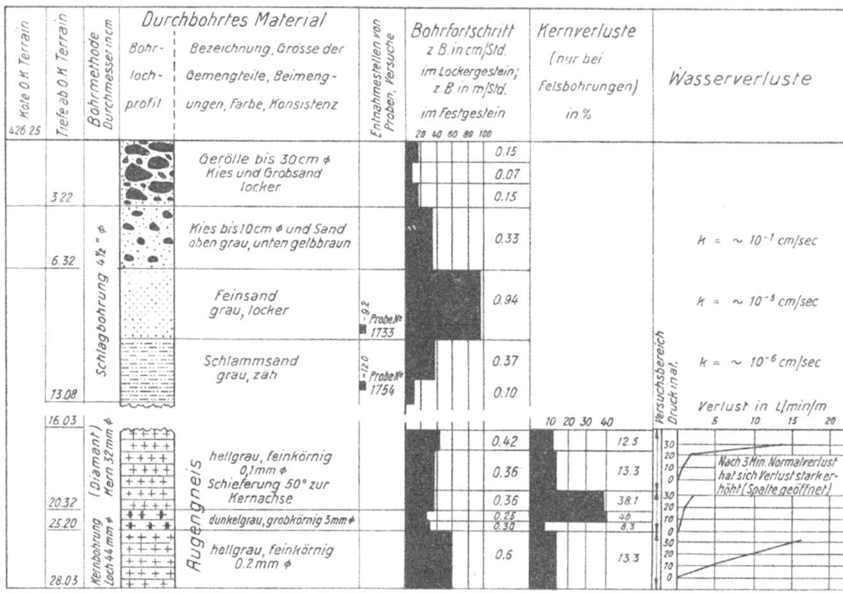

Fig. 46. Bohrdiagramm, oben in Lockergestein und unten in Festgestein (z. T. nach Lit. 1).

der Zustand und der Verlust an Kernmaterial gestatten, gewisse Aussagen über das durchfahrene Gebirge zu machen (siehe Fig. 46). Im Bohrloch selbst können Wasserzu- und -abfluß, ferner die Durchlässigkeit ermittelt werden (siehe Seite 72). Rotationskernbohrungen werden sowohl vertikal, in besonderen Fällen auch horizontal und aufwärts vorgetrieben werden. Die Durchmesser dieser Bohrungen variieren normalerweise zwischen 44–86 mm; für Spezialzwecke sind aber Bohrungen bis zu 1500 mm Durchmesser angewendet worden[1]) (Fig. 47).

Bei Abteufung tiefer Explorationsbohrungen, insbesondere zur Erforschung von Ölfeldern, wird die *Vollbohrmethode* nach dem *Rotarysystem* angewendet. Sie gestattet rasche Bohrfortschritte und damit die Erreichung großer Tiefen in wirtschaftlich tragbaren Grenzen. Um an Verrohrung zu sparen, wird oft nicht mit bloßem Wasser, sondern mit beschwerten Flüssigkeiten (speziell Bentonitschlamm, eventuell mit Barytmehlzugabe usw.) gespült, sog. Dick-

---

[1]) G. Schnitter, Sondierbohrungen und Injektionen, Schweiz. Bauztg. Bd. 122, 1944.

spülung. Die bei dieser Methode gebrauchten Geräte sind schwer und teuer und kommen deshalb nur für größere Arbeiten in Betracht. Die Methode selbst beruht auf dem Eintreiben eines speziell geformten Bohrers mittels Drehung (Fischschwanz-, Rollen-, Diskenbohrer). Die Zusammensetzung des durchfahrenen Gesteines kann aber direkt nur am Bohrschmant oder indirekt mittels geophysikalischer Messungen im Bohrloch bestimmt werden. Das tiefste bis heute ausgeführte Bohrloch beträgt über 5000 m.

Fig. 47

Fig. 48

Fig. 47. Rammsondierung. Der Rammbär ist niedergefallen, das Gestänge wird gedreht (Methode Dr. Knecht Zürich).

Fig. 48. Rotationskernbohrung vertikal. Links Spülwasserzufuhr (Swissboring Zürich).

c) *Rammsondierungen.* Zum Eintreiben eines Pfahles in den Untergrund ist eine gewisse Arbeit (in mkg) notwendig, die nach dem vorliegenden Material und seiner Lagerungsdichte variiert. Dieser sog. Rammwiderstand läßt sich für Pfähle mit der Arbeitsgleichung von O. Stern[1]), der sog. Rammformel, berechnen (siehe Fig. 49). Die Rammarbeit wird auf die Einheit von Eindringung und Querschnitt des Rammgestänges bezogen, woraus sich ihre Dimension in kg/cm² ergibt. In vielen Fällen liefert die graphische Auftragung dieses Rammwiderstandes in Funktion der Tiefe wertvolle Anhaltspunkte über die betreffenden geotechnischen Verhältnisse. Nun nimmt aber die Seitenreibung des Gestänges im allgemeinen mit der Tiefe zu und fälscht damit das Resultat; man muß sie daher bei den für Lockergesteine verwendeten größeren Rammsondierungsgeräten ausschalten. Zu diesem Zwecke wird die Seitenreibung des Gestänges nach jeder Hitze gemessen und vom berechneten totalen Rammwiderstand abgezogen (siehe Fig. 47). Eine andere Konstruktionsart führt das Gestänge in Futterrohren. Dabei wird zuerst

[1]) O. Stern, Das Problem der Pfahlbelastung, Ernst & Sohn, Berlin 1908.

das Gestänge mit der Spitze und nachfolgend das Futterrohr vorgetrieben. Der Durchmesser der Spitze ist gegenüber demjenigen des Gestänges allgemein etwas vergrößert. – Aus dem Rammwiderstand, speziell dem Verdrängungs- oder Spitzenwiderstand, lassen sich die Lagerungsdichte der Materialien, der Schichtenverlauf. z. B. die Anwesenheit einer tragfähigen Schicht, feststellen und indirekt Schlüsse über den Aufbau der durchfahrenen Zonen ziehen (siehe Fig. 49). Wesentliche Anhaltspunkte über die Zusammensetzung des Untergrundes gibt sodann die Bestimmung der Mantelreibung, indem bindige Materialien allgemein eine größere, nichtbindige Materialien eine kleinere

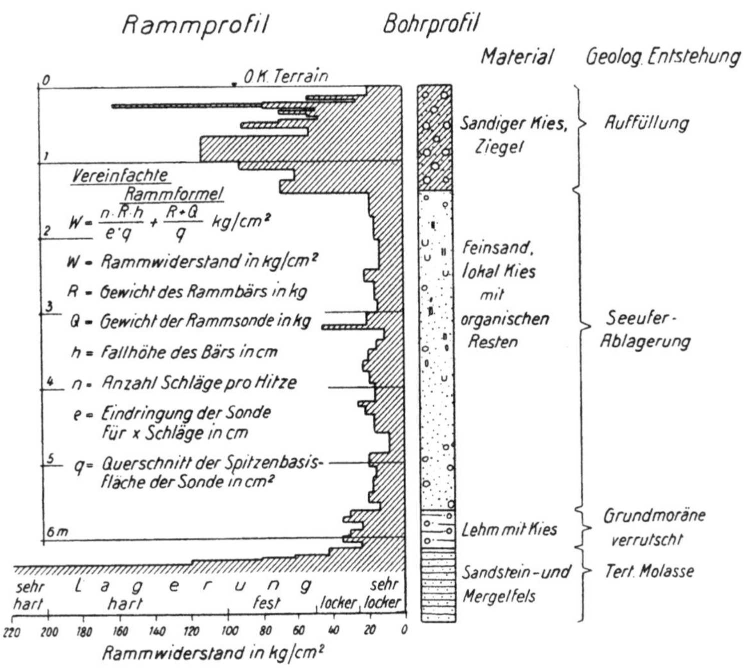

Fig. 49. Graphische Darstellung des spez. Rammwiderstandes (Verdrängungswiderstand der Spitze) mit Schlüsselbohrung und geologisch-petrographischer Bezeichnung.

Seitenreibung besitzen. Zur eindeutigen Auswertung der Rammsondierungen sind meist Schlüsselbohrungen notwendig, bei denen auch die notwendigen (z. B. ungestörten) Proben entnommen werden können. In Skandinavien, ferner in Holland und Belgien sind Sondierverfahren im Gebrauch, bei denen die Spitze der Sonde statisch in den Boden eingepreßt wird[1]).

[1]) F. Huizinga, Het bepalen van de paalpunt weerstand met het diepsondierapparat von het laboratorium voor grondmechanica. Technick gemeenblad, Amsterdam 1936. – R. Haefeli, Schneemechanik mit Hinweisen auf die Erdbaumechanik. Beiträge zur Geologie der Schweiz. Geotechnische Serie, Hydrologie, Liefg. 3, 1939, und Erdbaumechanische Probleme im Lichte der Schneeforschung, Schweiz. Bauztg., Bd. 123, 1944. – O. Stern, Das Problem der Pfahlbelastung, Ernst & Sohn, Berlin 1908. – E. Meyer-Peter, siehe Erdbaukurs der ETH., Zürich 1938. – E. Paproth, Der Prüfstab Künzel, ein Gerät für Baugrunduntersuchungen, Bautechnik 1944. – S. Stump, Aus der Praxis der Rammsondierung. Schweiz. Bauztg., Bd. 128, 1946.

Die Rammsondierungen eignen sich besonders zur Abtastung von Baugründen, die aus mittel- bis feinkörnigen Lockergesteinen bestehen, wobei Schichten mit ähnlichen mechanischen Eigenschaften festgestellt werden können. So lassen sich zahlenmäßig fest- von lockergelagerten Kiesen und Sanden, oberflächlich gelockerte von festgelagerten Grundmoränen unterscheiden; es können ferner durch Wasserzirkulation oder Rutschungen aufgeweichte Zonen festgestellt und der Felsuntergrund, sofern keine großen Blöcke vorhanden sind, abgetastet werden. Außerdem lassen sich am Grund der Rammsondierungen auch die Zusammendrückbarkeit, die Reibung, die Durchlässigkeit oder der elektrische Widerstand, endlich im erhaltenen Loch auch die Lage des Grundwasserspiegels bestimmen. Die Methode eignet sich dagegen nicht bei Vorherrschen von grobblockigem Material (Blöcke, alte Mauern), ferner im Festgestein, wo Kernbohrung erfolgen sollte. Als Richtlinie für den Rammwiderstand diene nachfolgende Zusammenstellung:

Tabelle 30. *Rammwiderstände verschiedener Lockergesteine*[1])

Spitzenrammwiderstand in kg/cm²	Lagerung	Beispiele
0–25	sehr locker	Seekreide, Torf
25–50	locker	Lockerer Kies, Sand mit organischen Bestandteilen, weicher Lehm
50–100	fest	Festgelagerter Lehm, Sand, Kies
100–200	hart	Grundmoräne
über 200	sehr hart	Mergelschiefer, große Blöcke in Grundmoräne, anstehender Fels

Bei dieser Tabelle ist zu beachten, daß die angeführten Beispiele selbstverständlich je nach Lagerungsdichte verschiedene Rammarbeit erfordern, so daß erst auf Grund der Schlüsselbohrung eine eindeutige Aussage über die petrographisch-granulometrische Zusammensetzung des durchrammten Gesteins möglich ist.

Darstellung, Probenaufbewahrung

Sowohl die Aufnahmen in Sondierschlitzen, Sondierschächten, wie auch die Untersuchung, Entnahme und profilmäßige Darstellung der Resultate von Sondierschlitzen, Sondierschächten, Bohrungen, Rammungen sollten durch einen Fachkundigen, am besten durch einen Geologen, erfolgen. Für die dazu verwendeten Signaturen gibt Fig. 50 (siehe Seite 88) gewisse Richtlinien. Die entnommenen Proben und Kerne sollten mindestens so lange aufbewahrt werden, bis sie im Detail fachmännisch untersucht wurden. Bei größeren Bohrungen gebe man dem nächsten wissenschaftlichen geologischen oder petrographischen Institut Bericht, da häufig wertvolle wissenschaftliche Angaben damit gewonnen werden können.

[1] Die Werte verdanke ich den Untersuchungen von Ing. S. Stump, Zürich/Bern.

Tabelle 31. *Rammsondier-*

Sondiermethode	Material	Zweck
A. *Stoßende Methoden* Rammsondierung	Relativ feinkörnige Lockergesteine	Differenzierung einzelner Schichten auf Grund des unterschiedlichen Rammwiderstandes
Freifall- oder Schlagbohrung a) gestörte Proben	Locker- und Festgesteine	Ermittlung der Schichtfolge auf Grund der Zusammensetzung; Durchlässigkeits- u. Setzungsversuche im Bohrloch, Materialentnahme
b) ungestörte Proben	Vorwiegend bindige Lockergesteine	Wie oben
Spülbohrung	Fest- und Lockergesteine	Wie oben
B. *Drehende Methoden* Handbohrung	Vorwiegend bindige und feinkörnige, nichtbindige Lockergesteine über Grundwasserspiegel	Wie oben
Vollbohrung (Rotary)	Festgestein, selten Lockergestein	Wie oben, dazu elektr. Widerstandsversuche usw.
Rotationskernbohrung	Festgestein, Blöcke in Lockergestein, festgelagerte Lockergesteine	Wie oben, aber mit Kernentnahme Vorteil: Beurteilung des Gesteins im Verband (Schichtung, Schieferung, Klüftung, Abtastung der Bohrlochwand)

und Bohrmethoden

Lösende oder verdrängende Instrumente bzw. Methode	Materialgewinnung	Tiefe in m / Durchmesser in mm
Kegelspitze	Keine, zumeist Schlüsselbohrung notwendig	Bis ca. 20 und mehr / 30–120
Meißel, Schlammbüchse, Kiespumpe, Sprengung	Schlammbüchse, Kiespumpe, Spezielle Hilfsgeräte Nachteil: Mischung der Materialien	Bis mehrere 100 / 55–2500
Dünnwandiger Zylinder wird eingepreßt, Wasser oder Luft entweichen durch Ventil, Lösen durch Schnitt oder leichte Torsion, Entnahme		Über 100 / 50–350
Meißel, Schlammbüchse, Kiespumpe; in feinkörnigem, nichtbindigem Material, oft nur durch Wasser	Wasserspülung befördert Bohrschmant und Gesteinsmehl	Über 100 / 50–350
Spiralbohrer, Schappe (offen oder geschlossen) Tellerbohrer	Wie links, dazu Schlammbüchse	Bis 50 und mehr / 50–250
Verschiedene Bohrer (Fischschwanz-, Rollen-, Diskenbohrer usw.)	Dickspülung	Bis 5000 /
Hohlbohrer, Krone mit Diamanten oder Hartmetall besetzt; Stahlschrott 1–3 mm ⌀	Kernrohre, Bohrschmant mit Spülstrom entfernt	Über 1000 / 46–86, bis 1000 und mehr

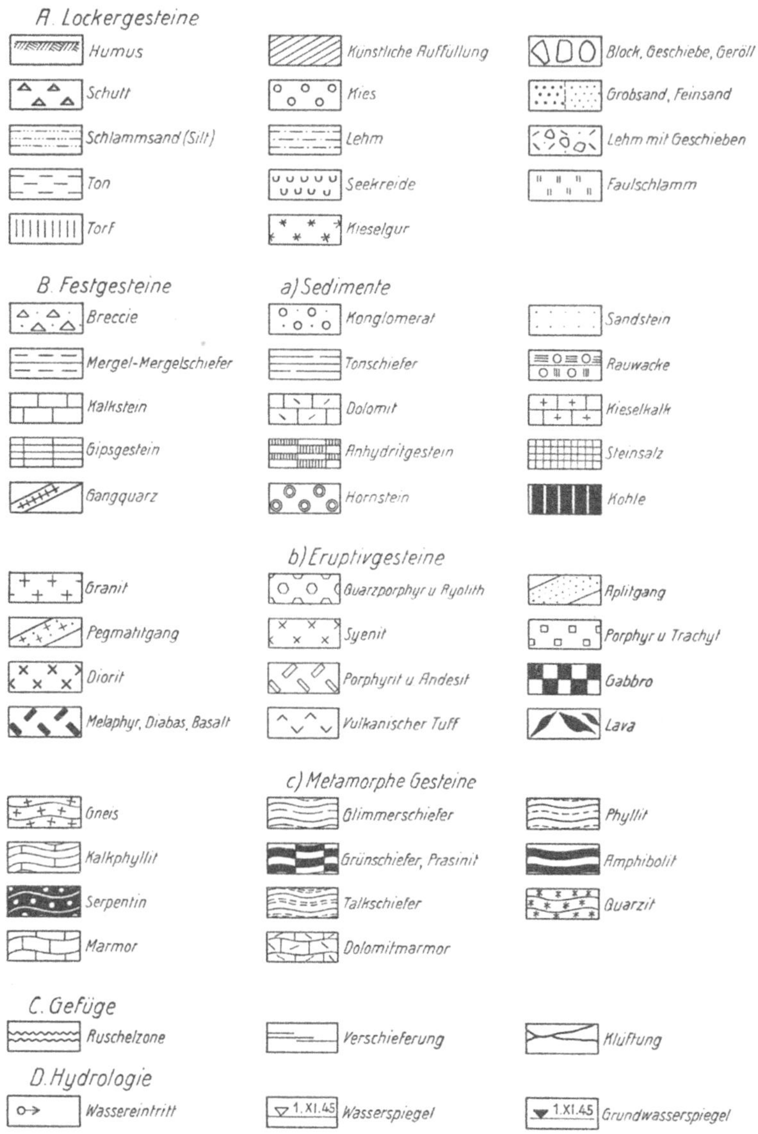

Fig. 50. Geotechnische Signaturen für Sondierungen.

6. Entnahme von Gesteinsproben

Sowohl zur Feststellung der petrographischen Zusammensetzung wie auch zur Bestimmung der technischen Eigenschaften werden aus Sondierungen im Baugrund Proben entnommen. Dieser Probenentnahme muß große Aufmerksamkeit geschenkt werden, weil die an den Probekörpern ermittelten

Einzeldaten zumeist auf größere Gesteinskomplexe übertragen werden. Die entnommene Gesteinsmenge variiert nach den zu bestimmenden Eigenschaften; sie beträgt bei Lockergesteinen wie auch bei Festgesteinen je nach Zweck und Größe der Gemengteile 500–5000 cm^3. Soweit möglich hat die Probeentnahme im Beisein eines fachkundigen Ingenieurs oder eines Geologen zu erfolgen; auf alle Fälle sollte angegeben werden, wer die Probe entnommen hat. Außerdem sind die Entnahmestellen in einem Situationsplan oder einem Profil, unter Angabe der Entnahmetiefe, einzutragen.

a) *Lockergesteine*

Zur Erlangung von Durchschnittsproben von gestörten Materialien (z. B. Kies, Sand, Splitt, Lehm usw.) wird das aus der Sondierbohrung oder einem Probeschlitz gewonnene Material auf einen Haufen gebracht und anschließend durch zwei Rinnen längs zweier aufeinander senkrecht stehender Durchmesser gevierteilt. Sodann werden zwei gegenüberliegende Viertel weggeschüttet, während die restlichen beiden Viertel zu einem neuen Haufen geworfen werden. Mit diesem letzteren wird in gleicher Weise verfahren, bis eine Probe von gewünschter Größe vorliegt.

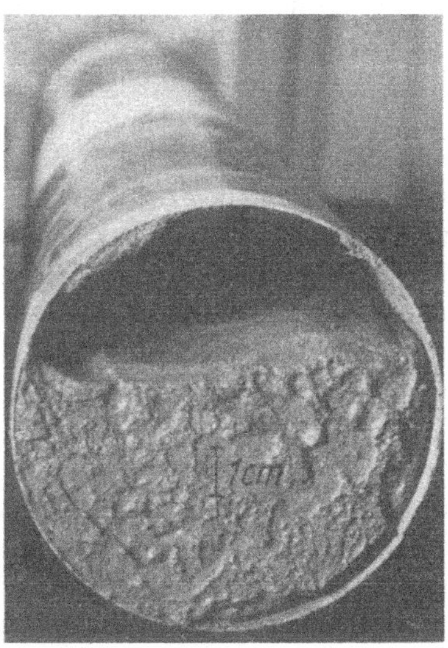

.Fig. 51

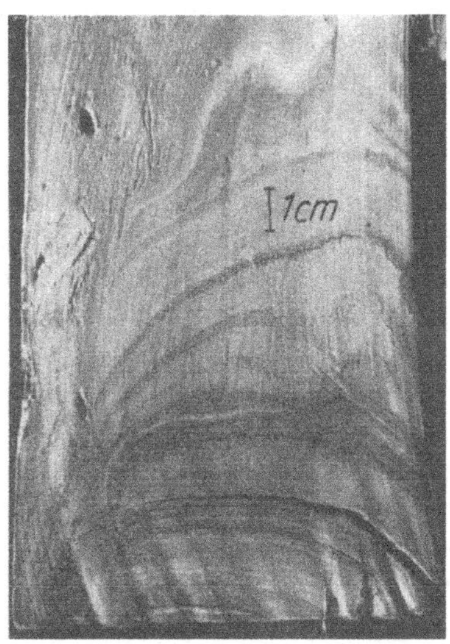

Fig. 52

Fig. 51. Schlammsandprobe, ungestört entnommen und durch Erschütterung beim Transport zusammengesackt.

Fig. 52. Tonprobe mit primär horizontaler Schichtung, durch Einpressung bei der Entnahme gestaucht.

Um ungestörte bindige Proben zu entnehmen, wird ein dünnwandiger Zylinder, dessen Länge das Zwei- bis Dreifache des Durchmessers nicht überschreiten sollte (Gefahr von Verformungen, Gefügestörungen, siehe Fig. 51/52), durch Pressen oder leichtes Rammen in die gereinigte und ungestörte Gesteinsoberfläche eingetrieben. Im Zylinderkopf sollte sich ein Ventil zur Entweichung der im Anfang über der Probe befindlichen Luft- oder Wassermenge befinden. Die Probe wird sodann durch Torsion oder durch Schnitt mit einer eingelegten Drahtschleife vom Untergrund abgetrennt. Der Transport dieser Probe zur Untersuchungsstelle erfolgt mit Vorteil direkt im Entnahmezylinder. Er wird zur Vermeidung von Wasserverlusten mit Deckeln verschlossen, mit Isolierband abgedichtet und eventuell paraffiniert. In bindigen Lockergesteinen können in Schächten oder Stollen auch größere Brocken (Format mindestens 20/20/30 cm) direkt entnommen und einparaffiniert werden.

Bei nichtbindigen Gesteinen muß das im eingetriebenen Zylinder befindliche ungestörte Material, z. B. durch Unterschiebung eines dünnen Bleches, sorgfältig gesammelt und in wasserdicht verschließbaren Büchsen oder Gläsern transportiert werden, damit sich daran Raumgewicht und Wassergehalt bestimmen lassen. Durch Erzeugung von Vakuum und Rauhung des Büchseninnern ist es möglich, auch relativ ungestörte Proben von nichtbindigen Gesteinen aus Bohrungen zu entnehmen. Diese erfordern ihrer Erschütterungsempfindlichkeit wegen einen sorgfältigen Transport.

b) *Festgesteine*

Bei Festgesteinen schlägt man für die petrographische Untersuchung Handstücke der üblichen Größe (ca. 3/4 × 8/10 × 11/13 cm); für die technischen Prüfungen werden soweit möglich prismatische Probestücke von etwa 15 bis 25 cm Kantenlänge gewählt. Die Handstücke entnimmt man allen Schichten oder sonstigen Teilräumen mit unterschiedlicher Beschaffenheit der zu untersuchenden Gesteinspartie. Heikel ist oft die Wahl der Stellen für die Blockprobe. Gewöhnlich kann aus Kostengründen nur *eine* technische Untersuchung vorgenommen werden. Sie muß deshalb dem Durchschnitt des in Betracht kommenden Materials möglichst nahe kommen, ist aber auch dem Verwendungszweck anzupassen. So wird man für die Prüfung eines Gesteins für Straßenschotter und -splitt auch dann eine kluft- und haarrißfreie Partie wählen, wenn das Vorkommen durchschnittlich sehr klüftig ist, da Festigkeitsprüfungen an rissigen Proben sinnlos wären. Besonders schwierig wird die Entscheidung, ob und inwieweit verheilte Risse (z. B. Kalkspataderungen) und auch Suturen und Tonhäute (bei Kalksteinen) in die technischen Untersuchungen einbezogen werden sollen. Wird das Gestein mit derartigen Bildungen verwendet, so sollen diese im Probeblock in durchschnittlicher Menge vorhanden sein. Wechseln diese Aderungen usw. stark, so kann eine Probe kein einigermaßen treffendes Bild geben; es müssen zur guten Kennzeichnung zusätzlich Proben mit relativ hohen und geringen Gehalten untersucht werden.

Auf den Probeblöcken ist stets sofort das Lager und etwaige andere wichtige Bezugsflächen oder Richtungen zu kennzeichnen.

Für Prüfungen an Schotterstücken (Deval-Probe) entnimmt man um 20 bis 50 kg Durchschnittsmaterial (hinsichtlich stofflicher Beschaffenheit und Bruchformen) der benötigten Dimensionen, das in der für das Gestein üblichen Weise gebrochen wurde.

III.

Die Hauptgesteine und ihr wichtigstes technisches Verhalten

A. DIE LOCKERGESTEINE

Die Lockergesteine trennt man nach der gegenseitigen Haftung oder Kohärenz ihrer Bestandteile in *nichtbindige, schwachbindige* und *bindige anorganische,* ferner in *Lockergesteine organischer Herkunft.* Innerhalb der ersten Untergruppen unterscheidet man die einzelnen Gesteinstypen nach ihrer Hauptkorngröße oder nach ihrer Gesteinszusammensetzung. Die grobkörnigen Lockergesteine über 2 mm Durchmesser werden als *Psephite,* die mittelkörnigen von 2–0,02 mm Durchmesser als *Psammite* und die feinkörnigen unter 0,02 mm als *Pelite* bezeichnet.

Nachfolgend werden zunächst die Lagerungsverhältnisse und anschließend die hauptsächlichsten Vertreter der Lockergesteine besprochen. Neben diesen bestehen zahlreiche Misch- und Übergangstypen, deren Eigenschaften sich aber aus den Hauptvertretern ableiten lassen. Nicht besprochen wird hier der eigentliche Boden, in dem die organischen Gemengteile, der Humus und die Mikroorganismen bei der Bildung maßgebend beteiligt sind. Eine übersichtliche Darstellung der wichtigsten Lockergesteine und ihrer technischen Eigenschaften findet sich in den Tab. 32 bis 35.

1. Die Lagerung der Lockergesteine

Die große Mehrzahl der Lockergesteine hat sich an der Erdoberfläche durch Verwitterung an Ort und Stelle oder durch Ablagerung nach Transport durch Eis, Wasser oder Luft gebildet. Im allgemeinen wiegt bei ihnen die mehr oder weniger *flache Lagerung* vor. Primär schiefe Lagerung finden wir bei Flußschüttungen in Seen oder ins Meer *(Deltaschichtung),* bei gewissen Küstenablagerungen und in Dünensanden *(Kreuzschichtung),* sodann bei Gehängelehmen, Bergsturz- und Gehängeschuttmassen. Zahlreiche Schiefstellungen von Schichten treten auch als Folge *unterschiedlicher Setzung* resp. Verdichtung bei gleichem Belastungsdruck auf. Dazu gehört z. B. der Schichtenanstieg am Rande von Braunkohlenflözen, ferner von Tonlagen, die seitlich in Sandlagen übergehen[1]). Die tektonische Beanspruchung der Lockergesteine durch Faltung bewirkt ebenfalls eine schiefe Lagerung. Indessen führen diese Vorgänge meist zu einer Verfestigung der Lockergesteine zu Festgesteinen (Fig. 53).

[1]) A. von Moos, Über ältere Setzungserscheinungen in schweizerischen Kohlenlagerstätten, Eclogae geol. helv., Vol. 38, 1945.

Im allgemeinen kann bei Lockergesteinen mit einem schrofferen Gesteinswechsel in vertikaler Richtung gerechnet werden als in horizontaler Richtung. Durch Ablagerung von jungen Lockergesteinen in Erosionsrinnen, -schluchten und -tälern tritt indessen auch in horizontaler Richtung gelegentlich ein plötzlicher Übergang auf. Seltener wird dieser horizontale scharfe Wechsel durch tektonische Verwerfungen bedingt.

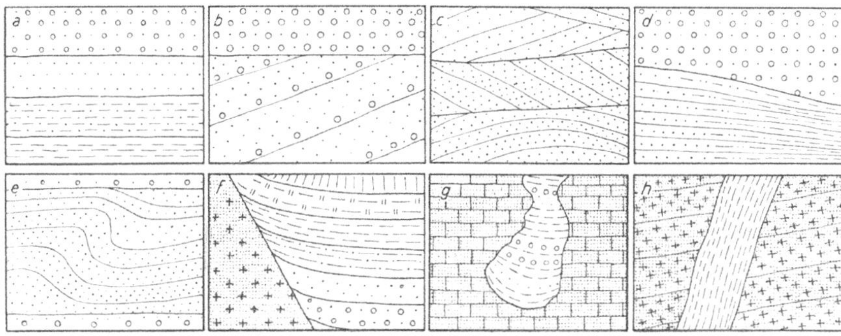

Fig. 53. Lagerung der Lockergesteine im Terrain. *a* horizontal; *b* Deltaschichtung; *c* Kreuzschichtung; *d* schiefe Grenzfläche durch unterschiedliche Setzung; *e* Stauchung; *f* Ablagerung in Erosionsrinne, evtl. Verwerfung; *g* Ablagerung in Lösungstasche in Festgestein; *h* Ruschelzone in Festgestein.

Die Mächtigkeit der einzelnen, in sich homogenen Lockergesteinslagen oder -schichten ist großen Schwankungen unterworfen. Neben ausgedehnten, bis über 100 m mächtigen, praktisch homogenen Schlammsand- oder Lehmschichten, wie sie in glazialen Seeablagerungen vorkommen, treten auch

Fig. 54. Wechsellagerung von helleren und dunkleren Tonlagen mit nachträglichen Abscherungen. Bänderton aus einer alpinen Höhle. Natürliche Größe.

Wechsellagerungen von wenige Dezimeter bis Zentimeter dicken Lagen von Seekreide, Torf, Ton oder Kies auf (Fig. 54). — Im Unterschied zu den Festgesteinen trifft man in Lockergesteinen allgemein keine Klüfte und Spalten; dagegen treten solche in älteren Tonen, z. B. im London clay, auf und können dort zu Rutschungen in Einschnitten Anlaß geben.

Im Vergleich zu den oben angeführten Gesteinstypen besitzen Einlagerungen von Lockergesteinen innerhalb von Festgesteinen quantitativ nur untergeordnete Bedeutung. Längs tektonisch bedingten Ruschelzonen, ferner in Gebieten tiefgreifender Verwitterung bilden sich oft plastisch-tonige (u. a. Sackungen in Tonschiefer) oder rollig-sandige Lockergesteinsmassen, die häufig noch das ursprüngliche Gefüge aufweisen.

2. Die nichtbindigen anorganischen Lockergesteine

Das gemeinsame Merkmal der nichtbindigen Lockergesteine, die auch als inkohärent, rollig, kohäsionslos bezeichnet werden, ist ihre mangelnde Kohärenz (Bindigkeit) im wassergesättigten Zustande.

Fig. 55

Fig. 56

Fig. 55. Block mit eckigen, scharfen Kanten aus einer Schutthalde.
Fig. 56. Geschiebe mit angerundeten Kanten aus Wallmoräne.

a) *Block, Geschiebe, Geröll* heißen die grobkörnigsten Lockergesteine, von über 200 mm Durchmesser. Sie führen über zu den eigentlichen Festgesteinen, von denen auch einzelne ihrer wesentlichen technischen Eigenschaften, wie Festigkeit, Verwitterung, abzuleiten sind. Es handelt sich durchwegs um Trümmersedimente, die je nach Rundungsgrad Blöcke (kantig), Geschiebe (angerundet) oder Gerölle (gerundet) genannt werden (Fig. 55, 56). Diese werden wiederum nach Form (isometrisch, langgestreckt, flach) und nach Gesteinszusammensetzung (Granit, Gneis, Kalk) weiter gekennzeichnet. Die widerstandsfähigsten Komponenten (Hartgesteine) finden sich unter den Geröllen der Flüsse oder in den Verwitterungsüberresten, während Gehängeschutt und Bergsturzblöcke zumeist erst einer geringen mechanischen oder chemischen Auslese unterworfen worden sind.

b) *Kies, Kiessand* (rund, angerundet) und *Schutt, sandiger Schutt* (eckig) vom Durchmesser 2–200 mm werden gleichfalls nach Rundung und Form (Fig. 57, 58), sodann nach Gesteinszusammensetzung weiter gegliedert (z. B. Kalk-, Granitkies, Quarzschutt usw.). Auch bei diesen Trümmersedimenten reichern sich mit zunehmender Transportdistanz oder im Verwitterungsüberrest die widerstandsfähigsten Komponenten an. Scharfkantiger Verwitterungsschutt wird häufig als Grus bezeichnet (z. B. Granitgrus). Die nachträgliche Ausscheidung von Kalk führt oft bei Kies und Schutt zur Ausbildung eines Zementes. Solche verkittete Massen besitzen dann Eigenschaften von Festgesteinen (Konglomerate, «Nagelfluh»).

Fig. 57 Fig. 58

Fig. 57. Kies mit Komponenten von Kalk, Kieselkalk und Amphibolit.
Fig. 58. Schutt aus einer Kalkstein-Bergsturztrümmermasse.

c) Die verschiedenen *Sande* (Grobsand, Feinsand) vom Durchmesser 0,02 bis 2 mm unterscheiden sich zunächst durch ihre Hauptkornfraktionen, sodann durch Form und Rundung (scharfer d. h. eckiger Sand, runder Sand; Fig. 59). Abgesehen von den verschiedensten Gesteinsbruchstücken (Kalksteine, Ton-

Fig. 59 Fig. 60

Fig. 59. Grobsand mit hellen Quarz- und dunkeln Gesteinskörnern.
Fig. 60. Schlammsand. Einzelne Körner kaum mehr sichtbar.

schiefer, Hornsteine usw.) können Quarz, Karbonate, Feldspäte, Glimmer, Glaukonit in wechselnder Mischung vorhanden oder einzeln vorherrschend sein. Zumeist handelt es sich um Trümmersedimente, wie Quarz-, Kalk-, Dolomit-, Feldspat- oder Spatsande, Glimmersande, Schlackensande; seltener treten auch Erzsande (Seifen) auf. In den Muschelsanden sind die Bruchstücke von

Muschelschalen gehäuft; spärlicher sind Sande, in denen sich Zähne und andere Knochenreste anreichern. Bei Grünsanden oder Glaukonitsanden, ferner bei gewissen Kristallquarzsanden liegen teilweise Neubildungen vor.

Technisches Verhalten

Kiese (Schutt) und Sande, die frei von organischen Bestandteilen sind, weisen unter normalen Bedingungen im wassergesättigten Zustande ein hohes Raumgewicht (Ausnahme: vulkanische Sande, Schlackensande), relativ kleine Porosität, geringen Wassergehalt und, ausgehend vom trockenen Zustand, eine geringe Wasseraufnahmefähigkeit auf. Im feuchten, ungesättigten Zustande besitzen die Sande, als Wirkung der Kapillarkräfte betrachtet, eine gewisse Bindigkeit, die man als «unechte Kohäsion» bezeichnet. Sie unterscheiden sich dadurch vom Kies, dem diese Eigenschaft fehlt. Vom trockenen zum gesättigten Zustand durchlaufen sie bei zunehmender Wasseraufnahme im ungesättigten Bereich ein Gebiet optimaler Porosität bei minimalem Raumgewicht.

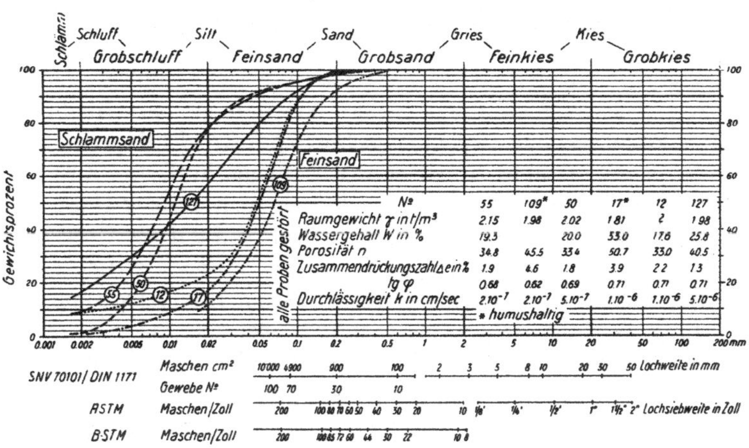

Fig. 61. Kornverteilung und geotechnische Kennziffern einiger Feinsand- und Schlammsandproben.

Über die Kornverteilung einiger Sande, die von ihrer geologischen Entstehung abhängt, orientiert Fig. 61. Besonders in Oberflächennähe führen Sande und Kiese häufig feinkörnige Verwitterungsreste und sind dann oft leicht lehmig, durch Frost und Organismen, die Hohlräume, Röhren, Spalten bilden, aber oft ebenso durchlässig wie der Untergrund. Kornform und Rundungsgrad hängen wie die Kornverteilung mit der Entstehung und der petrographischen Zusammensetzung dieser Materialien zusammen. Die Wasserdurchlässigkeit ist groß und im Verband zufolge der wechselnden Schichtung meist ausgesprochen von der Richtung der Durchströmung abhängig (senkrecht zur Schichtung kleiner als parallel dazu). Während im Kies turbulente Strömung auftreten kann (Grenze 3–4 mm), haben wir es beim Sand nur mit laminaren Strömungsvorgängen zu tun. Die kapillare Steighöhe erreicht nur kleine Werte. Namentlich bei Feinsanden vermag der Strömungsdruck des Grundwassers bereits Körner mitzuschleppen, was zu Ausschwemmungen (innerer Erosion) und zu Grundbrucherscheinungen in Bohrungen oder Baugruben führen kann (siehe auch Schlammsand). Die Zusammendrückbarkeit dieser Materialien ist, entsprechend dem geringen Wassergehalt, allgemein klein. Indessen vermag sich bei rascher Sedimentation eine sperrige, lockere Lagerung der Sande zu bilden. Bei statischer, vor allem aber bei dynamischer Beanspruchung können sich diese Sande in stärkerem Maße verdichten, wodurch größere, bei dynamischer Beanspruchung oft plötzlich eintretende Setzungen (Strukturzusammenbrüche) möglich sind.

Abgesehen von den zahlreichen Fundationen, Anschnitten, Drainagen und andern Tiefbauarbeiten, bei denen die nichtbindigen Lockergesteine als Baugrund angetroffen werden, finden sie als Dammbaumaterial, sodann als Zuschlagstoff für Beton, als Bausand, als Straßenbaustoff Verwendung. Spezielle Anforderungen werden an Formsande, Glassande, Filtersande, Gebläsesande gestellt.

3. Schwachbindige, anorganische Lockergesteine

Als *Schlammsand* (Schlemmsand, Silt, Mehlsand, Staubsand) bezeichnet man feinkörnige Lockergesteine mit fehlender oder nur geringer Bindigkeit (Fig. 60), deren Einzelbestandteile kaum mehr von Auge sichtbar sind. Sie zerfallen in Wasser gelegt sofort, trocknen rasch, saugen in diesem Zustande begierig Wasser auf (relativ große Poren). Schüttelt man auf der Hand eine zu einer Kugel geformte gesättigte Probe, so tritt alsbald auf der Oberfläche freies Porenwasser auf. Sie lassen sich im trockenen Zustande zwischen den Fingern leicht zerreiben, staubige Finger hinterlassend. Ihre petrographische Zusammensetzung gleicht derjenigen der Sande, wobei aber gelegentlich die blättchenförmigen Bestandteile (Glimmer) stärker beteiligt sind. Zumeist handelt es sich um Ablagerungen durch schwach strömendes Wasser oder durch Wind, häufig trifft man sie namentlich in glazialen Ablagerungen. Die Kornverteilung (Fig. 61) zeigt, daß die Schlammsande meist eine gute Aufbereitung aufweisen; ihre Körner sind oft eckig. Dieser Gruppe müssen auch viele lehmige Sande und sandige Lehme zugerechnet werden, zwischen denen und den Schlammsanden keine scharfen Grenzen existieren. Erwähnenswert sind noch Löß und Huppererde: Der *Löß*, dessen Hauptkorngröße zwischen 0,02 und 0,05 mm liegt, besteht aus Aggregaten von Einzelkörnern, die zum Teil durch Kalk verkittet sind und poröse und damit wasserdurchlässige Ablagerungen bilden. Durch Frost, Verwitterung zerfällt der Löß und verlehmt dann, meist unter Entkalkung. Unter *Huppererde* versteht man einen sehr feinkörnigen Quarzsand, der mit Kaolinit gemischt ist. Sie zeichnet sich durch eine hohe Feuerfestigkeit bei geringer Bindigkeit aus.

Technisches Verhalten

Ähnlich wie die Sande besitzen die Schlammsande im gesättigten Zustand normalerweise ein höheres Raumgewicht, eine geringere Porosität bei kleinerem Wassergehalt und im trockenen Zustand ein geringeres Wasseraufnahmevermögen als die bindigen Lockergesteine. Da sie allgemein einen kleinen Plastizitätsbereich aufweisen, ist ihre Konsistenz sehr empfindlich gegenüber geringen Wassergehaltsänderungen. Schon kleine Wasserzuschüsse können einen relativ fest gelagerten, aber gesättigten Schlammsand verflüssigen. Die Wasserdurchlässigkeit erreicht mittlere Werte, ebenso die kapillare Steighöhe, wodurch die Wasserförderung durch kapillaren Anstieg in der Zeiteinheit relativ groß wird. Strömungsdrücke bewirken in Schlammsanden bei der kleinen mittleren Korngröße einerseits und der geringen Bindefähigkeit andererseits Grundbrucherscheinungen und Ausschwemmungen; deshalb werden sie häufig als Schwimmsande oder Triebsand bezeichnet. Im Bereich der Frostzone neigt das Material bei Wassernachschubmöglichkeit zu Frostlinsenbildung. Der Schlammsand wird neben seinem häufigen Vorkommen als Baugrund nur selten als Mauersand oder als Beimengung bei Injektionen verwendet. Dagegen finden gewisse kalkfreie Schlammsande als Formsande Anwendung (siehe auch Kapitel VI, 6).

4. Die bindigen oder kohärenten anorganischen Lockergesteine

a) Lehm: Lehme nennt man Gesteine, die, mit Wasser vermischt, plastisch, d. h. bildsam, knetbar sind und außerdem deutlich spürbar Sandkörner oder sogar etwas Kies oder Schutt (Fig. 63) enthalten. Zu den karbonathaltigen, d. h. kalk- oder dolomitführenden Lehmen, die gelegentlich auch als sandige

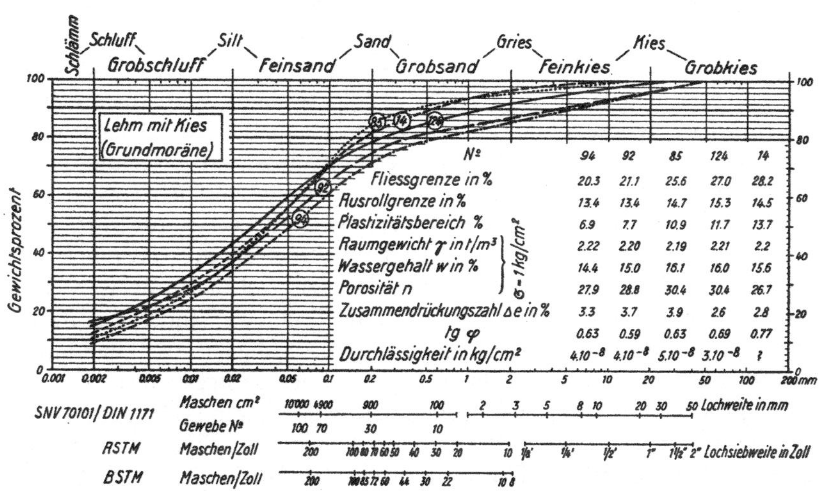

Fig. 62. Kornverteilung und geotechnische Kennziffern von Grundmoränen aus der Umgebung von Zürich.

Mergel bezeichnet werden, gehören viele Moränenlehme (Geschiebemergel), Seeboden- und Gehängelehme, Überschwemmungslehme usw. Sie weisen meist graue Färbung auf. Unter die karbonatfreien bis karbonatarmen, oft gelblichbraun gefärbten Lehme lassen sich namentlich Verwitterungslehme, Lößlehme,

Höhlenlehme einreihen. Neben Trümmermineralien, wie Quarz, Feldspäte, Glimmer, Serizit, verschiedenen Eisenverbindungen, treten unter den feineren Bestandteilen die Tonmineralien stärker hervor (Tab. 1). Eine scharfe Grenze zwischen Lehm und Ton existiert nicht. Übergänge zu den Sanden bilden die sandigen Lehme, die sich von den Schlammsanden durch die Anwesenheit gröberer Sandkörner (Fig. 65) unterscheiden.

Fig. 63

Fig. 64

Fig. 63. Lehm mit Kies aus einer Grundmoräne.
Fig. 64. Ton, dessen Einzelbestandteile von Auge nicht mehr erkennbar sind.

b) *Ton*[1]): Bei den eigentlichen Tonen treten die Anteile über 0,002 mm zurück. Sie erweisen sich wie die Lehme mit Wasser versetzt als plastisch, bildsam, wobei beim Kneten kaum mehr Sandkörner gespürt werden (Fig. 64, 65). Neben Trümmermineralien, wie Quarz, Feldspäte, Glimmer usw., die namentlich in den mageren Tonen dominieren, treten in vermehrtem Maße auch Zersetzungs- und Verwitterungsprodukte, vor allem Tonmineralien und Eisenhydroxyde auf, die diesen Gesteinen ihre plastischen Eigenschaften vermitteln (Tab. 32). Karbonatführende Tone werden auch Mergel genannt. Dieser Ausdruck wird indessen in der Bautechnik oft für geologisch ältere, durch größeren Überlagerungsdruck und leichte Diagenese verfestigte Mergel (z. B. Molasse- oder Keupermergel) gebraucht. *Letten* werden fette Tone, von anderen Autoren auch bunte, schiefrige Tone genannt. Die *Schiefertone*, die chemisch und mineralogisch den Tonen gleichen, gehören bereits zu den Festgesteinen.

Als *Kaoline* oder *Rohkaoline* bezeichnet man in der Keramik die an Ort und Stelle verbliebenen Verwitterungsprodukte zumeist kristalliner Gesteine, in denen neben dem Mineral Kaolinit noch unzersetzte Mineralien (z. B. Quarz) liegen. Diese Kaoline zeigen zumeist noch das Gefüge der Ausgangsgesteine. Erst die umgelagerten und ausgeschlämmten Produkte nennt der Keramiker Tone, also z. B. *Kaolintone*. *Salztone* führen Natrium- und Magnesiumchlorid und enthalten oft auch Gips, Anhydrit, Magnesit usw. *Alauntone* sind reich

[1]) Der Begriff Ton wird verwendet: a) als Korngrößenbezeichnung (Pelit, Hauptkornanteil unter 0,002 mm); b) in chemisch-petrographischem Sinn (karbonatarme bis -freie Pelite, meist reich an Tonmineralien); c) als keramischer Begriff (im weitesten Sinne gebraucht). – Tonerde ist die chemische Substanz Al_2O_3 und hat mit dem Begriff Ton direkt nichts zu tun.

an feinverteiltem Eisenkies sowie kohligen und bituminösen Stoffen. Durch Verwitterung des Schwefelkieses entstehen darin Sulfate von Ca, K oder Al, sog. Alaune. Im *Bentonit* (Walkerde, Fullererde) dominiert das Tonmineral Montmorillonit (siehe Tab. 1). Als *Bolus* bezeichnet man stark eisenschüssige, z. T. kalkführende braune Tone. *Laterit* sind tonerdehydroxydreiche (Hydrargillit), eisenhydroxydreiche, kieselsäurearme Verwitterungsprodukte tropischer Gebiete, z. T. von zellig-konkretionärer, z. T. von toniger Beschaffenheit. — *Bauxit* besteht ebenfalls aus einem eisenschüssigen, hydrargillitreichen Material und entsteht vor allem als Verwitterungsprodukt über Kalksteinen.

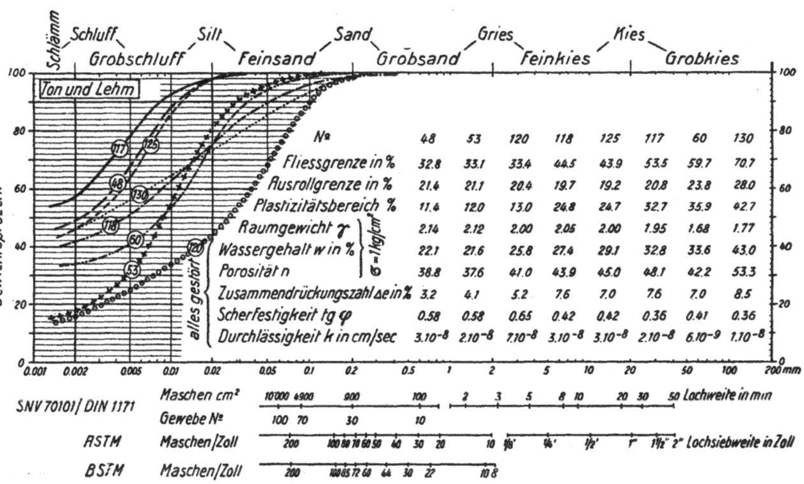

Fig. 65. Kornverteilung und geotechnische Kennziffern einiger Ton- und Lehmproben.

Technische Eigenschaften

Wassergehalt und Wasseraufnahmefähigkeit und damit Porosität der Tone und Lehme sind als Folge des Wasseranlagerungsvermögens der quellbaren Tonmineralien sehr groß. Die kleinen Durchmesser der Poren bedingen dagegen eine sehr geringe Wasserdurchlässigkeit, dafür aber eine sehr hohe kapillare Steighöhe. Die hohe Porosität resp. der beträchtliche Wassergehalt im gesättigten Zustand wirkt sich in den niedrigeren Raumgewichten aus.

Die Zusammendrückbarkeit der unkonsolidierten Tone und Lehme wird zufolge des hohen Wassergehaltes relativ hoch, wohingegen die Scherfestigkeit, bei hoher Kohäsion, allgemein kleine bis sehr kleine Werte aufweist. Diese Pelite sind gekennzeichnet durch ihre Bildsamkeit in feuchtem Zustand, ihre Formbeständigkeit nach dem Trocknen und ihre Erhärtung nach dem Brennen.

Sowohl als Baugrund wie auch als Baumaterial (Dichtungen in Erddämmen) haben Lehme und Tone ein weites Verbreitungs- und Anwendungsgebiet. Sie besitzen aber auch als Rohstoff für die Keramik, als Binder für Formsande, als Ausgangsmaterial für Injektionen eine große Bedeutung. Die speziellen Anforderungen für ihre technische Verwertung finden sich in den Kapiteln IV und V.

Tabelle 32. *Wichtigste anorganische*

Gesteinsbezeichnung	Gesteins- und Mineralbestand	Hauptkornbereich in mm	
Block *Geschiebe* *Geröll*	Alle Gesteinsarten	Über 500	
Kleiner Block *Kleines Geschiebe* *Kleines Geröll*	Alle Gesteinsarten	200–500	
Kies *Grobkies* *Kies* *Feinkies*	Alle Gesteinsarten	2–200	20–200 2–20
Sand *Grobsand* *Sand* *Feinsand*	Alle Gesteinsarten, ferner Quarz, Karbonate, Feldspäte, Glimmer, Glaukonit, Erz usw.	0,02–2	0,2–2 0,02–0,2
Schlammsand oder Silt	Quarz, Karbonate, Hornsteine, Feldspäte, Glimmer, Erz usw.	0,002–0,2	über 0,02 mm = 0–10% 0,002–0,02 mm = 80–100% unter 0,002 mm = 0–10%
Lehm (sandiger Mergel) oft mit Steinen	Quarz, Feldspäte, Hornsteine, Glimmer, Serizit, Tonmineralien (Karbonate)	0,0002–2	über 0,02 mm = über 10% 0,002–0,02 mm = 30–80% unter 0,002 mm = 10–30%
Ton (Mergel)	Tonmineralien, Glimmer, Feldspäte, Quarz (Karbonate)	0,0002–0,02	über 0,02 mm = 0–10% 0,002–0,02 mm = 70–0% unter 0,002 mm = 30–100%

Lockergesteine und ihre Kennziffern

Kohärenz (Bindigkeit)			Raumgewicht bei $\sigma =$ 1 kg/cm² in t/m³	Wassergehalt in % bei $\sigma =$ 1 kg/cm²	Porosität bei $\sigma =$ 1 kg/cm²	Durchlässigkeit k in cm/sec bei $\sigma = 1$ kg/cm²	Zusammendrükkungszahl Δe	Scherfestigkeit s bei $\sigma =$ 1 kg/cm²
Fließgrenze	Ausrollgrenze	Plastizitätsbereich						
Inkohärent (nichtbindig)			Einzelblock bis 3,0, als Trokkenmauer bis 2,5					
			2,0–2,2	Unter 18	26–30	10^{+1} bis 10^{-2}	1	0,8–1
			2,0–2,2	18–22	26–30 und höher	10^{-2} bis 10^{-5}	1–2	0,8–1
20–30	15–25	0–5	1,9–2,1	18–22	30–40	10^{-5} bis 10^{-7}	1–3	0,6–0,8
20–80	15–50	5–65	1,7–1,9	22–35	30–40	10^{-7} bis 10^{-8}	Mager 1-2 fett 2-6	0,3–0,7
20–80	15–50	5–65	1,7–1,9	22–35	30–50	10^{-8} bis 10^{-10}	Bis 6, selten mehr	0,3–0,5

5. Lockergesteine organischer Herkunft

Während die bis anhin besprochenen Lockergesteine nur aus anorganischen Bestandteilen aufgebaut sind, treten daneben auch Mischungen derselben mit Gemengteilen organischer Entstehung auf, oder diese können gesteinsbildend allein vertreten sein. Die organischen Beimengungen dieser Lockergesteine beeinflussen deren technische Eigenschaften allgemein sehr stark. Aus diesem Grunde ist ihre gesonderte Besprechung hier angezeigt.

a) Die *Seekreide* bildet in feuchtem Zustand eine helle, grauweiße oder gelbliche, gelegentlich rosarote, schmierige, leichtbindige Masse. Sie zeichnet sich bei geringer Konsolidierung durch ein sehr lockeres, leicht zerstörbares Gefüge

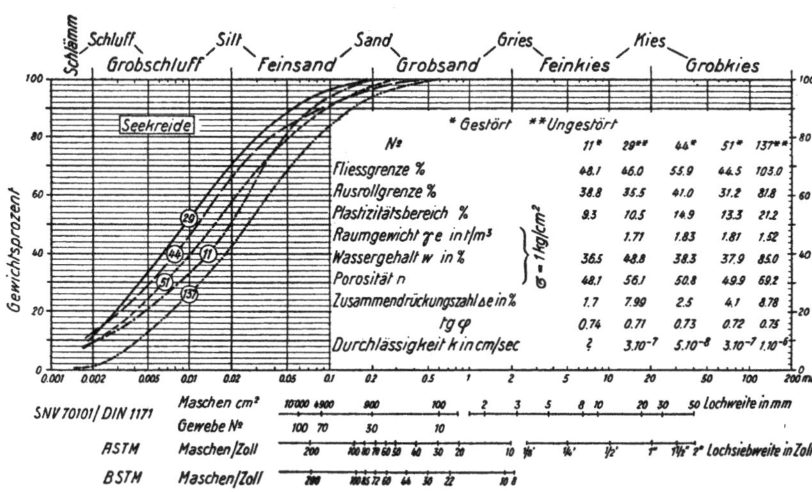

Fig. 66. Kornverteilung und geotechnische Kennziffern einiger Seekreideproben aus der Umgebung von Zürich.

aus, was sich im Breiigwerden beim Kneten oder Zerstampfen ausdrückt. Im trockenen Zustande läßt sie sich ohne Mühe zu einer weißlichen, kreideähnlichen, inkohärenten Masse zerreiben. Die Seekreide enthält über zwei Drittel Karbonate und karbonatische Schalenreste, der Rest setzt sich aus Trümmermineralien, ferner organischen Zersetzungsprodukten zusammen. Sie findet sich am Ufer und am Grunde bestehender oder ehemaliger Seen und erreicht dann Mächtigkeiten bis über 10 m, während der ihr nach Zusammensetzung und Genese verwandte *Wiesenkalk* oder *Alm*, mehr von krümeliger Beschaffenheit und geringerer Mächtigkeit, sich auf versumpften, wasserüberflossenen, flachen Quellhängen bildet (Fig. 66, 67).

Technische Eigenschaften

Die Seekreide zeichnet sich im wenig konsolidierten, gesättigten Zustand durch sehr hohen Wassergehalt, hohe Porosität, geringes Raumgewicht aus, und besitzt im trockenen Zustand ein beträchtliches Wasseraufnahmevermögen. Trotz hoher Zusammendrückbarkeit (Zerstörung des Gefüges) weist sie in diesem Zustand eine relativ große Scherfestigkeit auf. Fließ- und Ausrollgrenze liegen nahe beieinander, aber relativ hoch. Die Empfindlichkeit auf Gefügestörung zeigt sich im Laboratorium beim Kegelversuch im großen Unterschied der Eindringung resp. der spezifischen Belastung (siehe Seite 54) zwischen dem ungestörten und dem gestörten Zustand. Dynamische Beanspruchungen können im Laboratorium und Felde zu Gefügestörungen führen. Diese zeitweise «Verflüssigung» der Seekreide macht sich im leichten Rammen von Pfählen oder bei plötzlichen Ufereinbrüchen bemerkbar; oft treten auch eigentliche Ausquetschungen von Seekreide auf (siehe Fig. 97).

Die Seekreide wird als Baugrund am Ufer und am Grunde der Seen gefunden und bietet hinsichtlich Setzungen und Ausquetschungen gewisse Schwierigkeiten. Nur selten findet sie als Kalkdünger oder als Rohstoff für Kalkbrennereien oder Zementfabrikation Verwendung.

Fig. 67

Fig. 68

Fig. 67. Seekreide mit leicht poröser Textur, einzelne Schnecken.
Fig. 68. Torf mit deutlich feststellbaren Fasern.

b) *Torf* besteht aus Anhäufungen von unter Luftabschluß (meist durch Wasserbedeckung) teilweise oder vollständig zersetzten organischen Massen, weist hellbraune bis schwarze Farbe auf und zeigt alle Übergänge von vollständig unhumifizierten Anhäufungen aus erhaltenen Pflanzenfaserstrukturen von filzig-sperriger Beschaffenheit bis zum vollständig humifizierten, weichen, gefügelosen Material (vollständig zersetzter Torf wird als Dy, eine Anhäufung von Algen-, Plankton- und koprogenem Material dagegen als Gyttja bezeichnet). Diese Torfarten bilden sich in Mooren, in denen je nach Lage, Zersetzungsgrad und Pflanzenwuchs technisch verschiedenartige organische Lockergesteine entstehen. Beispielsweise enthalten Torfe aus Hochmooren hauptsächlich Reste von Torfmoos sowie Hochmoorwollgras, daneben Heidekraut und andere Erikazeen, ferner Birken, Kiefern, Erlen, Faulbaum, wohingegen diejenigen aus Flachmooren vornehmlich Reste von Riedgräsern, Schilf, Laubmoosen usw. führen. Neben den organischen Gemengteilen bergen die Torflager je nach Zeit und Ort ihrer Entstehung auch anorganische Gemengteile, d. h.

einerseits Sand-, Lehm- und Toneinlagerungen, die zu den humosen oder torfigen Lehmen überführen, und andererseits auch Einlagerungen von Seekreide (Fig. 68).

Technisch hat eine Unterscheidung im Feld und Laboratorium hauptsächlich auf Grund einer makroskopischen Unterscheidung zu geschehen, wobei in Anlehnung an VON POST[1]) der Grad der Humifizierung, der Wassergehalt und der Gehalt an Reisern zur Charakterisierung benützt wird.

Tabelle 33. *Bezeichnung der Torfarten nach ihrem Zersetzungsgrad (Humifizierung)*

Bezeichnung	Charakterisierung
Vollständig oder nahezu vollständig unhumifizierter Torf	Beim Quetschen in der Hand geht klares bis schwach gelbbraunes Wasser zwischen den Fingern ab
Sehr wenig bis schwach humifizierter Torf	Beim Quetschen zwischen der Hand geht deutlich bis sehr stark trübes Wasser, aber keine Torfsubstanz zwischen den Fingern ab; Rückstand ist wenig oder gar nicht breiartig
Ziemlich humifizierter Torf. Pflanzenstrukturen verschleiert bis undeutlich	Beim Quetschen zwischen der Hand geht bis ein Drittel Torfsubstanz und trübes Wasser durch die Finger ab; Rückstand stark breiartig mit deutlicher hervortretenden Pflanzenstrukturen als im unzerquetschten Torf
Stark humifizierter Torf mit undeutlicher Pflanzenstruktur	Beim Quetschen geht die Hälfte bis zwei Drittel der Torfsubstanz zwischen den Fingern ab; Rückstand aus Wurzelfasern und Holzresten
Vollständig bis fast vollständig humifizierter gallertartiger Torf ohne irgendwelche Pflanzenstruktur (oft als Lebertorf, Dy oder Gyttja bezeichnet)	Beim Quetschen geht die ganze oder beinahe die ganze Masse zwischen den Fingern ab

Tabelle 34. *Bezeichnung der Torfarten nach Wasser- und Reisergehalt*

Wassergehalt	Reisergehalt
Lufttrocken	Reiner Reiser- und Wurzelfilz mit oder ohne Holz
Etwas entwässert	Reiches Vorkommen von Reisern oder (und) Holz
Normaler Wassergehalt	
Sehr wasserreich	Spärlicher Gehalt an Reisern oder (und) Holz
Wasser mit Torfschlamm	Fehlen von Wurzelfasern oder Holz

[1]) L. VON POST, Das genetische System der organischen Bildungen Schwedens. Comité international de Pédologie, Commission IV, Nr. 22, 1910.

Technisches Verhalten

Torf zeichnet sich bei kleinem Raumgewicht und sehr großem Porenvolumen durch einen außerordentlich hohen Wassergehalt aus. Damit verbindet sich meist auch ein beträchtliches Basenaustauschvermögen. Bei sehr großer Zusammendrückbarkeit erreicht die Wasserdurchlässigkeit große bis mittlere Werte, die Scherfestigkeit dagegen ist bei den wenig bis mittelhumifizierten Torfarten relativ groß, sinkt aber bei den stark zersetzten Torfarten vom Typus des Lebertorfes ab. Konsistenzgrenzen lassen sich mit Ausnahme von Lebertorf, wo sie sehr hoch liegen, kaum feststellen.

Der Torf bildet in seiner wenig humifizierten Form einen wichtigen Brennstoff. Unter Entgasung wird gelegentlich daraus auch Koks hergestellt. Als Desinfektionsmittel und Flüssigkeitsaufsauger dient er als Stallstreue und liefert ein stickstoffhaltiges Düngemittel, ferner wird er zu Isolationszwecken und gelegentlich auch als Filter bei Drainagen verwendet.

Torf wie auch der nachfolgend zu besprechende Faulschlamm bieten wie die Seekreide bei Fundationen sowohl wegen der Gefahr großer und ungleicher Setzungen, sodann auch durch den Gehalt an Humussäuren oder Schwefel einen eher schwierigen Baugrund. Zufolge ihrer starken Verflechtung bieten freigelegte, wenig humifizierte Torflager der Erosion durch das fließende Wasser oft größeren Widerstand als die umgebenden Lehme, auch bei Uferrutschungen wirkt sich die erhöhte Zugfestigkeit gelegentlich günstig aus.

c) Von Torf bis zu *Lehm* mit *geringem Gehalt* an *organischen Bestandteilen* bestehen alle Übergänge. Bei aller Vielfalt sind diese Lockergesteine ausgezeichnet durch einen sehr hohen Wassergehalt, durch hohes Porenvolumen und niedriges Raumgewicht. Fließ- und namentlich Ausrollgrenze, ebenso Zusammendrückbarkeit liegen dort, wo sie sich bestimmen lassen, deutlich höher, die Scherfestigkeit oft niedriger als bei den entsprechenden, an organischen Bestandteilen freien Lockergesteinen. Wie die Seekreide neigen auch diese Materialien sehr zu hohlraumreichen Gefügen, die durch statische und dynamische Belastungen zu Gefügezusammenbrüchen unter Verflüssigung führen und dadurch Setzungen und Ausquetschungen bewirken.

d) Als *Kieselgur* (Infusorienerde) bezeichnet man Anhäufungen von feinen, hohlen Diatomeenpanzern (Länge 0,09–1,6 mm, Breite 0,001–0,004 mm), die mit Sand und organischen Gemengteilen gemischt sind und alle Übergänge zu diatomeenhaltigen Seekreiden und Tonen bilden. Die weiß-, grau-, gelb-, braun- oder grüngefärbten Massen bilden erdige, lockere, seltener feste Massen, die sich zwischen den Fingern zerreiben lassen und zwischen den Zähnen knirschen. Sie sind gekennzeichnet durch hohen Kieselsäuregehalt (70–80%), der Rest setzt sich aus organischen Gemengteilen und mineralischem Fremdmaterial zusammen. Ihre *technische Verwendung* beruht auf dem hohen Porenvolumen, dem geringen, aber variablen Raumgewicht (z. B. 0,241 t/m^3), der chemischen Stabilität und der hohen Aufnahmefähigkeit für Flüssigkeiten, die bis das Fünffache des Eigengewichtes betragen kann. Als Hauptverwendung sind zu erwähnen: Isolation, Filtration, Schallisolierung, Klärung, Aufnahme von Flüssigkeiten für Sprengstoff- und Säuretransporte, Herstellung von Spezialglas und feuerfesten Gegenständen, sowie Spezialbeton.

Tabelle 35. *Lockergesteine organischer*

Bezeichnung	Zusammensetzung	Kohärenz (Bindigkeit)		
		Fließ-grenze	Ausroll-grenze	Plastizi-tätszahl
Seekreide	Über 90% Karbonate, Quarz, Feldspäte, dazu organische Zersetzungsprodukte	70–100	60–80	10–40
Torf	Organische Zersetzungsprodukte, oft schwefelhaltig, dazu mineralische Bestandteile. Mittlere chemische Zusammensetzung 58,0% C, 5,5% H, 34,5% O, 2,0% N	—	—	—
Humushaltiger Lehm bis Faulschlamm	Organische Zersetzungsprodukte in wechselnden Mengen, ferner Tonmineralien, Glimmer, Feldspäte, Quarz, evtl. Karbonate	40–150	30–50	10–120
Kieselgur	Diatomeenpanzer (Opalsubstanz), dazu organische Zersetzungsprodukte, ferner untergeordnet mineralische Bestandteile, wie Quarz, Feldspäte, Glimmer usw.	—	—	—

B. DIE FESTGESTEINE

Für die vorliegende, technisch orientierte Betrachtung der Gesteine wurde eine von der üblichen abweichende Gruppierung vorgenommen. Die festen Sedimentgesteine wurden gegliedert in *Kalksteine* (und Dolomitgesteine), *Sandsteine* (inklusive grobe Trümmergesteine) und *geschieferte Sedimentgesteine*, letztere als Übergangsgruppe zu den kristallinen Schiefern. Gesondert wurden dann noch eine Anzahl vorwiegend monomineralischer Gesteine zusammengefaßt. Die zumeist getrennt behandelten Eruptivgesteine und metamorphen Gesteine wurden hier zur Hauptgruppe der *kristallinen Gesteine* vereinigt.

1. Die Kalksteine (und Dolomitgesteine)

Zu den Kalksteinen (oder Dolomitgesteinen) kann man die Gesteine rechnen, die neben dem Kalkspat (Dolomitspat) nicht mehr als 20% Tonmineralien und Eisenhydroxyde und nicht mehr als 40% andere nichtkarbonatische Be-

Herkunft und ihre Kennziffern

Raumgewicht bei σ = 1 kg/cm² in t/m³	Wassergehalt in% bei σ = 1 kg/cm²	Porosität bei σ = 1 kg/cm²	Durchlässigkeit k in cm/sec bei σ = 1 kg/cm²	Zusammendrückbarkeit Δe in %	Scherfestigkeit s bei σ = 1 kg/cm²
1,3–1,5	35–90	50–75	10^{-6} bis 10^{-7}	8–10 gest. 4–5 ungest.	0,7–0,8
0,9–1,6	85–450 normal 85–95	75–100	10^{-7} bis 10^{-8}	10–50	Stark variabel
1,5–1,7	35–90	50–75	10^{-7} bis 10^{-10}	Bis 16	0,3–0,7
0,15–0,25	?	? hoch	?	?	?

standteile (praktisch vorwiegend Quarz und Kieselsubstanz) führen. Ein großer Teil der Kalksteine oder Dolomite enthält weniger als 5% fremde Beimengungen, womit sie zu den *reinen* Gliedern dieser Gesteinsgruppe gerechnet werden. Obwohl diese somit in den Mineralbestandteilen homogener ist als andere, sind die Unterschiede in den Eigenschaften und im technischen Verhalten sehr groß. Es ist dies auf die sehr wechselvolle Korngröße (Unterschiede im Verhältnis 1:10000), die unterschiedliche Kornverwachsung und Porosität zurückzuführen; dazu sind relativ geringe Beimengungen anderer Bestandteile (besonders von Tonmineralien) schon von Einfluß. Die Verschiedenheit der Gefügeeigenschaften rührt von den wechselnden Entstehungsbedingungen her, der Mannigfaltigkeit der zugeführten Fossilschalenreste und der leichten Umkristallisierbarkeit des Kalkspates und des Dolomitspates beim Verfestigungsvorgang. In Tab. 36 findet sich eine Übersicht der wichtigen Ausbildungsformen der Kalksteine und Dolomitgesteine, soweit sie von technischer Bedeutung sind. Unter den Fossilresten sind wegen des oft massenhaften Auftretens und des damit zusammenhängenden großen Einflusses auf die Eigenschaften wichtig: Seeigel (Echinodermen), Seelilien (Crinoiden), Muschelschalen, Schneckenschalen, Korallen, viele große einzellige Lebewesen (z. B. Nummuliten), Bryozoen, und als pflanzliche Bildungen Kalkalgen.

Namengebung: Aus der gebräuchlichen Namengebung der Kalksteine lassen sich nur teilweise Schlüsse auf die Korn- und Strukturverhältnisse ziehen. Aus den häufigen Beifügungen von Fossilnamen geht nicht mit Sicherheit hervor, ob die Organismenreste so reichlich im Gestein sind, daß sie praktische Bedeutung haben oder ob sie bloß zur stratigraphischen Gliederung dienen. Mehrfach wird mit «Kalk» auch eine stratigraphische Stufe bezeichnet, die gar keinen Kalkstein zu führen braucht; so enthält z. B. der mittlere «Muschelkalk» der Triasformation an vielen Stellen hauptsächlich Tone, Anhydrit- und Steinsalzlager. Viele Kalkstein- und Dolomithorizonte werden mit Ortsnamen näher bezeichnet. Da die Ausbildung eines Horizontes oft auf weite Erstreckung ziemlich gleich bleibt, findet man bekannte Ausbildungen in weiter Entfernung vom Ursprungsort mit dem gleichen Namen wieder.

Die Lagerung der Kalksteine

Ein großer Teil der Kalksteinvorkommen weist einen Wechsel von mächtigeren reineren oder ganz reinen Partien, den eigentlichen Kalksteinbänken, mit oft ganz dünnen, oft auch einige Zentimeter dicken Lagen von Mergelkalken oder eigentlichen Mergeln auf. Längs diesen Lagen geringerer Festigkeit

Fig. 69. Kalksteinvorkommen mit den typischen Mergelzwischenlagen. Durch Frostwirkung blättern die Mergel auf und heben sich dadurch scharf von den rein kalkigen Lagen ab.

tritt die Fugenbildung auf und erzeugt die ausgesprochene Bankung (vielfach auch Schichtung genannt) der Kalksteine. Diese Bankungsfugen verlaufen gerade oder nicht selten auch etwas wellig. Für Bauzwecke sind meist nur die reinen Kalksteinpartien verwendbar (die allerdings oft die unten erwähnten Inhomogenitäten führen).

Kalksteine ohne jede Mergelzwischenlagerungen zeigen seltener regelmäßigere Bankungsklüfte parallel der Absatzfläche; meistens bilden sie eine ziemlich unregelmäßig gegliederte, je nach tektonischer Stellung mehr oder weniger klüftige Masse. Oft macht sich eine mehr knollenförmige Absonderung bemerkbar. Nicht selten ist auch eine bestimmte Klüftung weit deutlicher erkennbar als eine Absonderung parallel dem Lager, was zu einer falschen Interpretation der Schichtlage führen kann. Bei Unsicherheit ist nie auf die Fugen, sondern auf die selten ganz fehlenden Tonhäute im Gestein abzustellen.

Nur ganz junge, tektonisch nicht beeinflußte Kalksteine (wie die Kalktuffe), oder dann unter Umständen metamorphe Formen (Marmore) weisen fast keine Klüftungen (auch keine verheilten) auf.

Besondere Erscheinungen an Kalksteinen

Viele Kalksteinvorkommen der verschiedensten Strukturverhältnisse weisen charakteristische Inhomogenitäten auf, die für die Eigenschaften ebenso bestimmend sind wie die eigentliche Gesteinsbeschaffenheit. Es sind dies die Tonhäute, Nähte und die Durchaderungen.

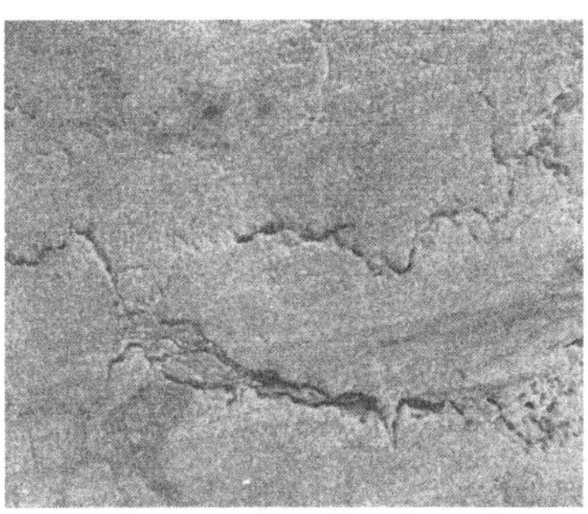

Fig. 70

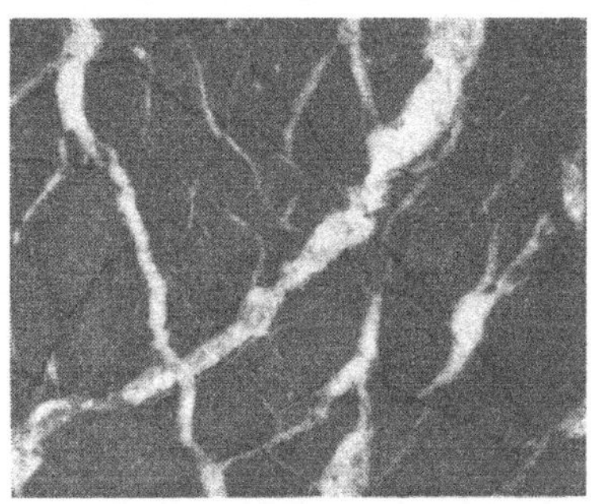

Fig. 71

Fig. 70. Wellige Tonhäute in Kalkstein. Der erweichbare Ton ist bereits teilweise ausgewaschen. Natürliche Größe.

Fig. 71. Dichter Kalkstein (von Auge kornlos) mit zahlreichen Nähten (schwarz) und breiten weißen, durch Kalkspat verheilten Klüften. Natürliche Größe.

Die *Tonhäute* (oft einfach als Lager bezeichnet, französisch: terrasses) sind dünne Lagen (0,2 bis über 2 mm) einer Tonsubstanz, die in der Hauptsache parallel der Schichtung verlaufen, im kleinen aber wenig bis äußerst intensiv gewellt sind. Sie können auf große Erstreckung durchgehen, sich ablösen oder zu einem Netzwerk vereinigen. Gewöhnlich ist ihre Häufigkeit auch innerhalb eines Vorkommens sehr ungleich. In Lagen von Zentimetern bis Dezimetern Dicke können die Tonhäute sehr häufig sein, in andern selten oder gar nicht auftreten. In Kalksteinen, die sehr intensiven tektonischen Beanspruchungen ausgesetzt waren (wie z. B. viele alpine Kalksteine), sind die Tonhäute oft lückenhafter oder dann mit einer nicht mehr erweichbaren Tonschiefersubstanz erfüllt. In den eigentlichen metamorphen Kalksteinen (Marmoren) sind sie verschwunden, sie mögen hier bisweilen als Züge von Glimmerblättchen erscheinen.

Die *Nähte* (Suturen) stellen Rißbildungen von unregelmäßigem, im kleinen meist sehr gezacktem Verlauf dar, die mehr oder weniger quer zur Schichtung verlaufen. Sie sind meist sehr dünn, weniger als 0,5 mm, enthalten aber doch einen lückenhaften Ton- oder Limonitbelag. Bei Kalksteinvorkommen hohen Alters oder in stark gefalteten Regionen werden die Nähte undeutlich und verschwinden ganz, und zwar rascher als die Tonhäute.

Karbonatadern. Die Klüftigkeit der spröden Karbonatgesteine in Gebieten tektonischer Beanspruchungen und die große Löslichkeit von Kalkspat und Dolomitspat bewirken, daß ältere Kalkstein- und Dolomitvorkommen in größtem Umfange weiße Aderungen aufweisen. Diese folgen bald mehr oder weniger gewissen Richtungen, bald sind sie auch ziemlich wirr angeordnet. Die Aderfüllung besteht aus sehr grobkristallinem Kalkspat (bei Kalksteinen) oder Dolomitspat (in der Regel bei Dolomiten).

Technisches Verhalten der Kalksteine und Dolomitgesteine

a) *Festigkeits- und Härteverhältnisse*

Die *Druckfestigkeitswerte*[1]) der verbreiteten feinkristallinen (kryptokristallinen, dichten) Kalksteine (und Dolomitgesteine) geringer Porosität bewegen sich meist zwischen 1000 und 2000 kg/cm², vereinzelt auch darüber. Oft wird

Fig. 72

Fig. 73

Fig. 72. Reiner, sehr feinkristalliner Kalkstein. Oberfläche mit leichtem Glanz. Spröde, mit rissig-splittrigem Bruch. Natürliche Größe.

Fig. 73. Bruchfläche eines spätigen Kalksteins mit rauher Oberfläche. Natürliche Größe.

aber der Bruch weniger durch den Verband der Kalkkörner als durch die Anwesenheit von Tonhäuten oder Suturen bedingt. Diese wirken sich besonders stark aus, wenn sie mit den bei der Druckprüfung sich ausbildenden Gleitflächen zusammenfallen. Fossilreiche Kalksteine mit stark wechselnder

[1]) Druckfestigkeitsangaben betreffen im folgenden stets an Würfeln üblicher Größe (5–7 cm) bestimmte Werte.

Korngröße (Spatkalke) stehen bei gutem Verband den dichten Kalken an Festigkeit kaum nach. Die Karbonatgesteine, deren gröberes Korn auf Metamorphose beruht (Marmore in petrographischem Sinne), weisen auch bei ganz porenarmer Textur gewöhnlich geringere Festigkeiten auf, und zwar meist je geringer, je gröber gekörnt sie sind. Poröse Kalksteine sind entsprechend den Bindungslücken weniger druckfest, am wenigsten die kreidigen Kalke mit einem weitgehend zusammenhängenden Porennetz.

Die dichten Kalksteine sind schlagempfindlich (spröde); geringer ist die Sprödigkeit bei den fossilreichen Kalken. Ebenfalls wird durch eine gewisse Porosität die Schlagempfindlichkeit verringert; auch Inhomogenitäten, wie Nähte und Tonhäute, verleihen unter Umständen, aber nicht immer, dem Kalkstein eine größere Zähigkeit gegenüber dumpfen Schlägen. Bei sehr rasch verlaufenden Schlagwellen (brisanten Sprengschüssen) bricht ein Kalkstein dann allerdings zuerst nach Klüftchen, Tonhäuten und Nähten.

Kalksteine mit einem feinen Kieselskelett sind bei sonst günstiger Beschaffenheit druckfest und zähe. Tonbeimengung (Mergelkalke) vermindert die Festigkeit je nach Menge schwächer oder stärker. Quarzsandbeimengungen sind ohne großen Einfluß auf die Festigkeiten.

Die in Kalksteinen verbreitet auftretenden weißen Adern aus grobkristallinem Kalkspat (bei Dolomitgesteinen auch Dolomitspat) vermindern natürlich die Festigkeit erheblich, immerhin ist der Verband für die meisten Bauzwecke, für die man Kalksteine verwendet, noch durchaus ausreichend.

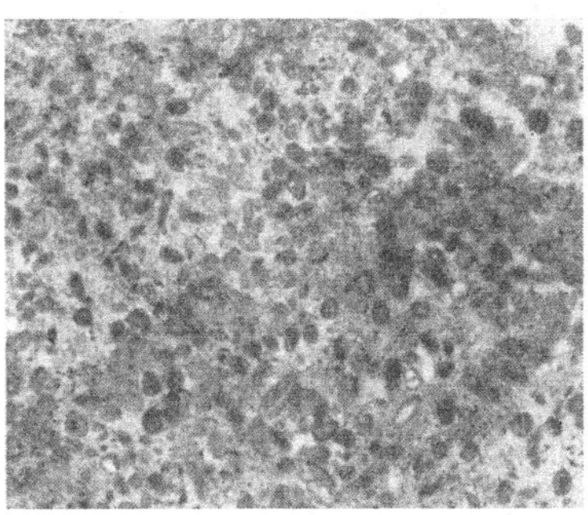

Fig. 74

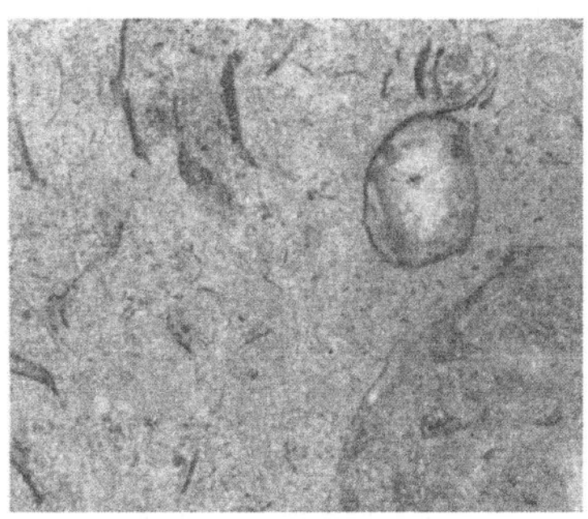

Fig. 75

Fig. 74. Groboolithischer Kalkstein, kompakt. Feinkristalline Ooide in gröberkristalliner Zwischenmasse. Natürliche Größe.

Fig. 75. Typus eines fossilreichen Kalksteins. Die Gleichmäßigkeit der feinkristallinen Kalkmasse wird durch die weit gröber kristallinen Fossilreste unterbrochen. Natürliche Größe.

Reine Kalksteine schleifen sich entsprechend der relativ geringen Härte des Kalkspates stärker ab als vorwiegend silikatische Gesteine. Sie gehören (siehe Seite 57) zur Kategorie der weichen, höchstens mittelharten Gesteine. Zu den Hartgesteinen können dagegen einzelne Kieselkalke und Sandkalke von hoher Festigkeit gezählt werden.

Tabelle 36. *Übersicht über die*

Bezeichnung	Häufige Beimengungen
A. *Kalksteine und Dolomite mit Beimengungen unter 5%* (Raumgewicht kompakter Kalke um 2,7 [Dolomite 2,8–2,9], bei Porosität entsprechende Verminderung)	
Dichter Kalkstein (Dolomit) Ohne erkennbares Korn	Oft sehr rein, fast 100% Karbonat, oft aber auch mit Beimengungen von Tonmineralien (Übergang zu Mergelkalken), Eisenoxyden oder -hydroxyden, Glaukonit, Quarzkörnchen, Pyrit, organischen Substanzen
Vorwiegend dichter Kalkstein (Dolomit), Korn zum Teil erkennbar	Wie oben
Oolithkalkstein (Rogenstein) (als Dolomit selten)	Oft rein, Mergelgehalt seltener. Öfters erheblicher Gehalt an Eisenhydroxyden, auch an Siderit, Chamosit, Glaukonit. Übergang in Eisenoolithe
Kalkstein mit zahlreichen *grobkristallinen Einschlüssen*, meist Fossilreste der verschiedensten Art	Oft rein, Gehalt an Tonmineralien seltener als bei den dichten Kalken. Sonst wie oben
Kalkstein mit vorwiegendem und ziemlich gleichmäßig *grobem Korn (Spatkalke, Echinodermenbrekzien)*. Bei Dolomit seltener	Oft rein, Beimengung von Tonmineralien fehlt meist fast ganz. Oft Beimengung von Sandkörnchen, Glaukonit, auch Limonit
Kalktuff (Travertin, wenn besonders kompakt)	Meist sehr rein

Kalksteine und Dolomite

Korn und Struktur	Bruch	Textur
Korn gleichmäßig unter 0,01 mm bis unter 0,001 mm, im letztern Falle auch im Mikroskop schwer auflösbar. Bei feinstem Korn oft Beimengung von Tonmineralien (Mergelkalk)	Muschelig, oft mit «Krähenfüßen». Sehr glatte und glänzende Oberfläche bei reinen Kalken, rauher und matter bei Mergelkalken	Größtenteils sehr kompakt (von Rissen abgesehen), zu den porenärmsten Gesteinen gehörend. (Porenvolumen oft < 2,5 %, nicht selten < 1 %.) Bei Zusatz von Tonmineralien Zunahme der (Mikro-)Porosität. Dichte, reine, poröse Kalke sind die Kreidekalke
Nester oder Lagen von gröberem Korn (oft Kleinfossilien oder Reste von größeren) in feinkristalliner Zwischenmasse	Muschelig, aber weniger ausgeprägt. Oberfläche etwas rauher und ungleichmäßiger. Einzelne spiegelnde Flächen	Wie oben, häufigeres Auftreten von Formen mit rundlichen, geschlossenen Poren
Rundliche Gebilde (Ooide) von 0,5 bis über 5 mm, meist von kryptokristalliner Struktur in einer meist grobkristallinen Zwischenmasse	Muschelig oder uneben, je nach Deutlichkeit der Oolithstruktur	Kompakt oder porös. Verbreitet zahlreiche rundliche Poren ohne Verbindung untereinander. Porenvolumen bis zu 20 % (Schaumkalke)
Grobe Kalkspatsplitter in mittel- bis feinkristalliner Zwischenmasse. Oft deutliche Fossilreste mit grober Struktur	Uneben, Oberfläche rauh, zahlreiche spiegelnde Flächen	Kompakt oder schwach bis sehr stark porös. Oft rundliche Hohlräume. Porenvolumen bis über 20 % (Schaumkalke)
Kalkspatkörner bis über 1 mm sich direkt berührend oder mit feinkristalliner Zwischenmasse	Sehr uneben und rauh. Bruchfläche von spiegelnden Spaltflächen des Kalkspates bedeckt	Wie oben
Wenn stark verfestigt, grobkristallin	Uneben, löcherig	Gesteinsmasse oft sehr kompakt. Zwischen den kompakten Partien grobe, oft zusammenhängende Hohlräume und Löcher. Gesamtporenvolumen bis gegen 30 % und darüber

Tabelle 36 (Fortsetzung). *Übersicht über die*

Bezeichnung	Häufige Beimengungen
Trümmerkalkstein (durch Kalkspat verkitteter Kalksand)	Rein oder mit verschiedenen Beimengungen, meist Quarzkörner
Marmorisierter Kalkstein (Dolomit)	Rein oder mit Gehalt an Quarz, Glimmer
Kalkmarmor (Dolomitmarmor)	Oft sehr rein, auch reich an Silikaten
B. *Kalksteine und Dolomite mit Beimengungen über 5%*	
Sandkalkstein (Sanddolomit)	Quarzkörner verschiedener Größe, dazu öfters Glaukonit, Feldspäte, Glimmer u. a.
Kieselkalkstein (Kieseldolomit)	Quarz in Kieselform (Kieselmasse in feinverteilter Form kann im Dünnschliff leicht übersehen werden)
Mergelkalkstein (Mergeldolomit)	Tonmineralien in wesentlicher Menge Kalkmasse fast stets dicht (Tonmineralien sind oft im Dünnschliff schwer faßbar)
Glaukonitkalkstein	Glaukonitkörner, dazu oft etwas Quarz, Phosphorit (als Fossilmasse), Pyrit
Rauhwacke (Zellenkalk, Zellendolomit)	Vorwiegend kalkig (auch wenn mit Dolomiten verknüpft). Beimengungen von Tonschiefern, Mergeln, Quarz. Im Berginnern oft Gips oder Anhydrit führend

Kalksteine und Dolomite

Korn und Struktur	Bruch	Textur
Körner von feinkristallinem Kalkstein (oder von grobkristallinen Fossilresten) in meist grobkristalliner Zwischenmasse	Bruch uneben durch hervortretende Körner	Oft erheblich porös in Form von Bindungslücken zwischen den Körnern. Gelegentlich auch kompakte Bindung
Einheitlich oder in lagiger Verteilung gröberes Korn (mikro- bis mesokristallin). Fossilstrukturen verschwinden	Splittrig. Das Einzelkorn wird an den glitzernden Flächen sichtbar. Färbung wird heller	Bei Kalkmarmoren meist kompakt, nie rundliche Poren; bei Dolomitmarmoren oft geringerer Verband und dadurch Mikroporen zwischen den Mineralkörnern
Korn einheitlich oder lagig grob-(makro-) kristallin	Zuckerartig, bei Dolomitmarmoren sandig. Korn stets sichtbar. Farbe meist hell	Kalkmarmore sind fast stets kompakt, immerhin mit einer gewissen Mikroporosität zwischen den Kalkspatkörnern. Bei Dolomitmarmoren ist der Verband meist schwächer bei größerer Mikroporosität
Sandkörner meist eckig, Kalkzwischenmasse mittel- bis grobkristallin	Entsprechend der Struktur der Kalkzwischenmasse	Entsprechend der Struktur der Kalkzwischenmasse
Kieselmasse in stäbchenförmigen (im Querschnitt runden) Gebilden oder als feines Netz	Entsprechend der Struktur der Kalksteinmasse	Entsprechend der Struktur der Kalkzwischenmasse, oft sehr kompakt
Tongehalt nicht direkt sichtbar. Struktur meist sehr fein	Bruch muschelig, Oberfläche matt	Mit steigendem Gehalt an Tonmineralien (resp. Mergelgehalt) nimmt die Porosität (Mikroporosität) zu bis zu mehreren % Porenvolumen
Glaukonit als rundliche Körner. Kalkmasse fein- bis grobkristallin	Entsprechend der Struktur der Kalkmasse	Entsprechend der Struktur der Kalkzwischenmasse
Grobkristallin, Brekzienstruktur	Rauh, löcherig	Voller Löcher. Porenvolumen bis über 20%. Im Berginnern Löcher oft mit Gips erfüllt

b) *Wetterbeständigkeit*

Die kompakten, reinen Kalksteine und die porösen, mit in sich abgeschlossenen (meist rundlichen) Hohlräumen sind bei guter Bindung der Kalkspatkörner trotz der relativ leichten Löslichkeit des Kalkspates sehr wetterbeständig.

Die Zerfallserscheinungen (besonders durch Frost) gehen bei solchen Formen stets von den äußerst verbreiteten natürlichen Inhomogenitäten, wie natürlichen Klüften, Nähten und Tonhäuten, oder von bei der Gewinnung und Verarbeitung entstandenen feinsten Rißchen (besonders bei den spröden, ganz feinkristallinen Kalken) aus, eine Zerbröckelung bewirkend. Ist der Tonbelag der Nähte und Tonhäute bereits kristallin (was für Kalksteine aus Faltengebieten und älteren Formationen zutrifft), so ist eine rasche Frostgefährdung nicht vorhanden. Die verbreiteten weißen Kalkspatadern sind meist frostfest.

Kalksteine mit Tonbeimengung unterliegen je nach dem Grade einem Frostzerfall mehr oder weniger rasch, bei erheblichem Gehalt quellen sie zudem bei Durchnässung merklich und werden nach dem Austrocknen rissig. Gut gebankte, dichte Kalksteinvorkommen enthalten oft Zwischenlagen von Kalkmergeln, die zu Aufspaltungen führen können (Fig. 69).

Kalksteine mit zusammenhängendem Netz von Mikroporen zeigen ähnliche Verwitterungserscheinungen wie analoge Sandsteine (Angreifbarkeit durch Frost und Sulfate).

Infolge der leichten Löslichkeit wird bei Kalksteinen und Dolomiten durch Regen die Oberfläche rasch aufgerauht. Dies ist bei intensiver gefärbten oder dunklen Ausbildungen stets mit einem Hellerwerden verbunden, das besonders an polierten Steinen sehr auffällig ist.

c) *Verarbeitbarkeit und Verhalten im Bauwesen*

Die meisten Kalksteine lassen sich gut von Hand bearbeiten. Erschwert ist ein Spalten in gewünschtem Sinne bei den sehr feinkristallinen Kalken, und zwar wegen ihrer Sprödigkeit, ferner bei Formen mit reichlich Nähten, Tonhäuten und weißen Kalkspatadern, längs denen sich leicht unerwünschter Bruch einstellt. Sehr poröse und löcherige Kalksteine (meist zugleich grobspätig) sind wesentlich schwerer zu spalten als kompakte, feinporige Formen, gestatten aber eine leichte und sehr feine bildhauerische Verarbeitung.

Eine sehr gute Verarbeitbarkeit weisen homogene, mittelkörnige Marmore auf, bei denen die Inhomogenitäten der nicht metamorphen Formen gänzlich verschwunden sind.

Porenfreie, reine Kalksteine (dichte, spätige und körnige) lassen sich vorzüglich polieren. Matter bleibt die Politur bei einem erheblichen Gehalt an Ton und Eisenhydroxyden, doch kann sie hier durch Imprägnierung ebenfalls glänzend gemacht werden.

Alle kompakten Kalksteine werden in der Abnützung glatt, am raschesten die dichten. Rauh bleiben Sandkalke und poröse Kalke; letztere nützen sich aber sehr rasch ab. Sehr uneben werden Kalksteine mit Mergellagen oder -flecken, da sich diese rascher ausarbeiten, ferner die Formen mit wenig verfestigten Suturen und Tonhäuten, die leicht ein Ausbrechen bewirken.

Die in gewissen Kalksteinen auftretenden knollenförmigen Flintsteineinschlüsse können wegen ihrer Härte und Sprödigkeit eine Verarbeitung des Steines sehr erschweren.

Fig. 76

Fig. 77

Fig. 76. Spätig-oolithischer Kalkstein, stark porös, mit rundlichen, geschlossenen Hohlräumen. Etwas vergrößert.

Fig. 77. Kieselkalkstein. Zusammenhängendes Skelett aus Quarz-Kieselmasse (etwa 30–40% des Gesteins), nach Herauslösen des Kalkspates durch Salzsäure deutlich werdend. Vergrößerung 4:1.

2. Sandsteine und grobe Trümmergesteine

Als Sandsteine bezeichnet man Trümmergesteine, deren körnige Teile die Dimensionen des Sandes (Seite 27) aufweisen und die durch direkte Verwachsung oder durch eine Bindesubstanz verfestigt sind. Nach mineralogischer Zusammensetzung und technischen Eigenschaften gehören sie zu den verschiedenartigsten Gesteinen. Besonders in letzterer Beziehung umfassen sie die ganze Variation (z. B. in Festigkeitseigenschaften), die bei natürlichen Gesteinen überhaupt getroffen wird.

Namengebung

Trotz dieser Verschiedenartigkeit gibt es nur ganz vereinzelte allgemeiner gebrauchte Bezeichnungen zur näheren Kennzeichnung eines Sandsteins. Am häufigsten benennt man Sandsteine noch nach der Bindesubstanz (wobei man eben annimmt, daß der körnige Anteil Quarz sei). Diese Bezeichnungsweise ist für die Gruppen B und C auch in der Tab. 38 angewandt worden. Es ist aber unmöglich, diese Namengebung konsequent zu handhaben, sobald das Bindemittel unwichtig wird oder wenn andere Mineralien als Quarz unter den Körnern hervortreten. Allgemeiner eingebürgert ist die Benennung von (auch im Bindemittel) fast nur aus Quarz bestehenden Formen als Quarzitsandstein resp. Zementquarzit. Feldspatreiche Sandsteine nennt man auch Arkosen, stark verfestigte Feldspat- und glimmerreiche Typen Grauwacken; meist sind diese etwas geschiefert (siehe auch Seite 123).

Eine Bezeichnung, die etwas über die Stärke des Verbandes ausdrückt, gibt es nicht außer der Beifügung «hart». Nur so kann man z. B. einen Glaukonitsandstein mit einer Druckfestigkeit von 100 kg/cm² von einem solchen mit 3000 kg/cm² ohne Beschreibung etwas unterscheiden. Recht praktisch ist die in der französischen Schweiz allgemein (auch im Volke) geübte Unterscheidung zwischen «molasse» = weicher Sandstein (für Hausteine geeignet) und «grès» = stark verfestigter Sandstein (für Pflastersteine und Hartsteinarbeiten verwendbar).

Die Sandsteine der verschiedenen geologischen Formationen und Gebiete weisen ihre Eigentümlichkeiten auf, die sie, obwohl oft geringfügiger Art, meist besser charakterisieren, als dies im allgemeinen bei den kristallinen Gesteinen der Fall ist. Es ist deshalb bei den Sandsteinen (besonders den technisch verwendeten) allgemein üblich, sie durch geologische Eigentümlichkeiten oder durch stratigraphische oder lokale Namen zu kennzeichnen. Solche Bezeichnungen werden oft zu festen Begriffen, die den Kundigen auch über Eigenschaften von technischer Bedeutung orientieren: Quadersandstein, Schilfsandstein, Molassesandstein (mit den Untergruppen: granitischer Sandstein, Plattensandstein, Muschelsandstein, Berner Sandstein, Appenzeller Sandstein), Flyschsandstein, Mainsandstein, Obernkirchner Sandstein, Hilssandstein usw.

Der Umstand, daß in gewissen Regionen fast alle Sandsteine z. B. wenig druckfeste Gesteine darstellen, hat oft dazu geführt, daß bei behördlichen Bauvorschriften der «Sandstein» für viele Anwendungen verboten wird, ja selbst, daß von geologisch-technischer Seite «Sandstein» in Büchern als «weiches» Gestein taxiert wird.

Die gleichen Bemerkungen gelten auch für die gröbern Trümmergesteine, die Brekzien und Nagelfluhen.

Die Lagerung der festen Trümmergesteine

Die Lagerung der Sandsteine und der groben Trümmergesteine ist sehr verschiedenartig. Man trifft diese Gesteinsarten einerseits in homogenen, fast ungeschichteten mächtigen Bänken bis zu über hundert Meter mächtigen Komplexen, von einer Einheitlichkeit in der Ausbildung, wie sie bei Kalksteinen selten ist. Ebenso verbreitet ist aber auch eine dick- bis dünngeschichtete Ausbildung mit starkem Wechsel im Korn oder mit regelmäßigen Mergel- oder Tonzwischenlagen. Verbreitet sind auch Schräg- oder Diagonalschichtungen.

Im ganzen sind die Sandsteine und Konglomerate weniger klüftig als die Kalksteine unter gleicher tektonischer Stellung. Besonders deutlich ist dies in Gebieten mäßiger tektonischer Beanspruchung, wo aus Sandsteinvorkommen noch die größten Blöcke mühelos gewonnen werden können, während dies bei den Kalksteinen meist bereits Schwierigkeiten bietet. In stark gestörten Regionen sind die hier meist intensiv verfestigten Sandsteine dann allerdings auch in stärkstem Maße von Klüften durchsetzt.

Besondere Erscheinungen an Sandsteinen

Tonhäute findet man in Sandsteinen weit seltener als in Kalken; Suturen sind ganz selten. Verheilte Klüfte (weiße Durchaderungen) sind in Faltengebieten verbreitet. Die Klüfte führen am häufigsten Kalkspat, seltener Quarz. Charakteristisch für manches Sandstein(auch Konglomerat-)vorkommen sind kleinere, rundliche Einschlüsse oder flache Linsen von Mergel oder Ton (sog. Lebern), die nach dem raschen Herauswittern Löcher hinterlassen. Ziemlich häufig trifft man auch größere unregelmäßige Linsen, Lager oder Knollen von stärker verfestigtem Gestein (Knauer, Gallen), die an einer verwitternden Wand hervorragen. Diese Gebilde weisen meist einen erhöhten Gehalt an Kalkspat oder Kieselsubstanz im Bindemittel und damit geringere Porosität auf. Bisweilen sind nur die Knauer genügend verfestigt, um zu Bauzwecken verwendet zu werden.

Technisches Verhalten der Sandsteine

a) *Festigkeit und Härte*

Die Druckfestigkeitswerte der Sandsteine schwanken je nach Art und Mengenverhältnis von Bindemittel und Kömeranteil, ferner der Form und Verteilung der Poren in weitesten Grenzen. Porenarme Formen mit fester Kornbindung (ein gut kristallines Bindemittel vorausgesetzt) weisen Werte von etwa 1000 bis über 3000 kg/cm² auf. Bei Formen mit lockerer Kornbindung oder einem wenig festen Bindemittel, womit eine erhebliche, diffuse Mikroporosität verbunden ist, sinken die Werte bis unter 100 kg/cm², d. h. bis zum Fehlen der Festgesteinsnatur. Die Korngröße ist für die Festigkeit weniger maßgebend als die Beschaffenheit des Bindemittels; immerhin sinkt auch hier bei sehr grobem Korn im allgemeinen die Festigkeit. Eigentliche Konglomerate und Brekzien sind meist nur von mäßiger Festigkeit. Normalerweise sind ältere Sandsteine und besonders solche, die in Faltungen einbezogen wurden (alpine Sandsteine), stärker verfestigt als jüngere oder nichtgefaltete, da ihre Bindemittelsubstanzen (auch ursprünglich mergelig-tonige) stärker kristallin wurden (siehe das Beispiel der Tabelle 37).

Tabelle 37. *Beziehungen zwischen tektonischer Stellung und technischen Eigenschaften tertiärer Sandsteine mit kalkigem Bindemittel*

Vorkommen	Tektonische Stellung	Druckfestigkeit	Porosität
Flache Molasse	Ungestörte flache Lagerung	100–400 kg/cm²	12–20 %
Aufgerichtete Molasse	Schichten überschoben und schwach gefaltet	800–1100 kg/cm²	4–8 %
Kalkalpenregion	Intensive Faltungen und Überschiebungen	1800–2700 kg/cm²	1,5–3 %

Sandsteine mit direkter Kornverwachsung der Quarzkörner sind gewöhnlich schlagempfindlich (spröde), ein gut kristallines, fremdes Bindemittel erhöht die Zähigkeit meist bedeutend. Konglomerate mit verschiedenartigen Komponenten können bei starker Verfestigung besonders zähe Gesteine sein.

Die Festigkeiten schwanken durch die gleichmäßigere Beschaffenheit bei Sandsteinen oft viel weniger als bei den Kalksteinen.

Sandsteine mit einem feinen Mikroporennetz und besonders solche mit erweichbaren Bindemittelsubstanzen (Beimengungen von Tonmineralien) zeigen einen starken Festigkeitsabfall (bis 50%) im wassergesättigten Zustand gegenüber dem trockenen.

b) *Wetterbeständigkeit:*

Sandsteine sind besonders schwer auf ihre Wetterbeständigkeit zu beurteilen. Ganz frost- und recht sulfatbeständig sind Quarzitsandsteine mit fester direkter oder mittelbarer rein kieselig-quarziger Kornverwachsung. Eine Füllung der Körnerlücken mit an sich unbeständigem Material (z. B. von Glaukonit, unverfestigtem Kalkspataggregat, Tonsubstanzen, Eisenhydroxyden usw.) schadet oft nicht erheblich. Solche Sandsteine können eine erhebliche Porosität aufweisen. Ebenfalls weitgehend beständig sind Sandsteine, die bei geringer oder fehlender Kornverwachsung durch ein lückenarmes Bindemittel von gut kristallinem Kalkspat verbunden sind. Unbeständiger sind die Formen mit schwacher direkter Kornbindung und feinkristallinem, kalkigem, mergelig-tonigem, glaukonitischem, eisenhydroxydischem usw. Bindemittel, wie sie in unzähligen Variationen auftreten, die alle ihre besondern Verwitterungseigentümlichkeiten aufweisen. Bei Sandsteinen mit erweichbarem Bindemittel tritt zur Frost- und Sulfatgefährdung noch die lockernde Wirkung durch Quellen und Schwinden bei Benetzung und Austrocknung.

Bei feldspatreichen Sandsteinen ist die direkte Kornverwachsung (von Feldspat zu Feldspat und von Feldspat zu Quarz) meist nicht erheblich. Sie sind nur bei Anwesenheit eines gut kristallinen Bindemittels beständig. Ungünstig ist bei den Feldspäten auch ihre oft erhebliche Zersetzung in Serizit oder Tonmineralien.

Ungünstig verhalten sich Sandsteine mit ausgesprochener Feinschichtung, besonders wenn Lagen mit reichlich Glimmerblättchen oder starkem tonigem Bindemittel vorhanden sind.

c) *Bearbeitung und Verhalten im Bauwesen:*

Die meisten Sandsteine von geringerer bis mittlerer Druckfestigkeit gestatten bei homogener Beschaffenheit eine sehr gute steinmetzmäßige oder bildhauerische Bearbeitung, was oft zur Verwendung unbeständiger Sandsteintypen verleitet. Schwerer zu behauen sind quarzreiche, druckfeste Ausbildungen, jedoch auch diese gestatten meist ein gutes Spalten.

Sehr schwer zu bearbeiten sind Konglomerate, sofern die Gerölle quarzitisch sind.

Die Sandsteine sind in der Regel nicht polierbar, teils wegen ihres gleichzeitigen Gehaltes an sehr harten und weichen Bestandteilen, teils wegen der verbreiteten Lücken im Gefüge.

Die Sandsteine mit hartem Körnermaterial (Quarz, Feldspat) und einem weichern, gut kristallisierten Bindemittel (Kalkspat, Glaukonit u. a.) bleiben beim Abnützen rauh. Bei stark verfestigten Formen bleibt die Abnützung gering, bei schwächer verfestigten ist sie durch ständiges Ausbrechen von Körnern dagegen stark.

Tabelle 38. *Übersicht über die Sandsteine und groben Trümmergesteine*

Bezeichnung	Beschaffenheit	
	Körner	Zwischensubstanz
A. *Sandsteine mit vorwiegend direkter Verwachsung der Körner* (Körner: Zwischensubstanz = 100:0 bis 90:10)		
Quarzsandsteine (Kristallsandsteine)	> 90% Quarz, dazu Feldspäte, Glimmer	Kalkspat, Limonit, Quarz, Glaukonit, Serizit
Quarzitsandsteine, feldspatreich. Übergänge in Feldspatsandsteine	< 90% Quarz, Feldspäte reichlicher, Glimmer	
Vulkanische Tuffe i. e. S., oft mehr vom Charakter von Eruptivgesteinen als von Trümmersedimenten	Feldspäte, Augit, Hornblende, Olivin, Quarz, Glaspartikel. Oft umgewandelt nach Art der Grünsteinbildung (S. 131)	Wie oben, häufig verkieselt
B. *Sandsteine mit teilweiser direkter Kornverwachsung, teilweiser mittelbarer Bindung.* (Körner: Zwischensubstanz = 90:10 bis 70:30)		
Kieselsandstein	Meist: Quarz ≫ Feldspäte (+ Glimmer, Chlorit und andere Mineralien, meist Silikate), ferner Kalksteinkörner. Verbreitet: Feldspäte ≅ Quarz. Selten: Feldspäte > Quarz. Vereinzelt: Kalkkörner > Quarz (und Feldspäte)	Vorwiegend: Quarz-Kieselsubstanz
Kalksandstein		Kalkspat
Glaukonitsandstein		Glaukonit
Eisensandstein		Limonit
Mergel-Tonsandstein		Pelitische erweichbare Substanzen Serizit
Tuffsandsteine	Wie bei vulkanischen Tuffen	
C. *Sandsteine ohne erhebliche direkte Kornbindung (mit Basalzement)* (Körner: Zwischensubstanz = 70:30 bis 50:50)		
Kalksandstein	Meist Quarz > Feldspäte (+ Bestandteile wie oben)	Kalkspat
Mergel-Tonsandstein	Vereinzelt Kalkkörner > Quarz (und Feldspäte)	Erweichbare pelitische Substanzen
Zementquarzit (wenn weit vorwiegend Quarzkörner)	Quarz	Quarz-Kieselsubstanz

Tabelle 38 (Fortsetzung)

Bezeichnung	Beschaffenheit: Körner	Beschaffenheit: Zwischensubstanz
	D. *Grobe Trümmergesteine*	
Konglomerate (Nagelfluh) (unterschieden nach Art der Gerölle und nach Korngröße)	Gesteinstrümmer der verschiedensten Art. Auslese relativ widerstandsfähigen Materials: Quarzite, Kieselkalke, feste Sandsteine, Porphyre, Amphibolite, Granite, Diabase u. a.	Quarz Kalkspat, meist mit Sandeinlagerung
Brekzien (Breschen)	Gesteinstrümmer der verschiedensten Art je nach Entstehung. Keine Auslese der widerstandsfähigeren Formen	Quarz Kalkspat Gangmineralien

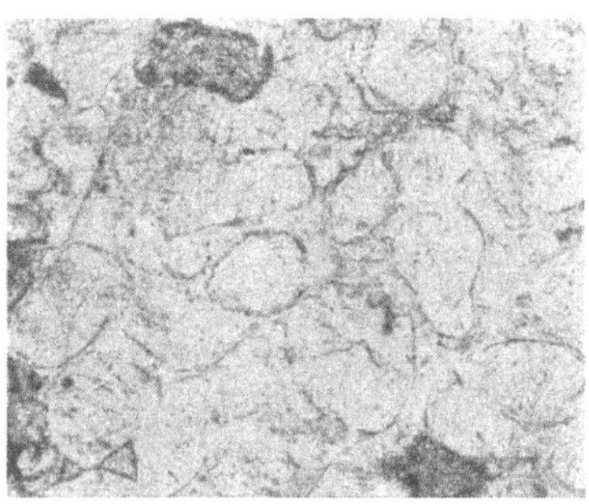

Fig. 78

Fig. 79

Fig. 78. Sandstein mit vorwiegend direkter Kornverwachsung. Die ursprünglich rundlichen Quarzkörner sind durch sekundäre Quarzausscheidung lückenlos miteinander verbunden. Bindungszahl 5–6, Bindungsmaß meist 1,0. Vergr. 20:1.

Fig. 79. Sandstein mit typischem Kontaktzement. Die einzelnen Quarzkörner sind großenteils durch eine dünne Zone von Bindemittel miteinander verbunden. Graue Partien: Glaukonit als Porenzement. Vergr. 20:1.

Allgemeine Gefügeverhältnisse der Trümmergesteine

Die Quarzkörner sind oft durch sekundäre Überrindung direkt miteinander verwachsen (meist mit glatten Kontaktflächen). Bei Feldspäten, Glimmern treten solche sekundären Zusammenwachsungen nicht auf. Die *Zwischensubstanz* (allgemein auch Bindemittel oder Zement genannt) bindet gut, wenn sie eine kristalline Neuabscheidung (fein bis grob) ist. Oft füllen Aggregate die Körnerlücken, die keine bindende Wirkung haben, wie pelitische Substanzen (feinster Gesteinsstaub, Tonmineralien, erdiger Limonit).

Man bezeichnet als *Bindungszahl* die Zahl (Mittel) der gegenseitigen Berührungen der Körner im Dünnschliff, als *Bindungsmaß* das Ausmaß der gegenseitigen direkten Berührungen im Verhältnis zum Gesamtumfang der Körner. Es wird unterschieden zwischen *Kontaktzement:* dünnen Lagen von Bindemittel zwischen zwei Körnern, *Porenzement:* Füllmasse (bindend oder nichtbindend) der Körnerlücken, und *Basalzement:* Bindemittel, das so reichlich ist, daß die Körner darin schwimmen (allseitig umgeben sind).

Korn: Die Sandsteine weisen Körnerdimensionen (der Hauptmasse) von 0,02 bis 2 mm auf (feinkörnig 0,02 bis 0,2 mm, mittelkörnig 0,2 bis 0,5 mm, grobkörnig 0,5 bis 2 mm). Entsprechend den Bezeichnungen von S. 27 charakterisiert man Sandsteine mit verschiedenartigem Korn. Die Kornform ist eckig (weit vorwiegend bei Körnern unter 0,5 mm), angerundet (verbreitet), gerundet (gelegentlich bei gröberen Körnern).

Porosität: Das Porenvolumen ist bedingt durch den Füllungsgrad der Körnerlücken. Es kann unter 1% sinken bei vollkommener kompakter Bindung und bis über 25% steigen bei leeren Poren (Übergang zu losen Sanden). Die meisten Sandsteinformen der Tab. 38 finden sich mit geringer und hoher Porosität und dementsprechenden Festigkeitseigenschaften.

Das Raumgewicht ist aus der Zusammensetzung (spez. Gewichte der Komponenten) und aus dem Porenvolumen zu berechnen. Karbonatreiche Sandsteine haben ein höheres Raumgewicht als quarz- und (oder) feldspatreiche.

3. Die geschieferten Sedimentgesteine

Die hier als geschieferte Sedimentgesteine oder Schiefergesteine zusammengefaßten verbreiteten Gesteinsarten sind eine *Zwischengruppe* zwischen den *Sediment*gesteinen und den *kristallinen* Schiefern, die man bald zu den einen, bald zu den andern zählt. Meistens haben sie im Aussehen und in der Lagerungsform viel von der sedimentären Abkunft bewahrt. Das Hauptstrukturmerkmal ist die starke Schieferung, die vorwiegend wellig bis gefältelt ist, in relativ seltenen Vorkommen auch völlig eben, was, sofern sie eine gute Spaltbarkeit und große Beständigkeit besitzen, zur Verwendung als Dachbedeckungsmaterial unter Benennung «Dachschiefer» führt. Die Schiefergesteine zeigen oft Gleitflächen- oder Clivageschieferung, d. h. Schichtung und Schieferung bilden einen Winkel.

Geschieferte Sedimentgesteine sind in Sedimentgebieten mit intensiver nachträglicher Faltung verbreitet, so z. B. in der nördlichen Kalkalpenzone, im mitteleuropäischen Karbon und Devon.

Technisches Verhalten der geschieferten Sedimentgesteine

a) *Festigkeit und Härte*

Die Schieferung bedingt bei diesen Gesteinen natürlich große Unterschiede in den Festigkeiten parallel und senkrecht zur Schieferungsebene. Bei Kalksteinen und Sandsteinen mit nur geringer Verschieferung nimmt die Druckfestigkeit senkrecht zur Schieferung gegenüber analogen massigen Gesteinen eher zu, da durch die Verschieferung meist ein sehr kompakter Kornverband geschaffen wurde. Parallel der Schieferung ist dagegen die Druckfestigkeit desto geringer, je erheblicher und gleichmäßiger die Schieferung ist.

Das Hauptcharakteristikum der Schiefergesteine ist ihre geringe Festigkeit gegen dynamische Beanspruchung parallel der Schieferung. Je zahlreicher die blättrigen Mineralien und je vollkommener sie in der Schieferungsebene eingeregelt sind, desto leichter spalten sie beim Schlag. Am vollkommensten ist die Trennung bei ebenen, durchgehenden Glimmerlagen. Bei Tonschiefern können sich die Glimmerlagen in Bruchteilen von Millimeter Abstand folgen. Diese Gesteine lassen die dünnsten Spaltstücke zu.

Tabelle 39. *Übersicht über die geschieferten Sedimentgesteine*

Bezeichnung	Mineralzusammensetzung
Kalkschiefer (meist marmorisiert) sandig kieselig	Vorwiegend Kalkspat, je nach Unterart Gehalt an Quarzkörnchen, Kieselsubstanz, meist etwas Glimmer (Serizit) führend
Mergelschiefer (geschieferte Mergel, ohne Erweichbarkeit im Wasser)	Vorwiegend Kalkspat, ursprüngliche Tonmineralien meist in Serizit umgewandelt Oft Gehalt an Quarz, Pyrit, organischen Stoffen
Tonschiefer (geschieferte Tonpelite, ohne Erweichbarkeit im Wasser)	Vorwiegend in Glimmermineralien (Serizit) umgewandelte Tonmineralien. Dazu Quarzkörnchen, oft etwas Pyrit, graphitisch-kohlige organische Substanzen. Übergang in Phyllite
Geschieferte Sandsteine Unterarten siehe bei Sandsteinen	Zusammensetzung je nach Unterart. Oft Gehalt an serizitischem Glimmer
Geschieferte Brekzien und Konglomerate	Zusammensetzung je nach Unterart. Oft Gehalt an serizitischem Glimmer

Allgemeine Gefügeeigenschaften

Die Schiefergesteine lassen (mit Ausnahme der Tongesteine) meist noch die Ursprungsstruktur und -textur, überlagert von den Verschieferungsmerkmalen, erkennen. Diese bestehen in Parallelorientierung der Glimmerblättchen oder in einer allgemeinen Lagentextur, d. h. in einer Anreicherung der einzelnen Gesteinsgemengteile in Lagen parallel der Schieferung. Die Schiefergesteine sind stets porenärmer als die Ursprungsgesteine, dadurch höher im Raumgewicht.

b) *Wetterbeständigkeit*

Geschieferte Sandsteine und Kalksteine können durch ihre kompakte Struktur und vollkommene Kristallinität sehr wetterfest sein, besonders beim lagerhaften Versetzen. Die meisten Gesteine mit nicht verbundenen Glimmerlagen (Fig. 5d) vertragen auch das Versetzen auf den Spalt, sonst führt diese Aufstellung, besonders im Grundfeuchtebereich, leicht zu einem Aufspalten oder Abblättern.

Die eigentlichen Tonschiefer, die praktisch nur als Dachschiefer dienen, sind relativ beständig, wenn die hier weit reichlicheren feinschuppigen Glimmermineralien (meist Serizit, oft dazu noch Chlorit) sich in nicht verbundenen Lagen vorfinden, wobei flaserige Textur günstiger ist als streng ebene. Wenn die Lagen miteinander verbunden sind, ist eine weit reichlichere Wassertränkung möglich. Ungünstig sind reichlich organische Beimengungen (Schüppchen von Graphit oder kohligen Substanzen) und viel feinverteilter Pyrit. Fehler sind weiter die nicht seltenen, wenn auch nur undeutlich entwickelten Spuren einer Kreuzschieferung sowie eine schräg zur Schieferung verlaufende Schichtung.

Tabelle 40. *Verschiedene technisch nutzbare Gesteine, vorwiegend Sedimente*

Bezeichnung	Zusammensetzung	Struktur	Auftreten
Gipsgesteine	Vorwiegend Gips Beimengungen: Tonmineralien, Dolomitspat, Kalkspat, Glimmer, Anhydrit	Erdig-dicht, fein- bis grobspätig, faserig, blättrig	In Linsen, dünnen bis mächtigen Lagern. Durch tektonische Einwirkungen oft zu sehr mächtigen Massen angehäuft. Begleitgesteine: Rauhwacken, Kalk- und Dolomitmergel, Dolomite, Salzablagerungen
Anhydritgesteine	Vorwiegend Anhydrit, oft teilweise in Gips übergehend Beimengungen wie bei Gips	Spätig, oft ziemlich grob	
Magnesitgesteine	Vorwiegend Magnesitspat, eisenarme bis ziemlich eisenreiche Varietäten Beimengungen: Ankerit-Dolomit	Spätig bis feinkristallin, sehr grob bis sehr fein	Grobspätige Varietäten: in Linsen und unregelmäßigen Stöcken, begleitet von Schiefern und Phylliten. Ziemlich seltene Vorkommnisse. Feinkristalline Varietäten: meist als Gänge oder als randliche Zersetzungszone in Serpentingesteinen
Quarzgesteine (Gangquarze)	Vorwiegend Quarz, gelegentlich Feldspäte, Karbonate, Baryt, Flußspat, Erzmineralien	Meist grobkörnig, gelegentlich feinfaserig bis dicht	Gänge, Adern, Knauer, Linsen bis zu mehreren Metern Mächtigkeit in den verschiedensten Gesteinen. Übergehend in Pegmatite und eigentliche Erzgänge. Sekundär in Kiesablagerungen angereichert
Hornsteine (Flintsteine, Feuersteine)	Vorwiegend Kieselsäure, teils als Opal, teils als feinkristalliner (oft faseriger) Quarz (Chalzedon)	Meist äußerst feinkristallin, selten völlig unkristallin (amorph)	Als rundliche Knollen, oft in Schwärmen angereichert, oder als dünne Lagen in zahlreichen Kalksteinvorkommen, besonders Kreidekalken. Durch Kalkgehalt in Kieselkalke übergehend. Sekundär in Kiesablagerungen angereichert
Steinsalzgesteine	Vorwiegend Steinsalz Beimengungen: Tonmineralien, Dolomitspat, Gips, Anhydrit Kali- oder Magnesiumsalze	Meist grobspätig, selten faserig	In dünnen bis mächtigen Lagern, rein, oder von Mergeln durchsetzt (Haselgebirge). Durch tektonische Einwirkungen zu sehr mächtigen Stöcken gehäuft. Begleitgesteine: Anhydrit-Gipsgesteine, Mergel, Tone, Dolomite

Die Anwesenheit von Kalkspat in größerer Menge ist bei sonst günstiger Struktur kein erheblicher Nachteil. Bei ungünstigen sonstigen Umständen, besonders bei Anwesenheit von viel Pyrit, ist dagegen ein Kalkgehalt unerwünscht, er verschlechtert das ohnehin mäßig beständige Gestein noch mehr. Gut verhalten sich die nicht sehr häufigen kalkig-kieseligen Dachschiefer mit nur mäßigem Glimmergehalt.

c) *Bearbeitung und Verhalten im Bauwesen*

Feste sandig-kalkige Schiefergesteine kommen je nach Klüftung (die bei diesen tektonisch beanspruchten Gesteinen meist groß ist, wenn keine Verheilung stattfand) zu den meisten Bauverwendungen in Betracht. Bei Pflastersteinen macht sich eine geringe Schieferung am raschesten ungünstig bemerkbar. Bei gebrochenen Schottern tritt eine Zunahme von plattigen Bruchformen ein.

Das Dachbedeckungsmaterial aus Tonschiefer muß (abgesehen von der Wetterbeständigkeit und der angenehmen Färbung) eine leichte, ebene und dünne (3–6 mm) Spaltung gestatten, dazu muß das Gestein ohne Bruch leicht bohrbar sein. Gesteinslagen mit solchen Eigenschaften sind trotz der Verbreitung der Tonschiefer relativ selten; sie überschreiten zudem kaum einige Meter Mächtigkeit. Die meisten Dachschiefer lassen sich nur im bergfeuchten Zustande gut spalten, nach erfolgtem Austrocknen dagegen nicht mehr. Aus diesem Grunde werden Dachschiefer oft unterirdisch gewonnen, wo die stets feuchte Luft ein Austrocknen des Felsens verhindert.

4. Verschiedene technisch nutzbare Gesteine

In der Tab. 40 sind einige Gesteine verschiedener Entstehung mit ihren Hauptmerkmalen zusammengefaßt. Da sie kaum unverändert Bauzwecken dienen, wurde das bautechnische Verhalten hier nicht zusammengestellt. Auf einzelne Eigenschaften wird später eingegangen.

5. Die kristallinen Gesteine

In Tab. 42 findet sich eine Übersicht über die kristallinen Gesteine, in erster Anordnung nach der hauptsächlichsten Mineralzusammensetzung, weiter nach Gefügeeigenschaften gegliedert.

Als *kristalline* Gesteine (Kristallin) bezeichnet man die Gesteine, die (mit Ausnahme der Marmore) vorwiegend oder ganz aus *silikatischen* Mineralien bestehen und durch eine Aus- oder Umkristallisation (mit oder ohne Schmelze) bei höheren Temperaturen und Drucken, als sie normalerweise an der Erdoberfläche herrschen, entstanden sind. Sie bilden, mit Ausnahme der *jungvulkanischen* Gesteine und zonarer Vorkommen in jungen Gebirgen, den an vielen Stellen der Erde zutage tretenden Untergrund der älteren oder jüngeren Sedimentgesteine, das *Grundgebirge*.

Man gliedert die kristallinen Gesteine im allgemeinen in:

a) *Eruptivgesteine (Erstarrungsgesteine,* magmatische Gesteine). Diese sind durch ihr petrographisches und geologisches Auftreten offensichtlich aus einer Schmelze entstanden und gewöhnlich ganz oder nahezu massig; sie werden bekanntlich nach ihrem Auftreten in Tiefen-, Gang- und Ergußgesteine eingeteilt.

b) *Metamorphe Gesteine (kristalline Schiefer)*, entstanden durch einen Umwandlungsvorgang, in der Hauptsache eine Umkristallisation, aus Eruptivgesteinen (Orthogesteine) oder Sedimentgesteinen (Paragesteine). Sie sind in der Regel schieferig, aber gelegentlich auch massig.

Die Eruptivgesteine (und in anderer Beziehung auch die Sedimentgesteine) sind neugebildete, gewissermaßen fertige Gesteine, die metamorphen Gesteine dagegen aus ihnen hervorgegangene Umbildungen stärkeren oder schwächeren Grades. Vom Eruptivgestein (oder Sedimentgestein) mit nur andeutungsweisen metamorphen Anzeichen bis zum völlig umgeprägten Gestein mit vollständig neuem Gefüge und Mineralbestand finden sich alle Übergänge, dadurch ist die Abgrenzung gegenüber den metamorphen Gesteinen sehr unscharf; was der eine noch eruptiv nennt, ist nach dem andern bereits metamorph. Dies führte hier zur Vereinigung der beiden Gesteinsklassen. Der Umstand bringt es mit sich, daß besonders auf geologischen Karten wenig Einheitlichkeit in der gegenseitigen Abgrenzung besteht. Im allgemeinen besteht bei den Geologen die Neigung, bereits deutlich metamorphe Gesteine noch mit den Namen von Eruptivgestein oder Sediment zu belegen. So wird man oft bereits stark verschieferte Granite, die, streng genommen, Gneise sind, noch als Granit verzeichnet finden. Den Geologen interessiert im allgemeinen mehr die Entstehungsart des Gesteins, während man in der Technik sich mit den Eigenschaften des Gesteins, die durch den heutigen Zustand bestimmt werden, abgeben muß.

Namengebung

Bei den *Eruptivgesteinen* gibt es eine Reihe umfassender Namen, wie Granit, Diorit, Syenit usw., dazu aber noch eine Unmenge, meist nach lokalen Örtlichkeiten benannter, hier nicht angeführter Spezialbezeichnungen je nach kleinen Unterschieden in Mineralbestand und Struktur. Daneben werden oft einer Hauptbezeichnung Mineralnamen vorangesetzt wie Olivinbasalt (oder olivinführender Basalt). Zum Teil will man damit auf wesentliche Bestandteile hindeuten, die nach der Gesteinsdefinition nicht anwesend zu sein brauchen (z.B. Hornblendegranit), oft fügt man sie aber überflüssigerweise an sonst genügend kennzeichnende Namen (wie Biotitgranit, Hornblendesyenit) an. Häufig werden für (meist nicht genau definierte) Übergangsgesteine zwei Gesteinsnamen aneinandergefügt wie Granosyenit, Diabasporphyrit, Gabbrodiorit usw.

Bei den kristallinen Schiefern findet man trotz der weit größeren Mannigfaltigkeit in Zusammensetzung und Gefüge viel weniger Spezialnamen. Hier ist vor allem der *Gneisbegriff* äußerst umfassend. Zur näheren Kennzeichnung sind immer Beifügungen von Mineralnamen und von Besonderheiten des Gefüges notwendig, z. B. flaseriger Zweiglimmerplagioklasgneis. Das gleiche gilt für den Schieferbegriff, der stets der Zusätze von Mineralnamen bedarf (z. B. Biotitschiefer, Serizit-Chloritschiefer), in sich aber bereits das Gefüge teilweise charakterisiert. Sehr feinkörnige metamorphe Gesteine von Gneischarakter pflegt man auch Hornfelse oder Hornfelsgneise zu nennen, sehr grobkörnige, massige als Felse (stets mit Beifügung der Hauptmineralien) z. B. Hornblendefelse.

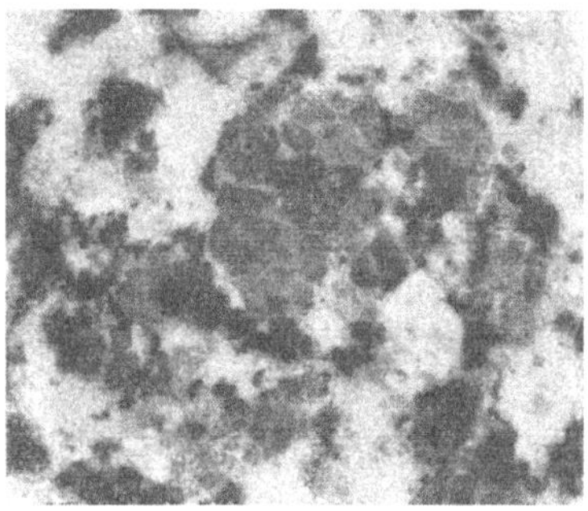

Fig. 80

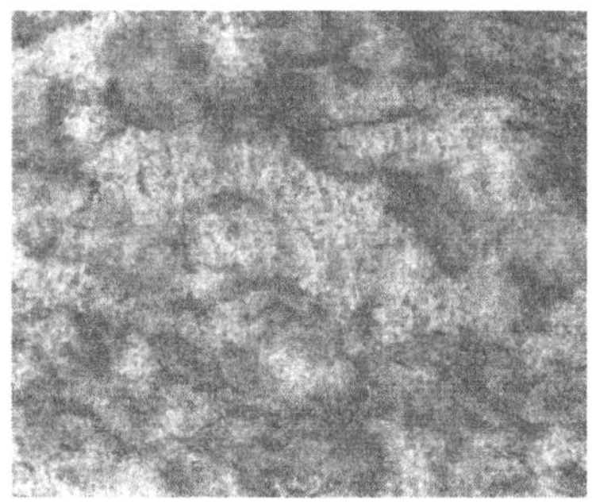

Fig. 81

Fig. 80. Granit mit normalem massigem Gefüge. Der graue Quarz weist einige Risse auf. Weiß: Feldspat, schwarz Biotit. Vergrößerung 2:1.

Fig. 81. Granit, stark gepreßt mit flaserigem Gefüge. Der Quarz zeigt völligen Kornzerfall (Sandquarzbildung). Vergrößerung 2:1.

Die kennzeichnenden Beifügungen werden nun aber sehr verschieden und selten vollständig gehandhabt, so daß sie sich oft beim gleichen Gestein auf verschiedene Merkmale beziehen, so z. B. in: *Biotit*gneis auf die *Mineralzusammensetzung*, *Augen*gneis auf die *Textur* (mit großen Feldspateinsprenglingen, «Augen»), *Injektions*gneis auf die *Entstehung*. Beifügungen von Eruptivgesteinsnamen sind oft mißverständlich, da sie sich nur z. T. auf Ähnlichkeit in Struktur und Mineralbestand beziehen, z. T. aber rein genetisch verstanden sein wollen. So hat ein Diabasschiefer z. B. in seiner Zusammensetzung und seinen Eigenschaften kaum mehr Beziehungen zu einem Diabas, es handelt sich vielmehr um einen Grünschiefer, als dessen Ursprungsgestein man einen Diabas vermutet, während man dagegen beim Granitgneis meist noch enge Beziehungen zum Granit voraussetzt.

Eine Übersicht über die Lagerung (Auftreten) findet sich direkt in der Tab. 42.

Die vorwiegend zertrümmernde Umwandlung bei kristallinen Gesteinen

Auf die Kluftbildungen, d. h. die Auswirkungen der Gesteinszertrümmerung im großen, wie sie bei den weitaus meisten festen Gesteinen auftreten, wurde bereits Seite 66 hingewiesen. Daneben ist aber vielfach noch durch tektonische Vorgänge das Gestein auch im Kleinbereich stark beansprucht und vorwiegend unter Zertrümmerung verändert worden. Solche Umwandlungen betreffen die technischen Gesteinseigenschaften sehr erheblich.

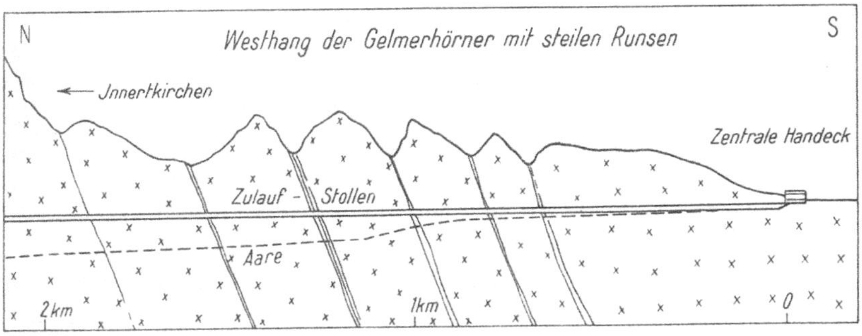

Fig. 82. Zusammenhang zwischen Verschieferungszonen und Hangeinschnitten im Grimselgebiet (Aaregranit). Profil nach E. HUGI. Maßstab 1:20000.

Fig. 83. Übergang von massigem, kluftarmem Granit in eine mächtige Verschieferungszone, welcher der Taleinschnitt folgt. Grimselgebiet.

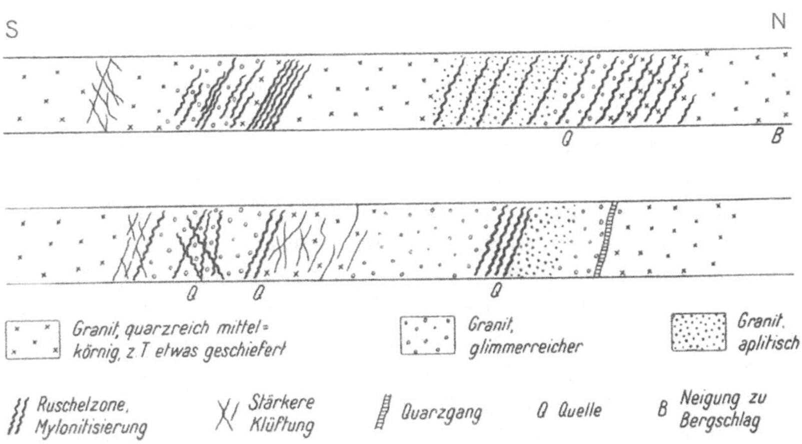

Fig. 84. Ausschnitte aus dem petrographischen Detailprofil des Wasserstollens Grimsel–Gelmersee (Aaregranitzone) mit den charakteristischen Störungszonen. Nach E. HUGI. Maßstab 1:2000.

Am stärksten wirkt sich ein mechanischer Eingriff natürlich bei den spröden Mineralien aus, bei denen keine innern Gleitungen ein Ausweichen gestatteten. Das häufigste dieser spröden Gesteinsmineralien ist der Quarz. Bei diesem zeigen sich bereits bei relativ geringen Beanspruchungen innere Strukturstörungen, die vorerst nur optisch oder röntgenographisch wahrnehmbar sind, aber schon zu Schwächungen führen. Bei intensiven Einwirkungen zerfallen die Quarzkörner in Aggregate kleiner Körner (Mörtel- oder Sandquarzbildung). Diese bei den Graniten der Alpen besonders häufige Erscheinung ist mit starker Zunahme der Gesteinsporosität verbunden. Durch eine Rekristallisation kann allerdings wieder eine Verwachsung der sekundären Körnchen und damit wieder eine Verheilung stattfinden. Die Sandquarzbildung ist oft schon von Auge deutlich sichtbar, auf frischer Bruchfläche sanden solche Gesteine vielfach ab. Ähnliche Zertrümmerungen zeigt der in den Eigenschaften quarzähnliche Olivin. Wesentlich seltener sind Zertrümmerungen bei den Feldspäten; diese besitzen bereits die Eigenschaft der innern Gleitungen ohne Verlust des Kornzusammenhanges, und damit können sie sich verbiegen. Augite und Hornblenden werden oft längs ihren guten Spaltrichtungen aufgespalten, können aber auch Verbiegungen zeigen. Stets verbogen oder ausgewalzt ohne Bruchbildungen trifft man die ausgezeichnet gleitfähigen Glimmer sowie Chlorit, Talk und Serpentin. Der Kalkspat reagiert auf mechanische Beanspruchung meist durch eine charakteristische innere Strukturumlagerung in die Zwillingsstellung ohne Auftreten von Rißbildungen (Gleitzwillingsbildung). Gelegentlich wird aber auch der Kornverband gelockert, was dann zu sehr mürben Gesteinen führt.

Mit starker mechanischer Beanspruchung sind bei vielen Gesteinen Neubildungen von gleitfähigen Mineralien verbunden, was zur verschieferten Textur und schließlich zur völligen Gesteinsumwandlung führt. Oft werden die Gesteine nicht nur zertrümmert, sondern die Trümmer werden gegenseitig noch stark bewegt (Mylonite). Extreme Zertrümmerung kann bis unter die mikroskopische Grenze gehen.

Eine starke zertrümmernde Beanspruchung führt zu Veränderungen in den technischen Eigenschaften (Seite 48); die erhöhte Porosität und die damit verbundene Möglichkeit der Feuchtigkeitszirkulation begünstigt einerseits die Grünsteinbildung, andererseits die eigentliche Gesteinsverwitterung.

In sehr vielen Fällen wirkt sich bei einem stark beanspruchten Gesteinskörper die Zertrümmerung nicht gleichmäßig, sondern nur oder vorwiegend in mehr oder weniger mächtigen *Zonen* aus (Mylonit- oder Ruschelzonen). Diese Mylonitzonen verlaufen in charakteristischen Richtungen, steil oder flach, je nach dem allgemeinen Gebirgsbau. Bei der verbreiteten steilen Stellung folgen ihnen heute wegen der leichtern Zerstörbarkeit sehr oft Täler oder Runsen. Dadurch verschwinden sie oberflächlich meist weitgehend. Nicht selten zeigt jede Runse eine solche Zertrümmerungszone an. Lehnenstollen, die Gesteinskomplexe mit solchen Zonen queren, können oft unter jeder Runse mit ausgewalztem und zertrümmertem Gestein rechnen, also mit schlechtem Fels und Wasserzudrang oder -verlusten (Beispiele: Kraftwerkbauten im Reußtal und an der Grimsel, Fig. 82–84).

Die Grünsteinausbildung kristalliner Gesteine

Eine besondere Art der Gesteinsumwandlung, die man nicht zur eigentlichen Metamorphose, aber auch nicht zur Oberflächenverwitterung rechnen kann (sie zeigt allerdings Übergänge in beide), verändert oft kristalline Gesteine sehr erheblich, und zwar gerade in technisch bedeutsamem Sinne. Man nennt diese Veränderung zum Teil Grünsteinbildung, zum Teil auch säkulare Verwitterung. Sie besteht in der Hauptsache in einer Umwandlung von wasserfreien oder wasserarmen Silikaten in wasserreiche Mineralien ohne Veränderung der Gesteinstextur. Die neugebildeten Mineralien sind oft (aber gar nicht immer) grün, daher der Name Grünsteinausbildung oder -fazies. Die Umwandlungen (auf deren Ursachen hier nicht eingegangen wird) spielen sich meistens in erdoberflächennahen Bereichen, aber unterhalb des Verwitterungsgürtels ab. Die Tab. 41 gibt eine Übersicht über die wichtigen Mineralveränderungen:

Tabelle 41. *Mineralveränderungen bei der Grünsteinausbildung*

Ursprungsmineral	Neubildungen
Saure Plagioklase (ohne Albit)	Albit mit Einschlüssen von Serizit und relativ wenig Zoisit
Basische Plagioklase	Albit, meist völlig erfüllt von Aggregaten von Zoisit oder Epidot, dazu Serizit, gelegentlich auch Strahlstein, Granat u. a. Die so veränderten Plagioklase bezeichnet man als «gefüllt» oder saussuritisiert
Biotit	Chlorit
Augite	Chlorit, Epidot, faserige Hornblenden (Uralitisierung), gelegentlich Serpentin und Talk
Hornblenden	Faserige Hornblendevarietäten (Strahlstein)
Olivin	Meist Serpentin (schuppige oder faserige Varietät), gelegentlich Chlorit, Talk, Magnesit
Nephelin	Feinschuppige Glimmer

Nicht ergriffen werden von diesen Umwandlungen: Quarz, Albit, Muskowit-Serizit, selten und unbedeutend die Kalifeldspäte, Kalkspat, Dolomitspat.

Man kann zwei Tendenzen der Umwandlung erkennen; bei der einen sind hauptsächlich die Plagioklase verändert, die dunklen Mineralien intakt, bei der andern ist es gerade umgekehrt. Oft sind aber auch beide in etwa gleichem Grade verändert.

In ausgeprägter Grünsteinfazies kann man alle Gesteine antreffen, die sich vorwiegend aus den zur Umwandlung neigenden Bestandteilen zusammensetzen und die (in der Regel) von höherem Alter sind. Es sind dies besonders: Diorite, Quarzdiorite, Gabbros, Diabase, Melaphyre, Porphyrite, Periodite, Pyroxenite, aber auch Amphibolite, Biotit-Plagioklasgneise. Auch Granite und Quarzporphyre können im Biotit und den Plagioklasen verändert sein. Bei jungen Eruptivgesteinen tritt die Umwandlung seltener und meist nur lokal auf. In jungen Faltengebirgen geht sie meist in die Metamorphose über und ist von ihr nicht mehr ganz zu trennen (z. B. in den Alpen). In weiten Gebieten ist fast jedes in Betracht kommende Gestein mehr oder weniger verändert, an andern tritt sie nur untergeordnet oder gar nicht auf (z. B. in weiten Regionen Skandinaviens).

Die technische Bedeutung dieser Veränderungen besteht im folgenden:

a) In der Anlage grobkörnige Gesteine werden in feinkörnige umgewandelt (besonders durch die Füllung der Feldspäte mit feinen Aggregaten).

b) Poröse Gesteine (wie zahlreiche Ergußsteine) erfahren eine Verdichtung mit Erhöhung des Raumgewichtes.

c) Die Mineralneubildungen sind teilweise gleich hart wie die ursprünglichen, teilweise aber auch etwas weicher.

d) Die Oberflächen-Verwitterbarkeit der veränderten Gesteine ist meist eher geringer als bei den unveränderten, abgesehen von Gesteinen mit reichlich Pyrit.

e) Die Färbungen werden öfters intensiver (neben grün auch violett oder rötlich).

Technisches Verhalten der kristallinen Gesteine

a) *Festigkeits- und Härteverhältnisse*

Die *Druckfestigkeit* der meisten frischen, *massigen, körnigen kristallinen Gesteine* liegt zwischen 900 und 2500 kg/cm², wobei im allgemeinen die grobkörnigeren Ausbildungen sich der unteren, die feinkörnigen sich der oberen Grenze nähern. Die mittelkörnigen Granite, Syenite und Diorite haben meist Festigkeiten zwischen 1500—2200 kg/cm². Bei den porphyrischen Formen (Ergußgesteinen) schwanken die Druckfestigkeitswerte stärker als bei den körnigen, da ihre Porosität unterschiedlicher ist und auch die Struktur (Beschaffenheit der Grundmasse, Mengenverhältnis von Grundmasse zu Einsprenglingen) sehr große Differenzen zeigt. Ganz kompakte Quarzporphyre besitzen Festigkeiten von etwa 1500—3000 kg/cm², Porphyrite und wenig poröse Andesite von etwa 1200—2400 kg/cm². Basalte, Melaphyre und Diabase (alles völlig unverwitterte Formen vorausgesetzt) erreichen Werte bis gegen 4000 kg/cm². Feinkörnige (porphyrische oder gleichkörnige) Basalte gelten als die druckfestesten Eruptivgesteine. Bei vielen jungen Ergußgesteinen (Rhyolithen, Trachyten, Phonolithen, auch Andesiten und Basalten) sinken infolge hoher Porosität die Druckfestigkeiten auch beträchtlich unter 1000 kg/cm².

Die Festigkeitswerte der *geschieferten* kristallinen Gesteine (Gneise, Glimmerschiefer) liegen im allgemeinen desto höher, je weniger gerichtet, je feinkörniger und je glimmer- (resp. chlorit-) ärmer sie sind. Glimmerreiche Glimmerschiefer und Phyllite sind auch bei feinem Korn wenig fest, da längs glimmerreichen Lagen eine Trennung (in Form eines Gleit- oder Trennbruches) relativ leicht stattfindet. Am geringsten ist meist die Druckfestigkeit, wenn die glimmerreichen Lagen den bei der Beanspruchung sich ausbildenden Gleitebenen entsprechen, auch die Werte parallel der Schieferung (bzw. der Glimmerlagen) liegen bis zu 50% tiefer als diejenigen normal zur Schieferungsfläche.

Fig. 85. Schotterstücke aus feinkörnigem und sehr grobkörnigem Granit gleicher Zusammensetzung. Beim grobkörnigen Stück werden die (im Mittel viel geringeren) Festigkeiten ganz von der Lage der großen Feldspateinsprenglinge (weiß) und deren Spaltebenen bestimmt.

Die *Schlagfestigkeit* wird bei unveränderten, massigen kristallinen Gesteinen erhöht durch eine feinkristalline Beschaffenheit (z. B. Grundmasse von porphyrischen Gesteinen), ferner durch sperriges Gefüge von Augit- oder Hornblendekristallen (z. B. bei Diabasen, Basalten, Gabbros, Dioriten). Diese Gesteine sind von Hand besonders schwer zu bearbeiten.

Vermindernd auf die Zähigkeit wirkt die reichlichere Anwesenheit von glasiger Grundmasse, ferner ein erheblicher Gehalt an Quarz oder Olivin in körniger Form.

Bei Gneisen, Glimmerschiefern und Phylliten führt natürlich eine dynamische Beanspruchung parallel zur Schieferung besonders leicht zu einem Trennbruch und damit zur Spaltung, die je nach dem Verlauf der Glimmeranreicherungen mehr oder weniger glatt wird.

Sehr zähe Gesteine sind meist die Serpentine, infolge der feinkörnigen verfilzten Anordnung des sie wesentlich zusammensetzenden Serpentinminerals.

Die unverwitterten kristallinen Gesteine sind entsprechend ihrer vorwiegenden Zusammensetzung aus Quarz und harten Silikaten bei hoher Festigkeit in der Mehrzahl *Mittelhart-* bis *Hartgesteine*. Ausnahmen können Gesteine mit sehr reichlich Glimmer, Chlorit, Serpentin, Talk oder Karbonaten bilden.

Hornblende- und augitreiche Gesteine sind (wenn massig oder wenig gerichtet) oft sehr zähe (z. B. Diorite, Gabbros, Amphibolite, Eklogite, Diabase u. a.). Hier sind grobkörnige Gesteine meist ebenso zähe wie feinkörnige.

Gesteine mit Quarz als wesentlichem Bestandtteil (Granite, Granitgneise, Quarzite) verlieren beim Erhitzen über 575° und raschem Abkühlen ihre

Festigkeit weitgehend, da der Quarz im Bereich der Umwandlung (Seite 181) sehr große Volumänderung aufweist und bei raschen Temperaturschwankungen rissig wird.

Die Festigkeit und die Härte werden herabgesetzt, wenn die Gesteinsgemengteile von der Oberflächenverwitterung beeinflußt sind, besonders wenn die Feldspäte erheblicher in Serizit oder Tonmineralien umgewandelt sind oder wenn die dunklen Mineralien rostig zersetzt sind.

Nicht herabgesetzt werden Festigkeit und Härte (die Zähigkeit sogar oft noch erhöht) durch die Grünsteinausbildung, besonders durch die Saussuritbildung von basischeren Plagioklasen (sehr häufig bei Dioriten, Diabasen, Gabbros, Porphyriten, Amphiboliten) oder durch Umwandlung von Augit in Hornblende.

Einen starken Festigkeitsabfall zeigen Gesteine, bei denen Mineralbestandteile (besonders der spröde Quarz) durch tektonische Einwirkungen zertrümmert sind, das Gefüge (Nachbarschaft von Ruschelzonen) gelockert ist, oder die durch Witterungseinflüsse (Sonnenerwärmung, Frost) eine Veränderung erfahren haben (besonders bei grobkörnigen Gesteinen verbreitet).

b) *Wetterbeständigkeit*

Die meisten Gemengteile der kristallinen Gesteine zeigen in den Zeiträumen, wie sie bei praktischer Verwendung in Rechnung gestellt werden, keine nennenswerten physikalischen (Lösungen) oder chemischen Veränderungen, wenn nicht außergewöhnliche Umstände vorliegen.

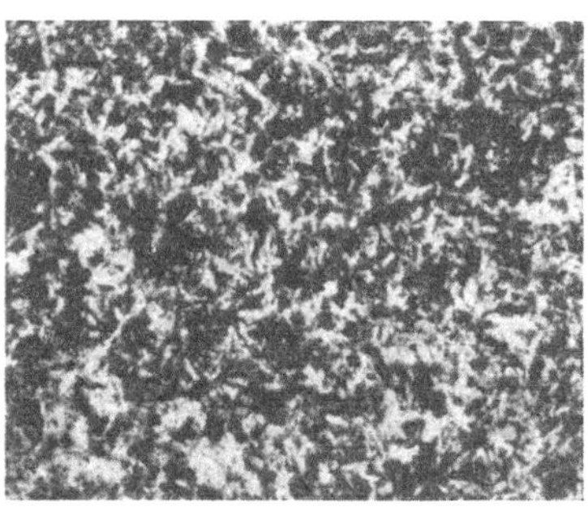

Fig. 86

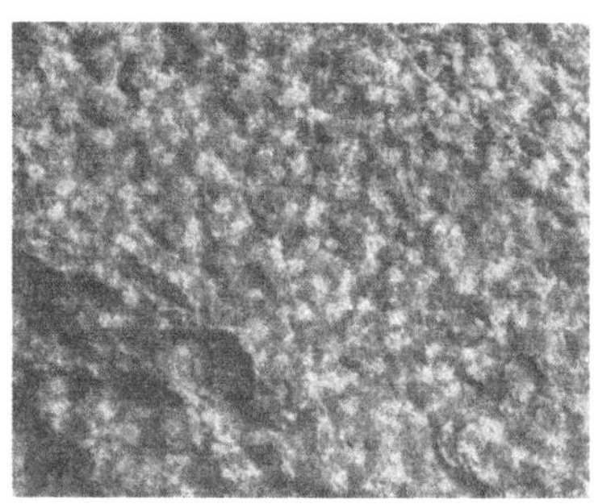

Fig. 87

Fig. 86. Diabasstruktur. Verschränkte Anordnung der hellen Plagioklasleisten mit dunklen Gemengteilen (Augit, Chlorit) dazwischen, dem Gestein große Zähigkeit verleihend. Natürliche Größe.
Fig. 87. Basalt mit typischer Sonnenbranderscheinung (helle Flecken). Natürliche Größe.

Gesteine mit erheblicher Porosität, besonders zusammenhängenden Mikroporen, können dagegen einem Frost- oder Sulfatzerfall unterliegen. Dies ist der Fall bei Gestein aus Ruschelzonen, überhaupt tektonisch beanspruchten Gebieten, bei angewitterten Gesteinen, ferner bei glimmerreichen (besonders geschieferten) Gesteinen, wo leicht längs glimmerreichen Lagen Feuchtigkeit eindringt, was zu Aufspaltungen und Abblätterungen führen kann.

Sehr rasch an der Witterung physikalisch-chemisch zersetzbar ist nur gewisses instabiles Gesteinsglas, wie es sich in zahlreichen Basalten und verwandten vulkanischen Gesteinen vorfindet und das zu einem Bröckelzerfall innerhalb weniger Jahre, unter Bildung der charakteristischen weißen Flecken, führen kann (Sonnenbrandbildung an Basalten, Fig. 87). Die mikroskopische Erkennung dieser meist sehr untergeordneten instabilen Glasbildungen ist schwierig. Ein ziemlich sicheres Erkennungsmittel, ob Sonnenbrand vorliegt, besteht in längerem Kochen in destilliertem Wasser: treten weiße Flecken auf, so ist die Probe sicher ein Sonnenbrenner, wenn nicht, so besteht große Wahrscheinlichkeit, daß der Basalt beständig ist.

c) *Verarbeitbarkeit*

Gleichmäßig ausgebildete, durchgehend körnige, quarzführende, massige bis schwach geschieferte kristalline Gesteine (Granite, Granitgneise) sind in der Mehrzahl der Fälle steinmetzmäßig (in Handarbeit) gut zu bearbeiten, insbesondere zu spalten, dies meist besonders leicht, wenn das Gestein (abgesehen von Schieferungen) eine regelmäßige Klüftung zeigt, parallel den Kluftebenen (siehe auch Seite 22).

Schwieriger zu bearbeiten sind Granite und massigere Gneise meist dann, wenn die Feldspäte gefüllt sind (saussuritisiert), ferner oft bei sehr grobkörniger Ausbildung, inhomogener Struktur oder fehlender Faserrichtungen.

Die körnigen, quarzfreien, wenig schieferigen Gesteine, wie die Diorite, Syenite, Gabbros, Amphibolite, sind meist schwieriger zu verarbeiten als die Granite, besonders wenn sie grobkörnig, reich an Hornblende, Augit oder saussuritisiertem Feldspat sind.

Die porphyrischen Gesteine (Quarzporphyre, Porphyre, Porphyrite usw.) mit einer glasführenden, sehr feinkristallinen Grundmasse sind meist schwer zu bearbeiten, insbesondere in gewünschten Richtungen zu spalten, doch gibt es auch Ausnahmen.

Geschieferte Gesteine mit ausgesprochenen Glimmerlagen gestatten natürlich eine besonders leichte Spaltung. Ist die Schieferung gewellt oder ist starke Fältelung vorhanden, so kann eine glatte Spaltung dagegen fast unmöglich werden.

Sehr quarzreiche Gesteine (Quarzite) brechen beim Bearbeiten leicht, aber eine Lenkung des Bruches ist erschwert.

Die kristallinen Gesteine sind polierbar, sofern sie nur wenig Poren aufweisen und aus Quarz, frischem Feldspat, Augit, nicht faseriger Hornblende, Olivin, Granat und andern harten, nicht oder mäßig spaltbaren Mineralien bestehen. Keine Politur nehmen an gefüllte Feldspäte, faserige Hornblenden, Glimmer, Chlorit, letztere besonders dann nicht, wenn mit den obengenannten härtern Mineralien auftretend. Da viele kristalline Gesteine (Granite) glimmerführend sind, wird bei ihnen die Politur nicht lückenlos.

Serpentine sind sehr schwer spaltbar, auch schwierig zu behauen.

Tabelle 42. *Übersicht über*

Bezeichnung	Raumgewicht	Mineralzusammensetzung
	A. *Quarz-Feldspat-reiche Gesteine*	
T *Granit*	2,55–2,7	15–40% Quarz, 20–40% Kalifeldspat, 20–40% Plagioklas, 5–25% Biotit (Muskowit, Hornblende)
T *Quarzdiorit**		Wenig Kalifeldspat } meist H'blende neben Biotit
T *Quarzsyenit*		Wenig Plagioklas } meist H'blende neben Biotit
E *Quarzporphyr* (alt) E *Rhyolith* (jung)	2,4–2,6	Ähnlich Granit oder Quarzsyenit, dazu bisweilen Glas in der Grundmasse
E *Quarzporphyrit** (alt) E *Dazit* (jung)		Ähnlich Quarzdiorit, dazu bisweilen Glas in der Grundmasse
M *Gneis* feldspatreiche Arten (Ortho-, Misch-, Injektionsgneise) Nähere Charakterisierung nach Mengenverhältnis od. Gefüge	2,5–2,7	15–50% Quarz, 40–70% Feldspäte, 5–25% Glimmer (Hornblende, Chlorit)
M *Granulit*	2,5–2,65	Ähnlich Gneis, granatführend, wenig oder kein Glimmer
G *Aplit*	2,5–2,6	Fast nur Quarz und Feldspäte
G *Pegmatit*		Quarz und Feldspäte, dazu Glimmer und oft viele weitere Mineralien
	B. *Feldspat-Hornblende-(oder Augit-)reiche Gesteine*	
T *Syenit*	2,5–2,9	0–15% Quarz, 30–60% Kalifeldspat, 0–20% Plagioklas, 20–40% Hornblende (Biotit, Augit)
T *Diorit**	2,7–3,0	0–15% Quarz, 0–10% Kalifeldspat, 30–50% Plagioklas, 20–50% Hornblende (Biotit, Augit)
T *Tonalit**		Diorit mit etwas Quarz, biotitführend
T *Monzonit**		Übergang Diorit zu Syenit

E = Ergußgestein, G = Ganggestein, T = Tiefengestein } Eruptivgestein M = Metamorphes Gestein (kristalliner Schiefer)

die kristallinen Gesteine I

Gefüge, Korn	Wichtigstes Auftreten
Massig bis wenig gerichtet Gleichmäßig, fein bis grob	In mächtigen Lagern und Stöcken (Massiven). Randlich oft Übergänge in Syenite, Diorite, Quarzporphyre Metamorphe Granite werden zu feldspatreichen Gneisen
Massig bis leicht gerichtet (Fließtextur) Porphyrisch, oft durchgehend sehr fein	In Gängen, Decken, dünnen Lagen, Strömen. Oft mit Tuffen vergesellschaftet – Metamorphe Ausbildung der Quarzporphyre: Serizitschiefer
Wenig bis stark geschiefert, lagig, streifig, bänderig, flaserig, linsig, augig, stengelig. Korn meist deutlich, fein bis sehr grob, gleich oder ungleich	Hauptgestein des kristallinen Grundgebirges, große Areale in zahlreichen Varietäten einnehmend. Übergänge in massige Granite und in feldspatarme Gneise und Glimmerschiefer
Wenig geschiefert, bänderig Korn meist fein	Lokale Ausbildung des Grundgebirges
Massig Korn fein bei Apliten, sehr grob bei Pegmatiten	Gänge und Adern oft sehr verbreitet in Tiefengesteinen (Graniten) und auch in kristallinen Schiefern
Massig bis wenig gerichtet Korn deutlich, fein bis grob, oft ungleichmäßige Mineralverteilung	Lager und Stöcke von meist geringerer Ausdehnung. Syenite und Diorite oft lokale, besonders randliche Ausbildungen von Graniten Metamorphe Ausbildungen der Diorite und Gabbros: Amphibolite, Syenite werden zu quarzarmen Gneisen

*) Häufig in Grünsteinausbildung auftretend

Tabelle 42 (Fortsetzung). *Übersicht über*

	Bezeichnung	Raumgewicht	Mineralzusammensetzung
T	*Gabbro**	2,8–3,1	30–70% Plagioklas, 30–70% Augit (Diallag, Hypersthen), 0–30% Olivin (Hornblende, Biotit, Quarz)
T	*Nephelinsyenit**	2,4–2,9	20–50% Feldspäte, 5–50% Nephelin, 5–50% Hornblende (Augit, Biotit, Olivin)
M	*Amphibolit**	2,9–3,2	20–50% Plagioklas, 20–80% Hornblende (Quarz, Epidot, Granat, Biotit)
GE E	*Diabas** (alt) *Körniger Basalt* (jung)	2,7–3,3	30–70% Plagioklas, 30–70% Augit, 0–30% Olivin, 2–10% Magnetit (Hornblende). In Diabasen oft Pyrit
E E	*Porphyr* (alt) *Trachyt* (jung)	2,4–2,9	Ähnlich Syenit, dazu oft Glas in der Grundmasse
E E	*Porphyrit** (alt) *Andesit* (jung)	2,4–2,8	Ähnlich Diorit, dazu oft Glas in der Grundmasse
E E	*Melaphyr** (alt) Porphyrischer *Basalt* (jung)	2,4–3,3	Ähnlich Gabbro, dazu öfters wenig Glas in der Grundmasse
E	*Phonolith* (jung)	2,4–2,6	Wie Nephelinsyenit
	C. *Glimmer-(Chlorit-)reiche Gesteine (meist geschiefert)*		
M M	*Gneis* glimmerreiche Arten (Paragneise vorw.) *Glimmerschiefer*	2,5–2,7	20–60% Quarz, 20–40% Feldspäte, 25–60% Glimmer (Biotit, Muskowit) (Chlorit, Hornblende, Granat u. a.) 0–70% Quarz, 0–20% Feldspäte, 10–70% Glimmer oder Chlorit (Hornblende, Epidot, Granat u. a.)
M M	*Phyllit* (Übergang in Tonschiefer Tab. 39) *Kalkphyllit* (Übergang in Mergelschiefer Tab. 39)	2,5–2,8	Glimmer sehr feinschuppig, sonst wie Glimmerschiefer Erheblicher Gehalt an Kalkspat

E = Ergußgestein, G = Ganggestein, T = Tiefengestein } Eruptivgestein   M = Metamorphes Gestein (kristalliner Schiefer)

die kristallinen Gesteine II

Gefüge, Korn	Wichtigstes Auftreten
Massig bis wenig gerichtet Korn deutlich, fein bis grob, oft ungleichmäßige Mineralverteilung	Lager und Stöcke von meist geringerer Ausdehnung. Syenite und Diorite oft lokale, besonders randliche Ausbildungen von Graniten. Nephelinsyenite selbständig Metamorphe Ausbildungen der Diorite und Gabbros: Amphibolite Syenite werden zu quarzarmen Gneisen
Wenig bis stark schieferig, selten massig, lagig, bänderig, streifig	In schmalen bis mächtigen Lagen und kleineren Stöcken in Gneisen und Glimmerschiefern Metamorphe Ausbildung von Dioriten, Gabbros, auch dolomitischen Mergeln
Massig Korn gleichmäßig fein bis mittel (Diabasstruktur)	In Gängen, Decken, meist geringmächtigen Lagen, Strömen, Schloten Metamorphe Ausbildung der Diabase: Grünschiefer (Prasinite)
Massig bis leicht gerichtet (Fließtextur) Porphyrisch, oft durchgehend sehr fein. Junge Gesteine oft porös	In Decken, Kuppen, Schloten, Strömen, oft mit Tuffen vergesellschaftet Metamorphe Ausbildung der Porphyrite und Melaphyre: meist Prasinite
Schwach bis stark geschiefert, selten massig, flaserig, linsig, lagig, streifig Korn sehr fein (Hornfelse) bis grob, gleich oder ungleichkörnig	Verbreitete Gesteine des kristallinen Grundgebirges in vielen Abarten. Oft mit feldspatreichen Gneisen wechsellagernd und in diese übergehend Metamorphe Ausbildung der Tongesteine
Dünnschieferig, oft gefältelt Dünnflaserig Korn meist fein	Teils regional, teils mehr in Zonen (junge Gebirge) auftretend Metamorphe Ausbildung von Tonen, Mergeln

*) Häufig in Grünsteinausbildung auftretend

Tabelle 42 (Fortsetzung). *Übersicht über*

Bezeichnung	Raumgewicht	Mineralzusammensetzung
M *Prasinit* (Grünschiefer)	2,7–3,1	Vorwiegend Chlorit, Albit und Epidot (Hornblende)
D. *Gesteine mit vorwiegend Quarz*		
M *Quarzit*	2,5–2,7	> 70% Quarz, dazu Feldspäte, Glimmer, Kalkspat
E. *Gesteine mit vorwiegend Magnesiumsilikaten*		
T *Peridotit** (Olivinfels)	3,0–3,4	Weit vorwiegend Olivin (Augit, Magnetit, Hornblende)
T *Lherzolit**		Viel Augit (Diallag) neben Olivin
TM *Pyroxenit** (Augitfels)	3,1–3,5	Weit vorwiegend Augit
TM *Hornblendit* (Hornblendefels)		Weit vorwiegend Hornblende
M *Eklogit**	3,2–3,4	Granat, Augit (Hornblende, Feldspat)
M *Serpentin*	2,4–2,9	Weit vorwiegend Serpentinmineral (Olivin, Augit, Chlorit, Magnesit, Talk)
M *Ofenstein* (Giltstein, Speckstein, Talkschiefer)	2,5–2,9	Talk, Serpentin, Chlorit, Magnesit, Strahlstein in sehr wechselndem Verhältnis
F. *Gesteine mit reichlich bis weit vorwiegend Kalk-(Dolomit-)spat*		
M *Marmor* (körniger Kalkstein oder Dolomit)	2,7–2,8	60–100% Kalkspat oder Dolomitspat. Dazu Quarz, Glimmer, Feldspäte und weitere Mineralien
M *Silikatmarmor*		Marmor mit reichlich Silikaten
M *Kalksilikatfels*	2,8–3,1	Neben Kalkspat reichlich silikatische Mineralien, besonders Diopsid, Epidot, Granat, Feldspäte, Glimmer, Quarz u. a.

E = Ergußgestein, G = Ganggestein, T = Tiefengestein } Eruptivgestein   M = Metamorphes Gestein (kristalliner Schiefer)

die kristallinen Gesteine III

Gefüge, Korn	Wichtigstes Auftreten
Schwach bis stark schieferig, selten massig Korn fein bis mittel	Einlagerungen (dünn bis mächtig) in Gneisen, Glimmerschiefern und Phylliten Metamorphe Ausbildung von Diabasen, Porphyriten
Massig oder geschiefert, plattig Korn meist fein	In (selten mächtigen) Lagen und Zonen innerhalb von Phylliten und Glimmerschiefern. – Metamorphe Ausbildung von quarzreichen Sandsteinen
Meist massig Korn fein bis mittel	In größeren Linsen bis kleineren Stöcken In Serpentin übergehend
Meist massig Korn mittel bis grob Meist massig Korn deutlich	In Linsen, kleinen Lagern und Stöcken Auch Randfazies von Gabbros Kleinere Linsen, meist mit Amphiboliten
Massig bis stark geschiefert Korn fein	In Linsen, Stöcken, auch große Areale einnehmend Metamorphe Ausbildung der Peridotite
Massig bis schieferig Korn fein bis mittel	Meist in kleinen Linsen in kristallinen Schiefern
Massig bis schieferig, lagig, bänderig, Brekzienstruktur	Marmore in schmalen Zügen bis mächtigen Zonen und Lagern Silikatmarmore und Kalksilikatfelse mehr lokal im Kontakt mit Eruptivgesteinen oder als Einlagerungen in Gneisen Metamorphe Ausbildungen von Kalksteinen, Dolomiten, Mergeln

*) Häufig in Grünsteinausbildung auftretend

C. DIE GESTEINSVERÄNDERUNGEN DURCH OBERFLÄCHENVERWITTERUNG

Die natürlichen Gesteinsverwitterungsvorgänge, d. h. die Veränderungen, welche die Gesteinsvorkommen (Fest- und Lockergesteine) unter dem Einfluß der Atmosphärilien und der zirkulierenden Oberflächenwässer erfahren, sind sehr mannigfaltig je nach Gesteinsart, Klimaverhältnissen und Zeitdauer der Einwirkung, und sie berühren technische Fragen in mancher Beziehung. Die Einwirkungen und Reaktionen, die für eine Gesteinsveränderung unter den Bedingungen der Erdoberfläche allgemein in Betracht kommen, sind im Abschnitt über die Bausteinverwitterung Seite 199 kurz aufgeführt. An der natürlichen Verwitterung sind im Prinzip die gleichen Einflüsse beteiligt, jedoch der Bedeutung nach in anderer Reihenfolge. Während auf den Baustein in städtischen Verhältnissen Schwefelsäure und Sulfate am stärksten einwirken, ist in der Natur an der physikalischen Gesteinszerstörung (von der eigentlichen Erosionsverwitterung sehen wir hier ab) im gemäßigten und kalten Klima besonders der Frost, in heißen Klimagebieten die Wärmeausdehnung am Werke, während die weit bedeutendere chemische Gesteinsveränderung in der Hauptsache auf den Einwirkungen von $H^{\cdot}$-führenden Wässern (vorwiegend aus CO_2-Gehalt) beruht. Die chemische Verwitterung braucht allerdings sehr große Zeiträume, um wirksam zu sein; nur in den Gebieten, in denen die Gesteine über geologische Epochen den Atmosphärilien ausgesetzt waren, finden sich mächtigere Verwitterungsgürtel. Solche Bedingungen waren nur verwirklicht in flacheren Regionen mit älteren Gesteinen. In steileren Gebirgen führt die lebhafte Erosion durch Wasser oder Eis (mit lokalen Ausnahmen) das gelockerte Gestein rasch weg, so daß der frische Fels (wie an den meisten Aufschlüssen der Alpen) zutage tritt. In Skandinavien und anderen nordischen Gebieten findet sich heute auch bei den ältesten Gesteinen in flachen Gebieten fast keine Verwitterungszone, weil sie durch die Eiserosion der jungen Vergletscherungen weggeräumt worden ist und seither keine tiefergreifende Verwitterung mehr einsetzen konnte. Unwichtig ist die chemische Verwitterung auch in Wüstengebieten, da hier das Umsetzmittel, das Wasser, fehlt.

Die physikalische Frost- und Temperaturverwitterung zerlegt die Gesteine in erster Linie nach Klüften, Schichtfugen, Tonhäuten weiter in Bröckel (Grus) und Einzelkörner je nach ihrer speziellen Frostempfindlichkeit (siehe Abschnitt III B). Die Wirkungsweise der Frostzerstörung wird auf Seite 200 diskutiert. Bei an sich gesundem, frostfestem Gestein tritt durch Frostbeanspruchung, wie sie der Fels auch bei starker Wassertränkung (Bachbette, Uferfelsen) während Jahrzehnten bis Jahrhunderten erfahren kann, kaum eine Schädigung der Gesteinsmasse ein.

Die chemische Verwitterung bewirkt bei den Silikaten eine hydrolytische Zerlegung, wobei gewöhnlich ein löslicher und ein unlöslicher Teil entsteht. Der erstere umfaßt im gemäßigten Klima meistens CaO, Na_2O und teilweise K_2O

und MgO, der letztere SiO_2, Al_2O_3 und Fe_2O_3. Von diesen bilden Kieselsäure und Tonerde (teilweise unter Adsorption von K_2O und MgO) die Tonmineralien (Seite 10). Unter tropischen Klimaverhältnissen ist meist auch SiO_2 löslich; es bilden sich dann die Hydroxyde des Eisens und Aluminiums, die Bauxit- und Lateritablagerungen. Im gemäßigten Klima sind die Mineralumwandlungen im einzelnen in der Hauptsache folgender Art:

Tabelle 43. *Mineralumwandlungen bei der chemischen Verwitterung*

Mineral	Umwandlungen
Quarz	Nicht verändert
Kalifeldspäte.	Kaolinit und andere Tonmineralien, Serizit; ziemlich beständig
Albit	Wie Kalifeldspat, aber noch beständiger
Plagioklase	Kaolinit, Serizit, Kalkspat. Natronreiche Plagioklase noch ziemlich beständig, kalkreiche unbeständiger
Dunkle Glimmer . . .	Ausbleichung mit Limonitbildung, oft gelben Metallglanz hervorrufend (Katzengold)
Helle Glimmer	Sehr beständig
Hornblenden.	Limonit; ziemlich beständig
Augite	Limonit, Kalkspat; sehr beständig
Olivin	Limonit; leichte Umwandlung
Nephelin	Kaolinit, Zeolithe, Serizit
Glaukonit	Limonit
Kalkspat	Wird gelöst unter Zurücklassung der etwaigen Ton- und Limonitbeimengungen
Dolomitspat	Wie Kalkspat
Anhydrit	Wird gelöst, oft mit Umwandlung in Gips
Gips	Wird gelöst
Tonmineralien	Unverändert

Die Oberflächenverwitterung schafft aus allen Silikatgesteinen Produkte mit reichlich weichen, wasserhaltigen Mineralien und mit geringer Festigkeit, die bei intensivster Umwandlung schließlich Lockergesteinsnatur annehmen. Alle erheblicher angewitterten Gesteine sind für Bauzwecke ganz unbrauchbar oder minderwertig, da sie infolge Mikroporosität den Frost- und Sulfateinwirkungen rasch erliegen. In flachen Gebieten kristalliner Gesteine in Mitteleuropa reicht die Verwitterungszone meistens mehrere Meter tief, sehr oft 10 bis 20 m und darüber. Besonders tief dringt sie längs Klüften, Ruschel- und Mylonitzonen in den Fels. Die Oberflächenverwitterung kann in der Tiefe in die säkulare Veränderung übergehen, die ganz anders beschaffene Gesteine erzeugt, die aber vielfach mit verwitterten verwechselt werden. Zur Auseinanderhaltung der beiden Erscheinungen kann die Färbung der Gesteine dienen: verwitterte Gesteine erscheinen braun bis rötlichbraun, gelbbraun, vereinzelt grau bis weiß (letzteres bei Fe_2O_3-Lösung), Gesteine in Grünsteinfazies sind grün bis violett, bisweilen dunkelrot.

Die Karbonatgesteine, vor allem die Kalksteine, zeigen nicht eigentliche verwitterte Ausbildungen, da ja ihr Hauptbestandteil der Kalk- resp. Dolomitspat durch die CO_2-haltigen Wässer gelöst und weggeführt wird, so daß nur geringfügige lockere tonig-sandige Rückstände zurückbleiben. Immerhin kann Kalkstein doch etwas anwittern, indem die in Poren zirkulierenden Lösungen einwirken können, was zu Oxydationen von eisenhaltigen Mineralien (z. B. Glaukonit, Pyrit) führt, kenntlich an intensiveren Braunfärbungen.

Fig. 88. Geschiebe von Gneisen zeigen nach langer Lagerung im Boden oberhalb des Grundwasserspiegels starken Zerfall, nachdem sie dem Frost während eines Winters ausgesetzt waren.

Auf die Verwitterungsvorgänge, die zur Bildung des Ackerbodens führen, wird hier nicht eingegangen. Es ist dies eine Aufgabe der Bodenkunde.

Die chemische Verwitterung ist oberhalb des Grundwasserspiegels viel intensiver als unterhalb. Silikatische Gesteine, die ständig wassergetränkt sind, zeigen wegen fehlender Zirkulation im Gestein keine nennenswerte Veränderung. Oft macht man allerdings auch die Beobachtung, daß ganz frei aufliegende Steine (z. B. erratische Blöcke) frischer sind als solche, die wenig tief in durchlässigem Boden (z. B. Moränen) stecken.

IV.

Das Verhalten der Gesteine als Baugrund

Neben der Verwendung als Baumaterial und Rohstoff kommt den Gesteinen als Baugrund eine wesentliche Bedeutung zu. Sowohl beim Studium der allgemeinen geologischen Verhältnisse wie auch bei der Beurteilung und Berechnung des statischen und dynamischen Verhaltens des Baugrundes treten gesteinskundliche Fragen auf. Deshalb sollen nachfolgend einige Anwendungen der technischen Gesteinskunde bei Fundationsfragen, Straßen-, Flugplatz-, Damm- und Stollenbauten sowie Rutschungen kurz erwähnt werden.

1. Fundationen in Lockergesteinen

Bei Fundationen in Lockergesteinen interessieren nicht nur die Schichten bis zur Fundamentsohle, welche je nach ihrer Zusammensetzung und Wasserführung den Bauvorgang bestimmen, sondern auch die unter den Fundamenten befindlichen Gesteine. Diese sind für den Bauvorgang, für die Tragfähigkeit und die nach der Erstellung sich abspielenden Bewegungen des Bauwerkes von Bedeutung. Auch die Wahl des Bauwerksystems (statisch bestimmt oder unbestimmt) ist von der Art der unterhalb des Fundamentes liegenden Gesteinsschichten abhängig. Außer Schächten und Bohrungen, in denen die Schichtfolge festgestellt, ungestörte Proben entnommen, die Lage des Grundwasserspiegels ermittelt, die Durchlässigkeit und die Zusammendrückbarkeit des Bodens studiert werden kann, treten Rammsondierungen zur Abklärung der Lagerungsdichte der verschiedenen Schichten im Untergrund hinzu. Anzahl und Tiefe der Sondierungen richtet sich sowohl nach dem vorhandenen Terrain wie auch nach dem Bauvorhaben.

Die heutigen erdbaumechanischen Berechnungsmethoden dienen als Mittel zur Festlegung der geeigneten Fundationsart, des Bauvorganges wie auch zur Beurteilung des Verhaltens des Baugrundes unter den Fundamentlasten und geben die während des Baues einzuhaltenden Richtlinien. Als Grundlage für diese Berechnungen wird meist die Bestimmung folgender Kennziffern notwendig: Raumgewicht, Wassergehalt, Porosität, Konsistenz, Scherfestigkeit, Kohäsion, Zusammendrückbarkeit und Durchlässigkeit der verschiedenen Schichten des Untergrundes, ferner Lage und Schwankung des Grundwasserspiegels. Durchlässigkeit und Zusammendrückbarkeit können sowohl im Felde wie auch im Laboratorium bestimmt, die Scherfestigkeit und die übrigen Kennziffern meist nur im Laboratorium ermittelt werden. Die Untersuchungsmethoden zur Bestimmung dieser Eigenschaften variieren in den verschiedenen

Laboratorien und Ländern, wobei auch die Tendenz, Feld- oder Laboratoriumsuntersuchungen in den Vordergrund zu stellen, wechselt.

Vom gesteinskundlichen Standpunkt aus bieten Fundationen auf *nichtbindige, anorganische Lockergesteine* (Kies, Sand, Schlammsand), die über dem Grundwasserspiegel liegen, normalerweise keine Schwierigkeiten. Als wichtigste Kennziffern sind Scherfestigkeit, Lagerungsdichte und Zusammendrückbarkeit zu bestimmen. Die zulässigen Bodenpressungen schwanken in weiten Grenzen, liegen im allgemeinen aber je nach Lagerungsdichte, Fundationstiefe, Fundamentgröße und zulässiger Setzung zwischen 1 und 5 kg/cm² und sind in jedem Falle, sofern keine sicheren Erfahrungswerte vorliegen, zu bestimmen.

Im allgemeinen erfolgt die Setzung der Bauwerke rasch zufolge der großen Durchlässigkeit der Materialien und ist bei Kies, Grob- und Feinsand meist nach der Erstellung des Baues beendet, bei Schlammsand dagegen kann die Setzung meist noch einige Zeit andauern.

Komplikationen können dann auftreten, wenn sich die Sohle der Fundamente unter dem Grundwasserspiegel befindet. Durch die Absenkung des Grundwasserspiegels in der Baugrube gegenüber dem Grundwasserspiegel im umliegenden Terrain entstehen bei kohäsionslosen Materialien mit ihrer geringen Zugfestigkeit unter Wasser zufolge der aufwärtsgerichteten Sickerströmung Grundbrüche. Dieser Erscheinung sind besonders Feinsande und Schlammsande unterworfen; sie ist sodann, wenn auch selten, von Grobsanden und selbst Kies bekannt. Die Grundbruchgefahr läßt sich rechnerisch bei Kenntnis von Lagerung, Zusammensetzung und Raumgewicht der Materialien annähernd berechnen.

In *bindigen Lockergesteinen* (Lehm, Ton) bietet die Erzielung von gleichmäßigen Setzungen unter Vermeidung von Fließerscheinungen die Hauptschwierigkeit. Sofern nicht die Einhaltung einer Normalhöhe gefordert wird, sind allerdings gleichmäßige Setzungen tragbar. Zu ihrer rechnerischen Ermittlung (Setzungsanalyse) ist vorerst die Abklärung der Homogenitätsverhältnisse des Untergrundes wichtig (unregelmäßige, nahegelegene Felsoberfläche, linsenförmige Einlagerungen von Gesteinen anderer Zusammensetzung im Untergrund, geneigter oder horizontaler Verlauf der Grenzflächen usw.). Außerdem ist die Kenntnis der eingangs erwähnten Kennziffern notwendig, wobei insbesondere der Zusammendrückbarkeit in Funktion der Belastung erhöhte Aufmerksamkeit geschenkt wird. Die zulässigen Bodenpressungen variieren je nach Material, Vorbelastung, Fundamentgröße und Fundationstiefe zwischen 0,5 und 3 kg/cm². Für die Dauer des Setzungsvorganges ist, abgesehen von der zusätzlichen Belastung, die Mächtigkeit der Tonschicht und deren Entwässerungsmöglichkeit maßgebend. Einlagerungen von Sandlagen können wegen der Drainagewirkung den Vorgang beschleunigen. Für die vorbelasteten Grundmoränen können oft noch höhere zulässige Belastungen angewendet werden.

Besonders empfindlich auf statische und namentlich dynamische Beanspruchung sind wenig konsolidierte oder stark quellfähige Lockergesteine. Neben gewissen Sanden, Schlammsanden, auch jungen Tonen, gehören dazu vor allem die Lockergesteine, die organische Gemengteile enthalten, d. h. Faulschlamm, Seekreide, Torf usw. Spannungen oder Erschütterungen können bei diesen Materialien schon bei geringen Belastungen zu größeren Setzungen führen. Beim Rammen von Pfählen gleiten dieselben mit geringem Widerstand in die Tiefe. Nach längerer Ruhezeit vergrößert sich die aufzuwendende Rammarbeit, da sich der Pfahl «festsaugt». Bei Ausweichmöglichkeiten, wie z. B. an Seeufern, führen Spannungen und Erschütterungen in solchen Lockergesteinen zu «Verflüssigung» und Ausquetschung. Man führt diese Erscheinungen zum Teil auf Gefügezusammenbrüche zurück, wobei sowohl durch thixotrope Vorgänge als auch durch Entstehung gespannten Porenwassers die Scherfestigkeit herabgesetzt wird. Besonders große Setzungen sind bei Fundationen auf Torf zu erwarten. Bei allen diesen Materialien können vorgängige Untersuchungen (Konsistenz, Zusammendrückbarkeit, Lagerungsdichte, Raumgewicht und Porosität) gewisse Anhaltspunkte über das nachträgliche Verhalten geben.

Ähnlich wie die Lockergesteine verhalten sich auch die *Verwitterungszonen*. So liegen über den durch Eis vorbelasteten Grundmoränen oder über Mergeln oder mergeligen Sandsteinen der schweizerischen Molasse oft mehrere Meter mächtige lehmige Auflockerungs- und Verwitterungsrinden, die sich durch erhöhte Durchlässigkeit und Zusammendrückbarkeit auszeichnen. Besonders an Hängen oder bei verschieden tiefen Fundationen im Flachland wird in solchen Verwitterungszonen durch entsprechende Bemessung der Fundationen resp. Abstufung der Bodenpressungen dafür gesorgt, daß gleichmäßige Setzungen auftreten.

2. Fundationen auf Festgesteinen

In gewissen Fällen, d. h. etwa bei Anwesenheit von Strandplatten, in Gebieten glazialer und fluviatiler Erosion, liegt der Fels, der die Fundamentlasten aufnehmen kann, frei zutage. Oft muß indessen erst die Mächtigkeit der Schuttüberlagerungen und die Lage der Felsoberfläche durch Sondierungen, eventuell in Kombination mit geophysikalischen Untersuchungen, ermittelt werden. Bei diesen Sondierungen tritt beim Erreichen von Fels gelegentlich die Frage auf, ob ein Block oder bereits das Anstehende angefahren worden sei. Häufig gibt eine genaue petrographische Überprüfung bei Besichtigungsmöglichkeit, z. B. im Stollen, auch die Untersuchung der Oberfläche (orientierte Gletscherschrammen), der Kluftflächen oder des Verwitterungszustandes des aufgeschlossenen Gesteines Anhaltspunkte zur Entscheidung dieser Frage. Im Zweifelsfalle muß eine Kernbohrung oder ein Sondierstollen noch einige Meter in das Festgestein vorgetrieben werden.

In Gebieten, die außerhalb der eiszeitlichen Vergletscherungen liegen, trägt der gesunde Fels oft neben der Schuttbedeckung eine Verwitterungsrinde. In der Sondierung und im Aushub ist der Entscheid, wo unter derselben der frische, gesunde Fels beginnt, oft schwierig zu treffen (siehe Seite 142). Diese Zonen sind ausgezeichnet durch eine erhöhte Durchlässigkeit, erhöhte Zusammendrückbarkeit, geringere Druck- und Scherfestigkeit des Gesteins. Bei Fundationen von Staudämmen wird das verwitterte Gestein sorgfältig entfernt, der frische Fels und die Klüfte gespült und gereinigt. Unter Fundationen von Gebäuden wird dagegen bei Verminderung der zulässigen Bodenpressungen oft eine gewisse Verwitterungszone belassen, wobei der Gefahr ungleichmäßiger Setzungen durch Anpassung der Bodenpressungen begegnet wird.

Zur Festlegung des Bauvorganges, der Dichtungsarbeiten, auch für die Berechnung der Spannungsverhältnisse (Auftrieb usw.) ist die Kenntnis der Grundwasserspiegellage und deren Schwankung, ferner der Durchlässigkeit der einzelnen Gesteinszonen unter dem Fundament notwendig. Zur Beurteilung der Auslaugung und Aggressivität ist auch die Kenntnis der chemischen Eigenschaften des im Boden zirkulierenden Wassers erwünscht.

Fig. 89

Fig. 90

Fig. 89. Fundation auf Lockergestein. Seekreide (oben) und Seebodenlehme mit organischen Gemengteilen (unten), in einer Baugrube unter Wasserhaltung, mit freigelegtem altem Pfahlrost.
Fig. 90. Fundation auf Fels. Unter Grundmoräne freigelegte Felsoberfläche, die geklüftet und durch den Gletscher fein geschrammt ist.

In vielen Fällen gibt sodann die Bestimmung der wichtigsten Kluftflächen Anhaltspunkte für den Vorgang des Ausbruches, für die Injizierbarkeit wie auch für die Orientierung der Fundamente (Fig. 39). Diese vorgängigen petrographisch-geologischen Untersuchungen sollten durch detaillierte Aufnahmen während des Bauvorganges ergänzt werden[1]). Die dadurch erhaltene Dokumentation bildet für spätere technische Schwierigkeiten oder nachträgliche bauliche Änderungen eine wertvolle Grundlage.

Zur Ermittlung der zulässigen Bodenpressungen dienen Bestimmungen der Druckfestigkeit, der Elastizitätsmoduln, ferner des Raumgewichtes, die teils auf dem Bauplatz, teils im Laboratorium ermittelt werden können. Besonders bei gewissen Übergängen zu Lockergesteinen, d. h. Mergeln, mergelig gebundenen Sandsteinen – z. B. der schweizerischen Molasse –, ferner verwitterten Gesteinen, wird auch die Zusammendrückbarkeit resp. Schwellbarkeit und der Wassergehalt in Funktion der Belastung gemessen werden. Eine Orientierung über die häufig zugelassenen Fundamentpressungen gibt Tab. 44.

[1]) H. Ascher und K. Powondra, Über geologisch-technische Erfahrungen beim Bau des Stubachwerkes, Jb. geol. Bundesanstalt Wien, Bd. 80, 1930.

Tabelle 44. *Zulässige Bodenpressung bei Festgesteinen*

Gesteinsart	Beispiele	In kg/cm²
Wenig verfestigte Gesteine	Mergel, Tonschiefer, verwitterte Gesteine	5–10, zum Teil weniger
Stärker verfestigte Gesteine	Molassesandsteine, Kalke	10–20
Stark verfestigte Gesteine	Spatkalke, Flyschsandsteine, Gneise, Glimmerschiefer	20–30
Sehr stark verfestigte Gesteine	Granite, Porphyre, Basalte	30–40 und mehr

3. Straßen-, Bahn- und Flugplatzbau

Im Straßen-, Bahn- und Flugplatzbau treten sowohl bei der Beurteilung und Sanierung des Untergrundes wie auch bei der Suche und Auswahl der geeigneten Materialien für den Unterbau und den Belag gesteinskundliche Fragen auf.

Vom *Untergrund* wird gleichmäßige Zusammendrückbarkeit und Homogenität bis in eine gewisse Tiefe, ferner gute Entwässerung und nach Möglichkeit Frostsicherheit gefordert.

Zusammensetzung und Eigenschaften des Untergrundes werden, wie bei andern Fundationen, mittels Sondierungen, Probenentnahmen, eventuell Belastungsversuchen ermittelt. Dabei stellt man gleichzeitig auch die hydrologischen Verhältnisse fest. An den dem Untergrund entnommenen Lockergesteinsproben werden je nach Zweck Zusammendrückbarkeit und Schwellbarkeit, Scherfestigkeit, Kornverteilung, Konsistenzgrenzen, kapillare Steighöhe und Durchlässigkeit ermittelt und die Verdichtungsmöglichkeit untersucht. Als günstig werden allgemein durchlässige Gesteine, wie Kies, Sand, Schutt betrachtet, wogegen sehr wenig durchlässige Gesteine, wie Lehm, Ton, und der Frostgefährlichkeit wegen auch Schlammsand, ungünstigere Baugründe darstellen und oft besondere Maßnahmen erfordern.

Die *Gleichmäßigkeit* des Untergrundes wird dort, wo sie fehlt, durch künstliche Verdichtung (Kies, Sand), Verdrängung (Torf) oder Auskofferung (Schlammsand, Lehm) des Gesteinsuntergrundes erzielt.

Die *Entwässerung* erfolgt durch Drainagen, Sickerungen, Fassungen oder indirekt durch Hebung des Planums mittels Vergrößerung des Unterbaues. Die nichtbindigen Gesteine, wie Kies, Grobsand, lassen sich im allgemeinen gut entwässern, wobei aber oft sowohl zufließendes Grundwasser wie Meteorwasser abgeführt werden muß. Besteht der Untergrund aus Feinsand und Schlammsand, so entstehen bei normalen Drainagen dagegen oft Ausschwemmungen von Sand, die zu innerer Erosion und zu Einbrüchen an der Oberfläche führen (Einbau von Sand- und Kiesfilter um die Drainagerohre).

Bei den meisten bindigen Lockergesteinen, wie Lehm, Ton, aber auch bei Torf, Seekreide usw., führen die Entwässerungen zufolge Wegfalls des Auftriebes zu vermehrter Belastung und damit zu größeren Setzungen. Außerdem haben bei diesen Gesteinen die Drainagen zufolge geringer Durchlässigkeit meist seitlich nur begrenzte Wirkung.

Die *Frostsicherheit* des Untergrundes ist abhängig von der Tiefe der durch die thermischen Eigenschaften und das Klima bedingten Frosteindringung, der Durchlässigkeit und der kapillaren Steighöhe der vorliegenden Gesteine, wie auch von der Lage des Grundwasserspiegels. Zu den *frostungefährlichen Materialien* gehören Kies, Kiessand, Sand, Gerölle, Schutt ohne wesentliche Beimengungen von Feinbestandteilen. Sie besitzen bei großer Durchlässigkeit eine sehr kleine kapillare Steighöhe und werden deshalb häufig als Koffermaterialien in den Unterbau eingefügt[1].

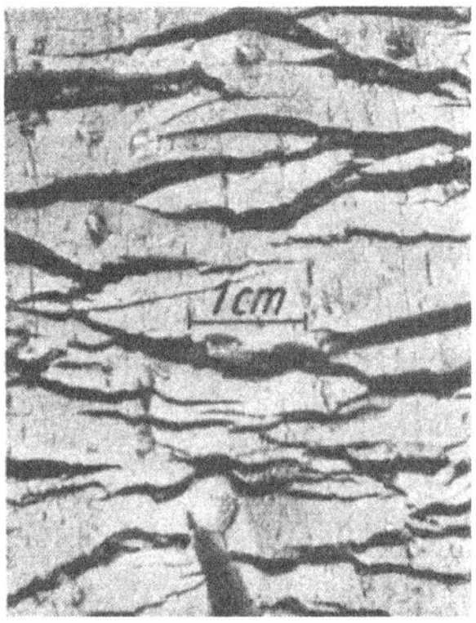

Fig. 91. Eislinsenbildung (dunkel), angeordnet parallel den Gefügeflächen in einem Ton (hell).

Als sehr frostgefährliche Lockergesteine müssen lehmige Feinsande, Schlammsande und sandige Lehme betrachtet werden. Ihre kapillare Steighöhe ist bereits beträchtlich, auch die Durchlässigkeit ist genügend groß, um den Wassernachschub von unten nach oben zur Bildung von Eislinsen zu ermöglichen. Je nach Lage des Grundwasserspiegels oder der Wassernachschubmöglichkeit, ferner der Frosteindringung, entstehen in diesen Materialien innerhalb einer verschieden mächtigen Lage Eislinsen. Dadurch bilden sich in den Belägen ungleichmäßige Hebungen, die zu Rissen (sog. Frostschäden) führen. Beim Tauen entsteht in der Zone dieser Linsen eine lokale Wasserübersättigung, wodurch die Tragfähigkeit dort herabgesetzt wird und namentlich bei Bitumenbelägen Netzrisse (sog. Tauschäden) sich bemerkbar machen.

[1] A. von Moos, Der Einfluß des Unterbaues auf Schäden im Straßenbau. Straße und Verkehr, Zürich, Bd. 29, 1943. – R. Ruckli, Die Frostgefährlichkeit des Straßenuntergrundes. Straße und Verkehr, Zürich, Bd. 29, 1943. – Bodenmechanik und neuzeitlicher Straßenbau. Schriftenreihe der «Straße» I., II., III. Folge, Volk-und-Reich-Verlag, Berlin 1936–1939. – J. P. Daxelhofer: Contribution à l'étude expérimentale de la formation de lentilles de glace dans le sol. Bull. techn. Suisse rom. Lausanne 1946.

Die Frostgefährlichkeit der Lehme und Tone wechselt je nach dem Verdichtungsgrad. Gut verdichtete Tone und Lehme weisen bei hoher kapillarer Steighöhe eine geringe Durchlässigkeit auf, so daß der Wassernachschub auch bei längerer Frosteinwirkung gering ist. Dadurch wird die Frostlinsenbildung hintangehalten. Die Frostgefährlichkeit stark verdichteter Lehme und Tone ist deshalb für Straßen meist geringer als diejenige der Schlammsande, muß aber insbesondere bei Kühlhäusern mitberücksichtigt werden.

Unter den Kriterien der Beurteilung der Frostsicherheit des Untergrundes seien diejenigen von CASAGRANDE und BESKOW[1]) erwähnt. Das Kriterium von CASAGRANDE lautet wie folgt:

Unter der Voraussetzung der Wassernachschubmöglichkeit aus dem Untergrund oder der Umgebung ist ein ungleichförmig gekörntes Lockergestein (mit Ausnahme von porenreichen Schlacken, vulkanischen Tuffen) dann frostgefährlich, d. h. eislinsenbildend, wenn es mehr als 3 Gewichtsprozente von der Korngröße unter 0,02 mm enthält. Bei sehr gleichförmig gekörnten Lockergesteinen tritt Eislinsenbildung erst dann auf, wenn sie von der Korngröße unter 0,02 mm über 10% enthalten. Ungleichförmig gekörnt nennt CASAGRANDE ein Material dann, wenn sein Durchmesser bei 60 Gewichtsprozenten der Summationskurve dividiert durch den Durchmesser bei 10 Gewichtsprozenten (sog. Aufbereitungsindex nach ALLAN HAZEN) größer als 15 ist, gleichförmig, wenn dieser Wert unter 5 sinkt. Dieses Kriterium wird zumeist auf den Anteil der Korngröße kleiner als 2 mm = 100% angewendet.

BESKOW hat seine Erfahrungen in folgender, von uns etwas vereinfachten Tabelle zusammengefasst:

Tabelle 45. *Frostgefährlichkeit nach* BESKOW

Frostgefährlichkeit	Aufbereitung	Mittlere Korngröße in mm	Durch Sieb 0,062 mm	Durch Sieb 0,125 mm	Kapillarität in m
Nie frostgefährlich	gut	0,1	30%	55%	1
	schlecht	—	15%	22%	
Unter ungünstigen Bedingungen (hoher Grundwasserstand, langsame Frosteindringung) frosthebend	gut	0,1–0,07	30–50%		1–1,75
	schlecht	—	15–25%	22–36%	
Normal frosthebend und eislinsenbildend bei Grundwassertiefe von 1½ (gut) bzw. 1 m (schlecht aufbereitet)	gut	0,05	50%	—	2–20
	schlecht	—	25%	36%	

Von den für Kofferungen zur Verwendung gelangenden Materialien, die je nach den örtlich zur Verfügung stehenden Gesteinsvorkommen variieren, wird erhöhte Festigkeit, je nach klimatischen Verhältnissen auch Frost- und Ver-

[1]) G. BESKOW, Tjälbildningen och Tjällyftningen. Sveriges Geologiska Undersökning Arsbok, Bd. 26, 1932.

witterungsbeständigkeit gefordert. Gerölle, Geschiebe, Blöcke, Bruchsteine, Grobsand, Kiessand, Schlacken, Ziegel werden dazu am häufigsten gebraucht. Daß unter ariden Verhältnissen andere Forderungen gelten, zeigt der Unterbau des Flugplatzes von Lydda in Palästina, der aus einem 15 cm hohen Trockenlehmpflaster besteht.

In letzter Zeit wurde in vermehrtem Maße für Straßen und Flugplätze untergeordneter Bedeutung der Untergrund durch Mischung mit Zement-, Bitumen- oder Tonzusatz direkt verfestigt. Der Tonbeton, der namentlich in den USA.

Fig. 92. Hebung und zentrale Rißbildung auf einer wassergebundenen Überlandstraße durch Frosthebung zufolge Eislinsenbildung.

und Schweden im Straßenbau zufolge seiner Wirtschaftlichkeit große Verbreitung gefunden hat, wird durch Einwalzen einer Mischung aus einem natürlich anfallenden oder durch Zusätze zu korrigierenden Korngemisch von *Kies* und *Sand*, das nach dem Prinzip des Hohlraumminimums aufgebaut wird, hergestellt. Diesem wird als Binder *Ton* (Plastizitätszahl 3–9), ferner *Kalziumchlorid* und *Wasser* zugemischt. Das Kalziumchlorid führt eine Gefrierpunktserniedrigung, eine Vergrößerung der Oberflächenspannung und Viskosität der flüssigen Phase, ferner eine Erhöhung der Bindigkeit des Materials herbei und bewirkt zufolge seiner hygroskopischen Eigenschaften die Staubfreiheit der Straßen[1]).

---

[1]) Meddelande Nr. 64. Statens Väginstitut, Stockholm 1942. – Siehe ferner Svenska Vägföreningens Tidskrift XXVII, Nr. 1, 1940, und Public Roads XIX, 1938; XX, 1939.

4. Gewinnungsfestigkeit von Locker- und Festgesteinen

Die Lösung, die Gewinnung und der Abtransport der Gesteine (z. B. bei einem Aushub) erfordert einen bestimmten Arbeitsaufwand. Diese Arbeit ist abhängig von der vorhandenen Gesteinsart, bei Lockergesteinen auch vom Verdichtungsgrad, vom Wassergehalt und von der Konsistenz sowie der Größe der Bestandteile (Einzelkörner oder Agglomerate derselben). Die physikalischen

Fig. 93. Wie Fig. 92 auf Straße mit Bitumenbelag.

Zustände der Gesteine können sich zudem während der Gewinnung noch verändern, sei es, daß das Gestein gefriert, sei es, daß es durch Wasseraufnahme (Niederschläge) oder durch Gefügestörung (Stiefel, Fahrzeuge) weicher wird. Bei der Charakterisierung eines Baugrundes, z. B. bei einer Bauausschreibung, in Gutachten usw., genügt deshalb in der Regel die kurze Gesteinsbezeichnung, wie Lehm, Fels, nicht; diese sollte durch eine nähere Zustandsbezeichnung ergänzt werden. Als Vergleichsgrundlage hat sich z. B. die Arbeitszeit bewährt, die für das Lösen und die Gewinnung einer bestimmten Menge des Materials (z. B. von 1 Kubikmeter) notwendig ist. Sie wird allenfalls ergänzt durch den Materialverbrauch (Bohrer, Sprengstoff, Kapseln, Zündschnüre) pro Kubikmeter Aushub.

Die nachfolgende Tabelle gibt eine kurze Übersicht über die wichtigsten Klassen der Gewinnungsfestigkeit, geordnet nach steigender Arbeit:

Tabelle 46. *Gewinnungsfestigkeit der Gesteine im Aushub*

Zähigkeitsklasse	Ungefähre Arbeitszeit für Aushub von Hand für 1 m^3 aus 1–2 m Tiefe in Std.	Bezeichnung	Charakterisierung	Beispiele
1	1	Sehr leichter Boden	Mit Schaufel sofort und leicht heb- und werfbar, fast ohne Zusammenhang, trocken bis erdfeucht Abböschwinkel um 45°	Feinkies, Sand, Kiessand, lehmiger Sand, Garten-, Ackererde
2	1–1,5	Leichter Boden	Mit Spaten abstechbar und sofort werfbar, zum Teil leicht bindig Abböschwinkel 30–60°	Feuchter Sand, Feinkies mit Lehm, feuchter, nicht klebender Lehm, kiesiger Lehm, leichter Ton unter Klebegrenze, Torf feucht
3	1,5–2	Mittlerer Boden	Mit Spaten und leichten Pickelschlägen lösbar und werfbar oder grobrollig Abböschwinkel 60°	Festgelagerter Lehm und Ton unter Ausrollgrenze Grobkies, Geröll
4	2–3	Schwerer Boden	Mit schweren Pickelschlägen lösbar, evtl. an den Geräten haftend, zäh, nicht sehr hart gelagert Böschungswinkel 60°	Lehmig verkitteter Kies und Sand, grobe Gerölle, festgelagerter Lehm oder Ton unter Klebegrenze
5	3–4	Sehr schwerer Boden bis leicht verfestigter Fels	Mit schwerer Pickelarbeit, Keil, Meissel, Abbauhammer lösbar, hart gelagert Abböschwinkel bis 90°	Stark lehmig verkittete Gerölle, sehr fest gelagerter Lehm mit Kies und Steinen (Grundmoräne), leicht lockerer verwitterter Fels, Mergel, Kalktuff
6	4–5	Schlammiger Boden	Zerläuft, muß mit Schöpfgefäß entnommen werden Abböschwinkel unter 20°	Sand, Schlammsand unter Grundwasserspiegel, breiiger Lehm/Ton, Seekreide, Faulschlamm gestört, bindige Gesteine über Fließgrenze
7	5–8	Weicher bis mittelharter Fels	Leicht bohr- und schießbar	Molassesandsteine, dichte Kalke, Kalk- und Tonschiefer, vulk. Tuffe usw.
8	8–11	Harter bis sehr harter Fels	Schwer bohr- und schießbar	Konglomerate, Quarzite, Granite, Syenite, Diorite, Gneise, Amphibolite usw.

5. Dichtung und Verfestigung des Baugrundes

Zur Verhütung der chemischen und mechanischen Ausspülung, der Verkleinerung von Sickerverlusten, der Abdichtung von Wassereinbrüchen, zur Verbesserung der bautechnischen Eigenschaften (Zug-, Druck- und Scherfestigkeit), der Verlängerung der Sickerwege oder der Verringerung der Setzungen werden unter Fundamenten von Gebäuden, Brücken, Staumauern, bei der Abteufung von Schächten und in Stollen gelegentlich Injektionen durchgeführt. Um die im speziellen Falle geeignete Injektionsart anzuwenden, ist die Kenntnis der Durchlässigkeit, die Feststellung der Art der Hohlräume, die Untersuchung der petrographischen Zusammensetzung und der Lagerungsverhältnisse des Baugrundes notwendig. Neben diesen meist nur durch Sondierungen und Versuche zu erlangenden Grundlagen ist auch die Ermittlung der chemischen und physikalischen Zusammensetzung der im Untergrund enthaltenen Wässer in vielen Fällen erwünscht. In Tab. 47 sind die wichtigsten Injektionsarten angeführt, die einzeln oder kombiniert zur Anwendung gelangen; ein Erfolg des Verfahrens ist nur dann zu erwarten, wenn der k-Wert nicht kleiner ist, als in Tabelle 47 angegeben wurde.

Tabelle 47. *Verfestigungs- und Dichtungsarten des Baugrundes*

Injektionsgut		Baugrund	
Material	Teilchengröße in mm	Durchlässigkeitskoeffizient k in cm/sec	Beispiele
Zement, evtl. mit Sand oder Steinmehl, selten mit Bentonit	0,002–0,2	10^{+1} bis 10^{-1}	Kies, sehr grober Sand, klüftiger Fels, klüftiger Ton
Kolloidzement mit Dispergierungsmittel	0,002–0,02	10^{-1} bis 10^{-3}	Sand, Kiessand poröses Mauerwerk schlechter Beton
Bentonit und andere Tonsuspensionen	0,0002–0,02	10^{-1} bis 10^{-3}	Sand, sandiger Kies
Bitumenemulsionen mit Koagulator	0,001–0,002	10^{-2} bis 10^{-3}	Sand, Feinsand
Silikatlösungen (Wasserglas mit Koagulator)	kleiner 0,0002	10^{-2} bis 10^{-4}	Feinsand, poröse Sandsteine, sehr feinklüftiger Fels

Die Injektion von *Zementsuspensionen* ist nur bis zu einem unteren Poren- oder Kluftdurchmesser von etwa 0,1 bis 0,8 mm möglich. TERZAGHI gibt als untere Grenze für losen Sand 10% unter 0,5 mm, für dichten Sand 1,7 mm an. Bei dieser Größenordnung werden bereits die gröberen Zementpartikel abfiltriert. Diese bilden dann dichtende Zapfen, die die weitere Injektion unterbinden. Erschwerend wirken mit Lehm beschlagene oder erfüllte Klüfte, da in diesen der Zement nicht abbindet, somit flüssig bleibt und eventuell wieder ausgespült wird (Sösetalsperre, Harz). Injektionsfähigkeit und Abbindeverhältnisse können durch Anwendung relativ hoher Injektionsdrücke oder durch vorgängige Injektion von Silikatlösungen, denen ein Koagulator beigemischt ist, verbessert werden. Dadurch werden kleinere Poren geschlossen, durch die Gele aber das Eindringen der Zementsuspensionen, der Niederschlag und das Haften des Zementes erleichtert. Sofern die Möglichkeit besteht, werden lehmerfüllte Klüfte vorgängig der Injektion ausgespült. Zur Füllung großer Hohlräume, wie sie etwa in Karbonatgesteinen auftreten, gelangen stabilisierte Zementsuspensionen, denen Sand oder Gesteinsmehl beigefügt ist, zur Anwendung[1]).

Bei der Injektion von *Lösungen*, meist Wasserglas (Na-Silikat), wird ein Elektrolyt (z. B. ein Kalziumsalz), der das Gelieren bewirkt, vor-, mit- oder nachgepreßt. Die Art und die Menge des Elektrolyten richtet sich nach dem Chemismus der Gesteine und des darin enthaltenen Wassers. Ein saures Milieu bewirkt ein sehr langsames bis fehlendes Gelieren, ein basisches dagegen beschleunigt den Vorgang. Ungünstig wirken sich vor allem organische Beimengungen aus. Die Injektion von Wasserglas erfolgt nicht nur wegen der dichtenden, sondern auch wegen der festigenden Eigenschaften desselben, die allerdings ganz wesentlich geringer sind als bei Zementinjektionen. Mit den chemischen oder Zementinjektionen, aber auch allein, werden oft Tonsuspensionen in den Baugrund eingepreßt. Als besonders geeignet haben sich Bentonite erwiesen, denen ein großes Quell- und Geliervermögen zu eigen ist und die auch die Eigenschaft der Thixotropie in sehr ausgeprägtem Maße besitzen. Im Gegensatz zu Zement oder Gelen besitzen dagegen die Tone hauptsächlich dichtende Wirkung; ihre verfestigende Wirkung tritt zurück. Neue Wege für die Injektion bietet die Elektroosmose.

Die Tiefe, bis zu der injiziert werden soll, richtet sich nach den örtlichen geologischen Verhältnissen und den technischen Bedingungen. Die Reichweite, wie auch der Erfolg der Dichtung wird durch Durchlässigkeitsversuche in Bohrlöchern ermittelt. Für in Festgesteine fundierte Staumauern werden von LUGEON[2]) als obere Grenze der zulässigen Wasserverluste folgende Richtwerte gegeben:

Tabelle 48. *Obere Grenze der Wasserverluste unter Staumauern*

Höhe der Staumauer in m	Wasserverlust in l/m/min bei 10 atü Druck während 10 min
unter 30	1–3
über 30	1

[1]) E. MAAG, Über die Verfestigung und Dichtung des Baugrundes. Hoch- und Tiefbau, Zürich 1938.
[2]) M. LUGEON, Barrages et Géologie. Librairie Rouge, Lausanne 1933.

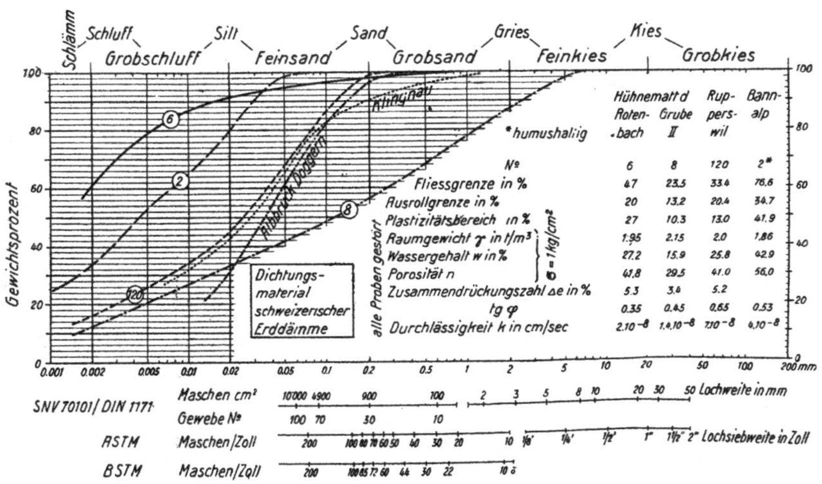

Fig. 94. Kornverteilung und erdbaumechanische Kennziffern von Dichtungsmaterialien schweizerischer Erddämme.

Lockergesteine mit einer Durchlässigkeit, die weniger als 10^{-5} cm/sec beträgt, d. h. Schlammsande, Lehme, Tone, Seekreiden, können kaum mehr injiziert werden. Hier sind nur noch Verfestigungen auf elektrochemischem Wege oder durch Gefrierverfahren möglich. Während die ersteren bis heute nur geringe Anwendung fanden, haben sich die letzteren besonders bei der Schachtabteufung im Bergbau, ferner bei schwierigen Fundationen, sogar zur Festigung von Rutschungen bewährt. Durch einen mittels Kohlensäure oder Ammoniak erzeugten Kältestrom wird das Kluftwasser und ein Teil des Porenwassers in Eis umgewandelt. Das Verfahren eignet sich deshalb sowohl für geklüftete Festgesteine wie auch für feinkörnige Lockergesteine.

6. Dämme aus Lockergesteinen

An Stelle von Staumauern werden bei Anwesenheit eines zusammendrückbaren oder stark verworfenen Baugrundes im Wasserbau auch Dämme aus Lockergesteinen errichtet. Diese finden auch im Straßen-, Eisenbahn- und Flußbau Anwendung. Mit Ausnahme stark zusammendrückbarer (Seekreide, Torf) oder leicht löslicher Gesteine (Steinsalz, teilweise auch Gips) eignen sich fast alle übrigen Lockergesteine bei Anwendung entsprechender Baumethoden zum Dammbau. Erwünscht sind geringe Zusammendrückbarkeit, große Scherfestigkeit, bei Abschlußdämmen von Staubecken oder Kanälen auch geringe Durchlässigkeit der dazu verwendeten Gesteine. Als Vorarbeit werden nach geologischen und baulichen Gesichtspunkten günstig erscheinende Materialien ausgewählt und daran einzelne Kennziffern bestimmt, bei bindigen Lockergesteinen z. B. Atterberggrenzen. Auf Grund einer ersten Auslese werden bei Lockergesteinen die wichtigsten weiteren Kennziffern, wie Scherfestigkeit, Zugfestigkeit, Zusammendrückbarkeit, Durchlässigkeit an den geeigneten Materialien ermittelt. Wichtig ist, daß diese Materialien in genügenden und gleichmäßig zusammengesetzten Mengen vorliegen (siehe z. B. Hühnermattdamm, Schweiz[1]). Die zweckmäßigen Verarbeitungs- und Konstruktionsmethoden richten sich nach diesen vorgängigen Untersuchungen.

Nichtbindige, durchlässige Gesteine: Blockdämme für Stauzwecke werden sowohl bei relativ starrem wie auch bei nachgiebigem Felsuntergrund erstellt. Als Baumaterial eignen sich dazu druckfeste, unverwitterbare Bruchsteine. Diese werden entweder geschüttet oder zur Erzielung größter Raumerfüllung und solider Dammkörper von Hand oder maschinell versetzt. Zumeist kommen Blöcke verschiedener Größe zur Verwendung, z. B. Foum-el-Gueiss-Damm, Algerien[2]: ein Drittel Sandsteinblöcke 0,1–1 t, ein Drittel 1–5 t, ein Drittel 5–100 t. Eine optimale Raumerfüllung gewährleistet das lagerhafte Versetzen, wodurch z. B. beim Ghrib-Damm, Algerien, ein relativ kleines Porenvolumen von 25–26% erzielt wurde. Die Wasserdichtigkeit im Untergrund und den Seitenpartien wird durch Einbau einer Herdmauer mit zusätzlicher Dichtungsschürze, im Dammkörper durch eine wasserseitige Dichtungsdecke oder durch Dichtungskerne herbeigeführt.

Um eine optimale Verdichtung von Kies und Sand zu erzielen, werden diese häufig eingeschwemmt oder eingerüttelt. Die Einzelbestandteile der dazu verwendeten Kies- und Sandmaterialien sollen eine genügende Festigkeit besitzen und praktisch unverwitterbar sein. Bei der Anwendung von Lehmkernen und allgemein bei aus verschiedenen Materialien hergestellten Staudämmen wird sowohl auf der Wasser- wie auch auf der Luftseite der Stützkörper nach Durchlässigkeit abgestuft, wobei die durchlässigeren Materialien zwecks guter Entwässerung der Böschungen stets außen, die dichtenden, weniger durchlässigen im Damminnern angeordnet werden.

Bei *leichtbindigen bis bindigen Lockergesteinen* ist bei der Erstellung der Dämme die vorherige Bestimmung und die Innehaltung des Einbauwassergehaltes notwendig und wesentlich. Dieser liegt zumeist zwischen Fließ- und Ausrollgrenze und ist aus dem Verlauf der Wassergehaltskurve beim Zusammendrückungsversuch zu ermitteln[3]). Liegt dieser Wassergehalt zu hoch, so können ungünstige Reibungsverhältnisse (gespanntes Porenwasser) zu Rutschungen oder bei leichtbindigen Lockergesteinen zu Verflüssigungen führen. Auch die Zusammendrückbarkeit der verwendeten Materialien sollte nicht zu hoch sein, damit keine unerwünschten Setzungen und Spannungen entstehen, weshalb Torf, Seekreide und andere an anorganischen Bestandteilen reiche Lockergesteine, ferner sehr fette Lehme und Tone vermieden werden sollten. Durch Einbau bei richtigem Wassergehalt oder durch Mischung mit Kies oder Splitt (Bannalpdamm, Schweiz[3]), ferner durch entsprechende Dimensionie-

---

[1]) H. Hürzeler, Baugrunduntersuchungen und erdbauliche Erfahrungen beim Bau des Etzelwerkes. Wasser- und Energiewirtschaft, Nr. 7/8, 1938.

[2]) H. Link, Die Steindämme in Algerien. Wasserkraft und Wasserwirtschaft, Bd. 34, 1939. – J. C. Ott, La construction du barrage de Bou-Hanifia (Algérie). Bull. techn. Suisse rom. 70, 1944.

[3]) R. Haefeli und A. von Moos, Drei Lockergesteine und ihre technischen Probleme. Schweiz. Bauzeitung, Bd. 112 (1938). – K. Keil, Der Dammbau neuzeitlicher Verkehrsstraßen. J. Springer, Berlin 1938.

rung kann die Zusammendrückbarkeit herabgesetzt werden. Schütthöhe und Schüttgeschwindigkeit werden um so geringer gewählt, je bindiger die Materialien sind. Einspülverfahren eignen sich für bindige Materialien nicht, da das Wasser derselben bei zunehmender Belastung nicht rasch genug abströmen kann und dadurch gespanntes Porenwasser auftritt, was zu katastrophalen Rutschungen führen kann.

7. Rutschungen

a) *Lockergesteine*

Neben tektonischen Einwirkungen oder Ablagerungsvorgängen (Moränen, Dünen, Schüttungen) entstehen Böschungen, vor allem durch Unterschneidung von Gesteinskomplexen zufolge natürlicher Erosions- und Verwitterungsvorgänge oder durch künstliche Abtragung. Genügen die Reibungs- und Kohäsionsverhältnisse gewisser Partien der so entstandenen Böschung der Einwirkung der Schwerkraft nicht mehr, so besteht die Disposition zu Massenverlagerungen. Die Auslösung der Rutschbewegung wird vor allem durch Durchtränkung mit Wasser, Strömungsvorgänge, sodann Verwitterung, Temperaturschwankungen, Frost, durch natürliche oder künstliche Erschütterungen oder neue Auflasten bewirkt.

Das Verhalten der verschiedenen Gesteine unter instabilen Verhältnissen weist große Unterschiede auf. Prinzipiell lassen sich vom geologisch-petrographischen Standpunkte aus vereinfacht etwa folgende generelle Fälle unterscheiden[1]:

Die *nichtbindigen* Lockergesteine (Kies, Sand, Schlammsand) zeigen je nach Wassergehalt ein etwas verschiedenes Verhalten. Im *trockenen* Zustand bewegen sich hauptsächlich die Einzelbestandteile in der durch Witterungseinflüsse meist gelockerten obersten Zone der Böschung rollend oder gleitend hangabwärts. Unabhängig von der Höhe der Böschung bildet sich dann ein bestimmter natürlicher Böschungswinkel (= Winkel der inneren Reibung) aus. Im *feuchten, aber ungesättigten* Zustand entstehen durch Kapillarkräfte zwischen den Einzelkörnern Bindungen (sog. unechte Kohäsion). Diese ermöglichen gegenüber dem trockenen Zustand die Entstehung steilerer Böschungen, ähnlich wie das auch chemische Verkittungen (Nagelfluhbildung in Schottern) bewirken. Im *wassergesättigten Zustand* verhalten sich Grobsande, Kies, Schutt ähnlich wie im trockenen Zustand, sofern eine Wasserströmung im Material selbst fehlt, wobei aber der natürliche Böschungswinkel unter Wasser kleiner ist. Instabil sind oft Feinsande oder Schlammsande unter dem Einfluß von zusätzlichen Belastungen oder Erschütterungen (Erdbeben, Sprengung, Pfählung). Liegen diese Lockergesteine in lockerer Lagerung vor, so können diese dynamischen Beanspruchungen eine Verdichtung bewirken. Da aber das austretende überschüssige Porenwasser zufolge geringerer Durchlässigkeit oft nicht rasch genug entweichen kann, übernimmt das Porenwasser, da die innere Reibung stark herabgesetzt ist, plötzlich die ganze Beanspruchung. Es ent-

[1]) A. von Moos und R. F. Rutsch, Über einen durch Gefügestörung verursachten Seeufereinbruch (Gerzensee, Kt. Bern). Eclogae geol. helv., Bd. 37, 1944 (dort weitere Literatur). – W. H. Ward, The stability of natural slopes, Geogr. J. 105, 1945.

steht eine spez. schwere Wasser-Sand-Flüssigkeit, die ausfließt und erst bei kleinem Böschungswinkel zur Ruhe kommt (Quicksand, Schwimmsand, Hauptkornbereich 0,02–0,2 mm, selten größer, meist gute Aufbereitung). Solche Verflüssigungen treten auch bei Seekreiden auf, wobei neben gespanntem Porenwasser auch Gefügestörungen oder thixotrope Erscheinungen (siehe Seite 24) zur Erklärung der Vorgänge herbeigezogen werden (siehe Fig. 96)[1].

Fig. 95

Fig. 96

Fig. 95. Gleitfläche einer Deponie aus Mergelschutt, die durch Vernässung ins Gleiten kam. Deutliche Rutschharnische mit Schrammen.

Fig. 96. Ufereinbruch, hervorgerufen durch Wasserspiegelsenkung und Sprengung. Deckschicht aus Humus, Wurzelwerk und Torf (dunkel), unterlagert von Seekreide (hell), mit steilstehenden Scherflächen.

Liegen diese nichtbindigen Lockergesteine im Bereich des strömenden Grundwassers, so können auch die auftretenden Strömungsdrücke die Stabilitätsverhältnisse verschlechtern. Am ungünstigsten wirkt sich die plötzliche Gefällszunahme, z. B. durch luftseitige Wasserspiegelsenkungen, starke Niederschläge, berstende Druckstollen oder Wasserleitungen aus, wodurch bei Feinsanden und Schlammsanden Verflüssigungen auftreten können. Oft folgt das ausströmende Grundwasser hauptsächlich lokalen inneren Kanälen, die durch mechanische oder chemische Erosion (*sog. innere Erosion*) erweitert werden und zu Lockerungen und Einbrüchen, die sich bis an die Oberfläche auswirken, führen können[2].

Bei *bindigen* Lockergesteinen (Lehm, Ton) ist die Stabilität der Böschungen von den Kohäsions- und Reibungsverhältnissen des Materials wie auch von den Dimensionen des Hanges abhängig. Bei der Auslösung instabiler Zustände treten die Bewegungen meist längs zylinderförmig gebogener Gleitflächen auf

[1]) A. von Moos und R. F. Rutsch, Über einen durch Gefügestörung verursachten Seeufereinbruch (Gerzensee, Kt. Bern). Eclogae geol. helv., Bd. 37, 1944 (dort weitere Literatur). – W. H. Ward, The stability of natural slopes, Geogr. J. 105, 1945.

[2]) G. Rodio, W. Bernatzik, J. P. Daxelhofer, Erosions internes et autres phénomènes affectant la stabilité des massifs pulvérulants saturés d'eau. Paris 1937.

(siehe Fig. 95). Dabei entstehen im oberen Teil längs Klüften und Spalten Senkungen, wogegen am Fuße Hebungen stattfinden. Im Gegensatz zu den nichtbindigen Lockergesteinen verändert sich zufolge der Massenbewegung die gegenseitige Lage der Teilchen, mit Ausnahme der Rand- und Gleitzone, kaum. Wasseraustritte im Rutschgebiet können auch in bindigen Lockergesteinen zu zusätzlichen Fließzuständen führen[1]).

Neben diesen Hauptbewegungstypen der Lockergesteine, die selten in reiner, meist in kombinierter Form auftreten, müssen noch Bewegungen erwähnt werden, die durch Oberflächeneinwirkungen bedingt sind. Die *Solifluktion* erfaßt hauptsächlich die zu Frostlinsenbildung neigenden Lockergesteine, die nach dem Auftauen im Frühjahr, zufolge des Wasserüberschusses, plastisch bis breiig werden und an der Oberfläche hangabwärts fließen. Ähnliche Folgen können auch lange Perioden der Durchnässung haben (*Gekrieche*). Durch heftige örtliche Gewitter oder Wasserausbrüche z. B. von austretenden Gletscherseen können sodann an wenig bewachsenen Hängen Gemische von Wasser und lehmigem Sand entstehen, die als schwere Flüssigkeit große Blöcke mitzutragen vermögen und oft in verlangsamter Bewegung, ähnlich einer Grundlawine (*Rüfenbildung*) talwärts fließen.

Bei der Untersuchung der Stabilitätsverhältnisse natürlicher oder künstlich bewirkter Böschungen von Lockergesteinen müssen in erster Linie an Hand von geologisch-morphologischen Untersuchungen, sodann durch Sondierungen die geologischen und hydrologischen Verhältnisse abgeklärt (Lage der Gleitflächen) und, soweit notwendig und möglich, direkt im Schacht oder Bohrloch, evtl. auch an entnommenen ungestörten Proben, erdbaumechanische Versuche durchgeführt werden (Wassergehalt, Raumgewicht, Scher- und Zugfestigkeit, Durchlässigkeit, Zusammendrückbarkeit). Dazu treten sodann periodische Präzisionsvermessungen an der Oberfläche oder in Schächten, um die Hauptbewegungsgebiete feststellen zu können. Neben der geologisch-morphologischen Betrachtungsweise ermöglichen die auf den ersteren fundierenden erdbaumechanischen Überlegungen und Berechnungen, die Stabilitätsverhältnisse bei künstlichen homogenen Schüttungen auch generell quantitativ zu beurteilen.

b) *Festgesteine*

Im Gegensatz zu zahlreichen Stabilitätsfragen der Lockergesteine ist die Untersuchung und Beurteilung von drohenden Bergstürzen, Sackungen oder Rutschungen im Festgestein in erster Linie eine geologische Aufgabe[2]). Die Bewegungen sind vor allem an lagige, geschieferte, sodann geklüftete und verwitterte Gesteine gebunden. Neben der topographischen und geologischen Kartierung[3]) und Untersuchung im Terrain und an Hand von Photographien

[1]) R. Haefeli, Zur Mechanik außergewöhnlicher Gletscherschwankungen. Schweiz. Bauztg., Bd. 115, 1940.

[2]) Alb. Heim, Bergsturz und Menschenleben, Vierteljschr. Natf. Ges. Zürich, Jahrg. 77, 1932.

[3]) P. Knoblauch, M. Reinhard, E. Kündig, Geologischer Atlas der Schweiz 1:25000, Blatt 516, Jorio, Verlag Kümmerly & Frey, Bern 1939, mit topographischen und geologischen Aufnahmen vor und nach dem Bergsturz des Motto d'Arbino sowie der Bewegung einzelner Meßpunkte.

(Stereoaufnahmen z. B. aus der Vogelschau), der Darstellung derselben in Grundrissen und Profilen, der Feststellung der wichtigsten Gefügeverhältnisse, der hydrologischen Verhältnisse tritt die periodische Vermessung des Gebietes, um die Geschwindigkeitsänderung einzelner bewegter Massen zu erkennen[1]). Unter bestimmten Bedingungen (z. B. Sackungsmasse aus verwitterten, feuchten, lehmigen Tonschiefern) ist es möglich, die Gleitfläche auch durch seismische Untersuchungen festzulegen.

8. Stollen-, Tunnel- und Schachtbau

Die geologischen Voruntersuchungen für Stollen-, Tunnel- und Schachtbauten stellen die Gesteinsfolge, die Lagerung, Klüftung, das Vorhandensein von Ruschelzonen, Rutsch- und Sackungsgebiete und die voraussichtliche Wasser- und Gasführung fest. Als Grundlage dienen geologische Karten und spezielle Feldaufnahmen, Sondierbohrungen, auch geophysikalische Untersuchungen. Die Resultate werden in eine Prognose mit geologisch-gesteinskundlichem Profil in der Achse der vorgesehenen Tracés, ferner in Querprofilen dargestellt. Dabei wird den Festigkeits- und Härteverhältnissen, den Wasser- und Gasvorkommen, eventuell auch der Temperatur und der Überlagerung spezielle Beachtung geschenkt. Diese Prognose fällt um so zuverlässiger aus, je genauer die geologisch-petrographische Terrainaufnahme, je geringer die Schuttbedeckung, je stärker durchtalt und geologisch einfacher gebaut das Gebiet ist, je näher der Stollen an der Oberfläche sich befindet und je mehr Erfahrungen aus den Nachbargebieten vorliegen.

Die *Gewinnungsfestigkeit*, d. h. Bohrwiderstand und Sprengfestigkeit bei Festgesteinen, hängt vorerst von der Zusammensetzung der Gesteine ab, wie das aus nachfolgendem Beispiel und aus Figur 97 hervorgeht.

Tabelle 49

Abhängigkeit des Sprengstoffverbrauches von der Gesteinsart bei ähnlichen geologischen Verhältnissen (Tunnelbau SBB. Sisikon–Flüelen N, Querschnitt 6,6 m²) [2])

Material	Sprengstoffverbrauch in kg/m³ Ausbruch	Sprengstoff usw.
Quarzitischer Sandstein	3	Telsit J Altdorfit A Zündschnur-zündung
Kieselkalk	2,6	
Kalk	2,2	
Mergelkalk	2,0	
Tonschiefer	1,4	

[1]) P. Knoblauch, M. Reinhard, E. Kündig, Geologischer Atlas der Schweiz 1:25000, Blatt 516, Jorio, Verlag Kümmerly & Frey, Bern 1939, mit topographischen und geologischen Aufnahmen vor und nach dem Bergsturz des Motto d'Arbino sowie der Bewegung einzelner Meßpunkte.

[2]) Persönliche Mitteilung von Ing. M. Oswald.

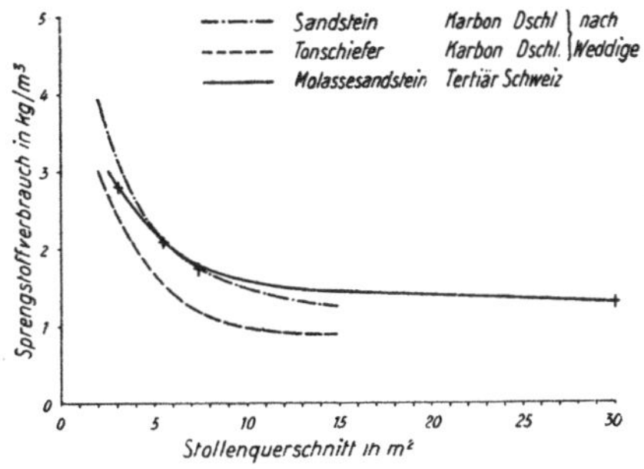

Fig. 97. Sprengstoffverbrauch in Funktion des Stollenquerschnittes und der petrographischen Zusammensetzung.

Einen wertvollen Anhaltspunkt für die Gewinnungsfestigkeit eines Gesteins ergibt die Kenntnis der Härte der Gesteine, wie sie Seite 57 als Kombination von Druckfestigkeit und Härte der beteiligten Mineralien definiert worden ist. Erschwerend wirkt der Wechsel von weichen und harten Komponenten (z. B. Kalk- und Quarzitgerölle in Konglomeraten). Feinkörnige Gesteine lassen sich allgemein schwerer bohren als grobkörnige, ebenso faserige schwerer als körnige. Tabelle 50 gibt eine Gliederung der Gesteine nach Bohrfestigkeit.

Tabelle 50. *Bohrfestigkeit verschiedener Festgesteine (unabhängig von der Klüftung)*

Bohrbarkeit	Härte der Gesteine nach S. 57	Beispiele
Leicht	Sehr weich bis weich	Mergel- und Tonschiefer, Gips, Anhydrit, Kalktuff, weiche Molassesandsteine
Mittelschwer	Weich bis mittelhart	Kalke, feste Molassesandsteine, Gneise, Glimmerschiefer
Schwer	Mittelhart bis hart	Kieselkalke, Flyschsandsteine, Granite, Porphyre, Porphyrite
Sehr schwer	Hart bis sehr hart	Quarzadern, Quarzite, Amphibolite, Diorite

Neben der Gesteinszusammensetzung ist die *Klüftung* für die Gewinnungsfestigkeit maßgebend. Eine gleichmäßige leichte Klüftung fördert die Sprengung und erfordert zufolge der geringeren Verspannung meist schwächere Sprengladungen. Günstig für Fortschritt und Einhaltung der Profile bei Vortriebsstollen ist eine senkrechte oder stumpfwinklige Anordnung der wichtigsten Gefügeflächen zur Attackenbrust, während diese Lage nach ANDREAE für den Vollausbruch bei Tunnels sich eher ungünstiger auswirkt. Liegen die Kluftflächen dagegen parallel der Stollenachse oder spitzwinklig dazu, so können die Bohrer abgedrängt und verklemmt werden. Im Vortrieb wirken sich die letztern Lagerungsverhältnisse eher ungünstig, im Vollausbruch dagegen nach ANDREAE eher günstiger aus. Schiefe, einseitige Lage der Kluftflächen bewirkt ungünstige Sprengreaktionen und führt zu einseitigen Überprofilen, die Nachschüsse verlangen. Ungünstig wirken sich auch offene Klüfte aus. Sie setzen die Sprengreaktion herab, verringern den Vortrieb und führen zu «Pfeifen». Die für den Ausbruch notwendige Sprengstoffmenge richtet sich nach der Zusammensetzung, Lagerung und vor allem der Klüftung des Gesteins, nach dem Profil und nach der Art und dem Alter des Sprengstoffes. Auch hier haben die Richtwerte in Tabelle 51 nur orientierende Bedeutung und stellen Höchstwerte insbesondere auch für schweizerische Verhältnisse dar.

Tabelle 51. *Sprengstoffverbrauch, zum Teil nach* WIEDEMANN, *(ohne Berücksichtigung der Klüftung usw.)*

Gesteinsart	Sprengstoffverbrauch in kg/m³ Ausbruch Profilgröße			Sprengstoff
	bis rund 6 m²	bis rund 10 m²	bis rund 40 m²	
Lockergesteine und weiche bis sehr weiche Festgesteine, z. B. Moränenlehm, Mergel, Gips usw.	0,8–1,5	0,6–1,3	0,3–1,0	Wenig brisant, treibend
Mittelharte Festgesteine, z. B. Molassesandsteine, Tonschiefer, Kalksteine	2,0–3,0	2,0–2,7	1,5–2,5	Für Einbruch und Kranz brisant, Sohle treibend
Harte Festgesteine, z. B. Flyschsandsteine, gewisse Gneise, Granite	3,0–4,0	2,5–3,5	1,7–3,0	Brisant
Sehr harte Festgesteine, z. B. Basalt, Quarzite, Amphibolite	3,5–4,5	3,0–4,0	2,0–3,0	Brisant

Standfestigkeit. Durch den Stollenausbruch entsteht im Berg ein Hohlraum, auf den das umgebende Gestein je nach Standfestigkeit verschieden reagiert. Diese Standfestigkeit ist abhängig von der Konsistenz des Gebirges, der Lage der wichtigsten Gefügeflächen, von der Überlagerung und von der Stellung der betreffenden geologischen Einheit im tektonischen Verband. Die nachfolgende Tabelle 52 gibt einen Überblick über die wichtigsten Festigkeitsbezeichnungen der Gesteine im Tunnelbau[1]).

Wasserführung: Neben den mechanischen und petrographischen Eigenschaften der Gesteine, deren Lagerung und Klüftung spielt für den Stollenbau die Wasserführung eine wesentliche Rolle. Sand, Kies, Schlammsand, teilweise verkittete Sandsteine und Konglomerate, zellige Kalke, Rauhwacken, Kalktuffe, vulkanische Tuffe sind allgemein wasserdurchlässige Gesteine.

[1]) K. TERZAGHI, Rocks defects and loads on tunnel supports. Publ. grad. School Engin. Harv. Univ. nº 418, 1945–46. – L. VON RABCEWICZ, Gebirgsdruck und Tunnelbau, Springer, Wien 1944.

Tabelle 52. *Standfestigkeit der Gesteine im Stollen- und Schachtbau*

Gebirgsart	Erscheinung	Wasser	Material
Rollig	Einrieseln von trockenem, körnigem Material, Bildung von Hohlräumen, Druckwirkung	Trocken	Schutt, Kies, Schlammsand, zuckerkörniger Dolomit, sanderfüllte Taschen und Spalten, Ruschelzonen in Festgesteinen
Schwimmend	Material- u. Wassererguß an der Brust und aus Fugen des Einbaues. Bildung von Hohlräumen, Druckwirkung	Lockergestein gesättigt oft Wasseraustritt	Wie oben, ohne Schutt und Kies dazu breiiger Lehm und Ton
Plastisch Blähend Quellend	Quellung unter Wasseraufnahme. Druck in First und Sohle, Einpressung der Ulmen	Häufig Fließ- und Tropfwasser	a) Lehm, Ton, Mergel b) Kaolinartig verwitterte Granite, Gneise, Serizitschiefer; Tonschiefer, Ruschelzonen c) Anhydrit
Gebräch	Absprengung, Nachfall, besonders in geklüftetem Gebirge, Kapellenbildung, Rutschharnische	Feuchtstellen besonders gefährdet	Die meisten Festgesteine, sofern stark geklüftet, geschichtet, geschiefert, bes. unter Bergdruck
Knallend	Plötzliche Absprengung von dünnen, oft gebogenen Gesteinsplatten von Ulmen unter Knall, namentlich bei großer Überlagerung, oft auch nahe der Oberfläche (Bergschlag)	Allgemein ohne Einfluß	Granite, grobbankige massige Gneise, Sandsteine, Kalke, Kohle, unter Spannung
Fest	Ohne wesentlichen Nachfall oder Blähung, standfest	Ohne Einfluß	Nicht geklüftete massige Granite, Gneise, Sandsteine, Kalksteine usw.

Die meisten übrigen Gesteine verhalten sich im kompakten Zustand dagegen als praktisch wasserundurchlässig. Erst das Vorhandensein mehr oder weniger offener Gefügeflächen, d. h. Klüfte, Spalten, Haarrisse, ferner Ruschelzonen, Verwerfungen, führen zu lokalisierten Wasseraustritten. Diese Partien können bei Wasserzufluß praktisch unverändert bleiben (in Granit, Gneis, Serpentin), sich mit sandigen, lehmigen oder festen Ausscheidungen (Kalkspat, Quarz,

Chlorit, Ocker) füllen, wobei sich lockere Einlagerungen beim Anfahren in die Stollen entleeren können oder die Wege können durch das zirkulierende Wasser mehr oder weniger rasch erweitert werden (in Gips-, Anhydrit-, Salz-, Karbonatgesteinen).

Die Wasserzirkulation hat für den Stollenbau folgende erschwerende Wirkung: allgemeine Durchfeuchtung, Pumparbeit beim Abteufen, Lockerung und Erweichung der Gesteine, Hydratisierung von Anhydrit unter Volumenzunahme bis 60%, Notwendigkeit der Erstellung von Drainagen, Lösen oder Verändern von Beton durch kalkarme Wässer mit oder ohne aggressive Kohlensäure oder sulfatreiche Wässer mit über 0,2 g SO_4''/l, Rutschungen in der Deponie am Portal, Versiegen von Quellen über Tag. Auch die Ventilation bewirkt durch Temperaturschwankungen und Veränderung der Feuchtigkeit eine Lockerung der Gesteine.

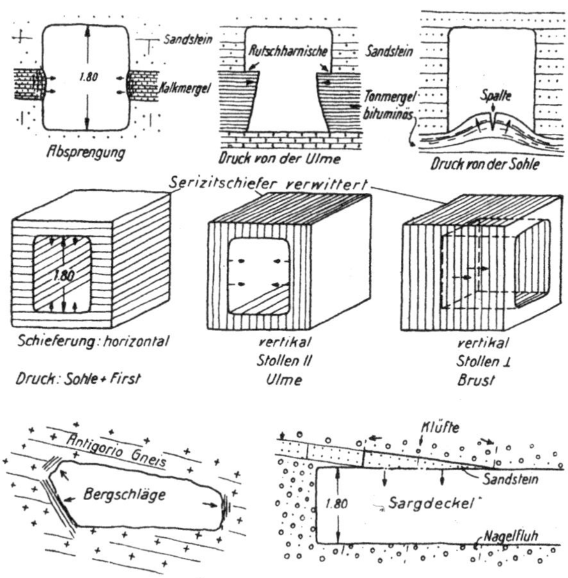

Fig. 98. Einige typische Quell-, Druck- und Ablösungserscheinungen in Stollenbauten.

Gase: Neben den durch den Betrieb auftretenden Gasen (Kohlensäure, Kohlenmonoxyd durch Verbrennungsmotoren, Atemluft und Sprenggase), können Methangasausströmungen und Sauerstoffabsorption, Kohlensäure- oder Schwefelwasserstoffeintritt mit dem durchfahrenen Gestein in Zusammenhang stehen. *Methan* CH_4 (Sumpfgas, Grubengas) und Äthan C_2H_6 bilden sich bei der Vermoderung und Inkohlung von pflanzlichen Substanzen unter Luftabschluß. Sie treten in der Nähe von Öl- und Kohlevorkommen sowie von bituminösen Gesteinen auf. Während bei einem Gehalt von bis 5 Volumenprozent Methan noch keine Gefahren bestehen, treten bei 5–14 Volumenprozent bei Entzündung in Verbindung mit dem Luftsauerstoff Explosionen, sogenannte schlagende Wetter auf. Bei höheren Konzentrationen genügt der Luftsauerstoff dazu nicht mehr. Bei Konzentration von über 5% tritt außerdem für Mensch und Tier die Gefahr der Erstickung zufolge Sauerstoffmangels auf. Der Methangehalt läßt sich an Hand der Höhe der Aureole (blaß-hellblau) der Benzinwetterlampe feststellen. Während die normale Atmosphäre 21 Volumenprozent *Sauerstoff* enthält, treten beim Menschen bei einer Verminderung des Sauerstoffgehaltes auf 17% bereits Erstickungserscheinungen, bei

Fig. 99

Fig. 100

Fig. 99. Aufwölbung der Sohle eines Stollens in bituminösen Mergeln durch Quellung.
Fig. 100. Einpressung eines bituminösen Mergels unter festeren Kalkmergeln mit Bildung von Rutschharnischen.

13% der sichere Tod auf. In Stollen kann sich der Sauerstoff, wenn wir vom Verbrauch durch Verbrennungsmotoren, Lampen, Atmung, Vermodern von Holz usw. absehen, durch Eintritt gashaltiger, sauerstoffarmer Quellen oder aber durch Oxydation von Pyrit oder von Kohle verringern[1]). Seltener ist eine Anreicherung von *Kohlensäure,* die im Zusammenhang mit vulkanischen Erscheinungen oder Kohlenflözen stehen kann, ferner von *Schwefelwasserstoff* aus der Zersetzung von Gips oder Sulfiden (z. B. Pyrit oder organischen Substanzen).

[1]) H. E. Fierz-David, Über die Leuker Thermalquelle und über die Zusammenhänge zwischen dem Unglück im Wassertunnel Brig–Ried mit Thermalquellen im allgemeinen. Vierteljschr. Natf. Ges. Zürich, Jg. 87, 1942.

V.

Spezielle Anforderung an Gesteine nach Verwendung

1. Festgesteine im Bauwesen

Da die bautechnischen Eigenschaften der einzelnen Gesteine in Abschnitt III ausführlicher behandelt sind, erfolgt hier nur eine kurze Übersicht nach den einzelnen Anwendungen.

Anforderungen an Straßenbelagsgesteine

a) *Pflastersteine.* Gute Spaltbarkeit in drei aufeinander nahezu senkrechten Richtungen (schlecht formatisierte Steine sind stärkeren Beanspruchungen unterworfen als gute). Hohe Festigkeit: Druckfestigkeit über 1800 kg/cm^2, gute Kantenfestigkeit gegenüber Schlag (steht meist in Widerspruch mit guter Spaltbarkeit), Hartgestein, bei Abnützung trotz Ebenheit nicht glatt werdend. Absolute Frostbeständigkeit.

Fig. 101

Fig. 102

Fig. 101. Pflaster aus einem sich sehr eben abnützenden Gestein (Hartsandstein), das eine geringe Schlagfestigkeit besitzt (viele konkave Kantenausbrüche).

Fig. 102. Pflaster aus sehr grobkörnigem, etwas geschiefertem Granit mit Sandquarzbildung (Seite 130). Nach kurzer Zeit sind zahlreiche Steine beschädigt oder zerstört.

Meist verwendete Gesteinsarten[1]: fein- bis mittelkörnige Granite, Basalte (bevorzugt körnige), vereinzelter: Diorite, Porphyrite, Diabase, Melaphyre (bei allen diesen ist mäßige Spaltbarkeit oft erschwerend); feste Sandsteine mit

[1] W. Klein, Petrographische Untersuchungen über die Eignung von Basalten als Pflastermaterial. Wuppertal 1930. – W. Zelter, Petrographische Untersuchungen über die Eignung von Graniten als Straßenbaumaterial. Abh. prakt. Geol. Bergwirtsch.lehre, Bd. 12, 1927.

quarzigem oder lückenlosem kalkigem Bindemittel, Grauwacken, Kieselkalke (meist sich glatt abnützend).

b) *Schotter und Splitt.* Für moderne Beläge: gute Festigkeiten, möglichst kubische Bruchformen (im Steinbrecher), nicht zu glatte Oberflächen, gute Haftbarkeit an Zement oder organischen Bindemitteln. Für wassergebundene Straßen eine gewisse Bindekraft des Staubes. Straßen in homogenen Hartschottern (mit Hartgesteinen) nützen sich weniger ab, werden aber glatter als Beläge aus gemischt-harten, mittelharten und wenig weichen Gesteinen.

Für moderne Beläge bevorzugte Gesteinsarten: Basalte, Porphyrite, Melaphyre, Diabase, Grauwacken, feinkörnige, feste Sandsteine, Kieselkalke, feste spätige Kalksteine. Für wassergebundene Straßen die meisten Kalksteinarten (am ungünstigsten sind die ganz dichten), Marmore, Dolomite.

Gebrochener Kies: unverwitterter Delta-, Fluß- oder Grubenkies. Erwünscht für höhere Ansprüche mindestens 50% Hartgestein und unter 10% Weichmaterial; nur entsprechend grobe Körnung des Kieses läßt gerundete Anteile zurücktreten; für Nebenstraßen genügt oft Mittelhartgestein.

Ungeeignet als Schotter sind (abgesehen von den ganz weichen Gesteinen): Quarzite, grobkörnige Granite, Nephelinsyenite, alle erheblich geschieferten Gesteine; Gneise, Glimmerschiefer (plattige bis schieferige Bruchformen). Oft muß allerdings mit dem vorliegenden Material vorliebgenommen werden.

Fig. 103. In intensiven Ruschelzonen sind feste Gesteine (hier Granitgneis, der wenige Meter von der abgebildeten Stelle in mächtigen Bänken ansteht) total zerstückelt und können als Lockergesteine abgebaut werden. Das Material dient hier für den Unterhalt von Nebenstraßen, da es wegen Verwitterung und Durchsetzung mit Kalkspat ziemlich bindig ist.

Ein wassergebundener Belag ist etwas bindig, wenn *kalkige* Teile, in geringerem Maße, wenn Epidot, Chlorit, feiner Glimmer, allgemein Verwitterungsmineralien zugegen sind. Man verwendet in kristallinen Gebieten gerne Material aus Ruschelzonen für den Unterhalt von Nebenstraßen (Fig. 103).

Im Straßenbau bewährte Hartgesteine sind meistens auch für die Geleisebettung (Bahnschotter) gut geeignet.

Anforderungen an Bausteine

a) *Gesteine für Fassadenverkleidungen und nichtpolierte Monumentalarbeiten*

In großen Blöcken gewinnbar (große Bank- und Kluftabstände), gut spalt- und bearbeitbar. Zurücktreten von Rißbildungen, Nähten und Tonhäuten (bei

Kalksteinen). Hohe Druckfestigkeit ist für alle nicht stark beanspruchten Bauteile nicht erforderlich. Porosität erwünscht, falls dadurch Wetterbeständigkeit nicht beeinträchtigt. Für Städte Widerstand gegen Rauchgas- und Sulfateinwirkungen wichtiger als absolute Frostbeständigkeit. Keine raschen und auffallenden lokalen Verfärbungen im Freien (Ausbleichungen und dunkle Gipskrustenbildungen sind bei vielen Kalksteinen unvermeidbar).

Meistverwendete Gesteine: Sandsteine der verschiedensten Art, vulkanische Tuffe, oolithische oder spätige poröse Kalksteine, kompakte Kalksteine, Marmore, seltener die schwerer bearbeitbaren Granite, granitischen Gneise und andere kristalline Gesteine.

b) *Randsteine, Treppenstufen, Bodenplatten, Sockelgesteine*

Gemeinsames Merkmal: mechanischer Abnützung unterworfen. Anforderungen wie bei a), dazu geringe Abnützbarkeit bei möglichst rauh bleibender Abnützungsfläche. Feuerbeständigkeit für freitragende Treppenstufen.

Meistverwendete Gesteine: Granite, Granitgneise, Hartsandsteine, Plattenquarzite, quarzreiche Kalkschiefer. Gesteine mit lagiger Textur oder plattiger Absonderung gestatten oft leichtere Herstellung genannter Objekte.

c) *Polierte Arbeiten*

Gute Polierbarkeit (geringe Porosität, Zusammensetzung aus gut polierbaren Gemengteilen bei nicht zu großen Härteunterschieden), bei Verwendung im Freien Anforderungen dazu wie unter a), bei Verwendung im Innern ist Wetterbeständigkeit nicht notwendig. Alle, auch die sonst völlig wetterbeständigen Karbonatgesteine verlieren im Freien die Politur rasch unter Ausbleichen.

Meistverwendete Gesteine: weiße, graue und getönte echte Marmore (die reinweißen Arten werden im mitteleuropäischen Klima im Freien mit der Zeit matt und sehen wie aus Gips aus), kompakte Kalksteine der verschiedensten Färbungen und Zeichnungen (Farbmarmore), Granite (vorzugsweise gefärbte Sorten), Syenite (teilweise farbenschillernd), Diorite, Diabase, Serpentine.

d) *Dachbedeckungen*

Gute Spaltbarkeit zu dünnen, ebenen Platten, gute Formatisierbarkeit, Bohrbarkeit ohne Bruch, Unempfindlichkeit gegen starke Erwärmung (über 80^0) und gegen raschen Temperaturwechsel (z. B. bei Gewitterregen), Widerstandsfähigkeit gegen Hagelschlag. Gute Beständigkeit gegen Frost, direkte Rauchgaseinwirkungen und gegen Sulfate.

Meistverwendete Gesteine: die nicht sehr häufigen ebenspaltenden Tonschiefer und Phyllite (eigentliche Dachschiefer, deren Eigenschaften siehe Seite 123), seltener kieselige Kalkschiefer, dünne Plattenquarzite (müssen meist in unregelmäßigen Stücken angewandt werden, da nicht formatisierbar), vereinzelt auch dünnplattige Gneise und Glimmerschiefer. Verschiedene dieser Gesteine dienen auch zu Plattenbelägen verschiedener Art (Gesimse, Wandverkleidungen, Tische usw.).

Anhang: Gesteine für Schreibtafeln

Notwendig ist eine sehr gleichmäßige, ebene Spaltung bei feinster Struktur und gleichmäßiger, nicht zu hoher Härte, dunkle Färbung. Verarbeitet werden fast ausschließlich kalkhaltige Schiefer (Mergelschiefer), die aber nur an wenigen Fundpunkten die oben erwähnten günstigen Eigenschaften aufweisen. Gute Tafelschiefer sind meist schlechte Dachschiefer.

Als Griffel dienen feinkörnige Schiefergesteine mittlerer Härte, die zwei ausgesprochen sich kreuzende Schieferungsebenen erkennen lassen, längs denen die Gesteine in parallelepipedische Stücke zerfallen, aus denen die Griffel durch Drehen erzeugt werden. Geeignete Vorkommen sind selten.

Handelsbezeichnungen von Bau- und Dekorationsgesteinen

Viele Gesteine werden im Handel mit anderen Bezeichnungen versehen, als der petrographischen Beschaffenheit entspricht. Die wichtigsten Abweichungen finden sich in der Tab. 56 verzeichnet.

Tabelle 56. *Gesteine, deren Handelsbezeichnung z. T. von der petrographischen abweicht*

Handelsbezeichnung	Petrographische Bezeichnung
Granit	Oft auch Gneise geeignet zu «Granitarbeiten»
Schwarzer Granit (Schweden)	Diabas (mit ausnahmsweise schwarz pigmentiertem Plagioklas)
Grüner Granit (Schweden) . .	Pyroxenamphibolit
Syenit (Ägypten)	Hornblendegranit
Syenit (Lausitz, Sachsen) . .	Diabas, grün-weiß gesprenkelt bis schwarzgrün
Syenit (Odenwald)	Diorit, schwarz-grün-weiß gesprenkelt
Labrador (Norwegen)	Augitsyenit (mit farbenschillernden Alkalifeldspäten)
Porphyr	Auch Quarzporphyr, Porphyrit, Diabas
Petit Granit (belgischer Granit)	Kalkstein, dunkelgrau mit grauweißen Versteinerungen (Karbonformation)
Marmor	Allgemein Kalksteine, die eine gute Politur annehmen
Onyx, Onyxmarmor	Kalksinter (meist Aragonit), kompakt, durchscheinend

2. Zuschlagstoff für Beton und Mörtel

Bindung mit Zement. Die Mehrzahl der festen Gesteine binden sowohl an einer Abrolloberfläche wie an einer Bruchfläche gut mit Zement und Baukalk. Schlecht binden Gesteine mit einer sehr glatten, im feuchten Zustande schmierigen Oberfläche, ferner Schieferstücke mit rein glimmerigen oder stark kohligen Überzügen. Eine bei kalkigen Gesteinen oft hartnäckig haftende Staubumhüllung verhindert ebenfalls eine feste Bindung von Zement und Gestein.

Festigkeit. Die (naß bestimmte) Druckfestigkeit der einzelnen Komponenten sollte für höhere Ansprüche mindestens 1000 kg/cm² übersteigen, für geringere mindestens das doppelte der verlangten Druckfestigkeit des Betons betragen. Für alle Verwendungen, bei denen eine mechanische Abnützung stattfindet (Verschleißschicht von Betonstraßenbelägen) ist ein Gehalt von über 50% Hartgesteinen (siehe Seite 56) erforderlich. Bei allen Anwendungen im Freien muß das Gestein natürlich durchgehend frostbeständig sein.

Bevorzugte Gesteinsarten. Die meisten Granite, Diorite, Syenite und ähnliche körnige kristalline Gesteine, kompakte porphyrische Gesteine, Basalte, Diabase, Amphibolite, massigere, glimmerarme Gneise, Granulite, feinkristalline oder spätige reine Kalksteine, Kieselkalke, feste Sandsteine, Grauwacken, Quarzite.

Ungeeignete Gesteine. Die obengenannten in angewittertem oder tektonisch stark beanspruchtem Zustande; Kalksteine mit Tongehalt (Mergelkalke), auch wenn nur gering (oft bei sehr dichten Kalksteinen der Fall), Mergelschiefer, Tonschiefer, glimmerreiche kristalline Schiefer und Gneise, Chlorit-Talk-Gesteine, die meisten grobkristallinen Marmore, Rauhwacken, alle gipsführenden Gesteine, viele weichere Sandsteine mit erheblicher Porosität.

Rund- oder Brechmaterial. Es werden sowohl das direkt gewinnbare Rundmaterial (Kies, Natursande) wie gebrochenes Gestein (Brechschotter, Splitter, Brechsande) in etwa gleichen Mengen gebraucht. Beide haben gewisse Vorteile und bevorzugte Anwendungen. Die Rundmaterialien bieten (abgesehen von der Umgehung des Brechvorganges) den Vorteil der leichter erzielbaren Durchmischung mit dem Bindemittel sowie des erleichterten Einbringens. Sie brauchen für eine bestimmte Konsistenz auch weniger Anmachwasser. Die Brechmaterialien geben bei intensiver Verdichtung (Stampfen, Vibrieren, Pressen) höhere Festigkeiten, bei Zementwaren können die Produkte sofort ausgeschaltet werden ohne zu deformieren, was in der Fabrikation eine große Einsparung von Formen bedeutet. Für die Abnützungsschichten der Zementbeläge an Betonstraßen werden stets erhebliche Anteile an gebrochenem Splitt beigefügt. Für Mauer- und Verputzmörtel werden im allgemeinen Brechsande (Walzsande) vorgezogen, weil beim Vermauern die Steine besser fixiert sind und auch der noch unabgebundene Verputz besser hält. Im Sandanteil unter 1 mm ist allgemein der hier meist ebenfalls eckige Natursand dem Brechsand vorzuziehen (siehe auch unten).

Sowohl beim Brech- als beim Rundmaterial werden im allgemeinen die Zuschlagstoffe vorgezogen, deren Hauptanteile sich nicht allzu stark von der Tetraeder- oder Würfel- bzw. Kugelform entfernen. Nicht erwünscht sind jedenfalls große Anteile an dünnplattigen, flachen oder stengeligen Stücken.

Fels- oder Kiesmaterial. Felsmaterial wird natürlich weit vorwiegend gebrochen (wenn es nicht bereits durch natürliche Zertrümmerung zerkleinert ist). Kiesmaterial kann rund oder gebrochen verwendet werden. Oft hält man Felsmaterial für homogen, Kiessandmaterial für heterogen. Diese Gegenüberstellung ist aber durchaus nicht immer richtig. Nicht selten ist ein bei oberflächlicher Betrachtung ziemlich einheitliches Felsgestein in technischer Beziehung heterogener als ein Flußkies mit offensichtlich verschiedenen Komponenten. Das ist z. B. der Fall, wenn ein Kalksteinvorkommen Partien mit reichlich Tonhäuten, mergeligen Lagen und Durchaderungen enthält, wogegen ein Flußkies durch die natürliche Anreicherung fester und harter, wenn auch petrographisch verschiedener Gesteine ein Material von recht einheitlichem Verhalten abgibt. Im Sandanteil (unter 2 mm) wiegen beim Naturmaterial meist die widerstandsfähigen Mineralien (vor allem Quarz) und Gesteinsfragmente (Hornsteine, Kieselkalke) weit vor. Wiederum verstärkt wird aber bei Kiesen die Heterogenität durch eine nachträgliche Verwitterung, wie man sie oft bei ältern decken- oder terrassenförmigen Kiesablagerungen und bei Moränen findet. Beton aus einheitlichem und uneinheitlichem Gestein gleicher Qualität ist praktisch gleichwertig.

Die Korngrößenverteilung. Die Korngrößenabstufungen zur Erzielung möglichst kompakter und fester Betonqualitäten (bei einer möglichst geringen Zementmenge) sowie die maximal zulässigen Dimensionen der Zuschlagstoffe bei den verschiedenen Anwendungen sind eine mehr technische als petrographische Frage. Immerhin hangen die günstigsten Abstufungen erheblich von der Kornform und damit von der Petrographie ab. Dichteste Packungen lassen sich erzielen einerseits bei möglichst kubischen, andererseits bei möglichst kugeligen Formen. Im übrigen sei auf die Betonliteratur hingewiesen.

3. Mineralische Bindemittel

Baukalke und Zemente

Man unterscheidet hier:

a) die *nichthydraulischen*, die an der Luft (durch CO_2-Aufnahme), aber nicht unter Wasser erhärten. Dazu gehören die seit Jahrtausenden verwendeten Baukalke (Weißkalk, Graukalk [Dolomitkalk] resp. deren Hydrate);

b) die *hydraulischen*, die durch Wasseraufnahme, also auch unter Wasser erhärten und einen wasserbeständigen Mörtel oder Beton liefern. Dazu gehören die verschiedenen hydraulischen Kalke (Wasserkalke), Romanzement, Portlandzement und Tonerdezement. Als Rohmaterialien für diese Bindemittelgruppe dienen Kalkstein, Dolomit (für Graukalk), Kalkmergel, bisweilen auch Tone, für die Tonerdezemente dazu noch Bauxit. Im einzelnen ist die Auswahl des Rohgesteins und die oft notwendige Mischung mehr eine chemische als eine petrographische Frage. Die Fig. 104 gibt in Dreiecksdarstellung eine Übersicht der Hauptzusammensetzung der genannten Bindemittelarten. Bei Portlandzement muß das Verhältnis der Hauptoxyde folgenden Werten entsprechen:

$$\frac{CaO}{SiO_2 + Al_2O_3 + Fe_2O_3} = 1{,}7 \text{ bis } 2{,}4 \text{ (hydraulischer Modul oder Kalkmodul)},$$

$$\frac{SiO_2}{Al_2O_3 + Fe_2O_3} = 1{,}8 \text{ bis } 3{,}5 \text{ (Kieselsäure- oder Silikatmodul).}$$

Die Träger der Erhärtung sind bei den Kalk-Tonerde-Kieselsäure-Bindemitteln Kalksilikate und Kalkaluminate, die sich bei Wasserzutritt zersetzen und unter Verfestigung (Abbinden) neue wasserhaltige Verbindungen eingehen. Im Portlandzement bilden sich z. B. beim Brennen bis zur Sinterung (1500 bis 1600° C): Trikalziumsilikat $3\,CaO \cdot 1\,SiO_2$ (Hauptträger der Erhärtung), Bikalziumsilikat $2\,CaO \cdot 1\,SiO_2$, Trikalziumaluminat $3\,CaO \cdot 1\,Al_2O_3$, $4\,CaO \cdot 1\,Al_2O_3 \cdot 1\,Fe_2O_3$ (sog. Brownmillerit), ferner glasige Substanzen. Für Näheres muß auf die Literatur[1]) verwiesen werden.

Hydraulische Zuschläge

Einige natürliche Gesteine, die reich an alkalireichen Glasbestandteilen sind, meistens vulkanische Tuffgesteine (*Traß/Puzzolane*), haben die Eigenschaft, mit den basisch reagierenden Bindemitteln chemische Verbindungen einzugehen

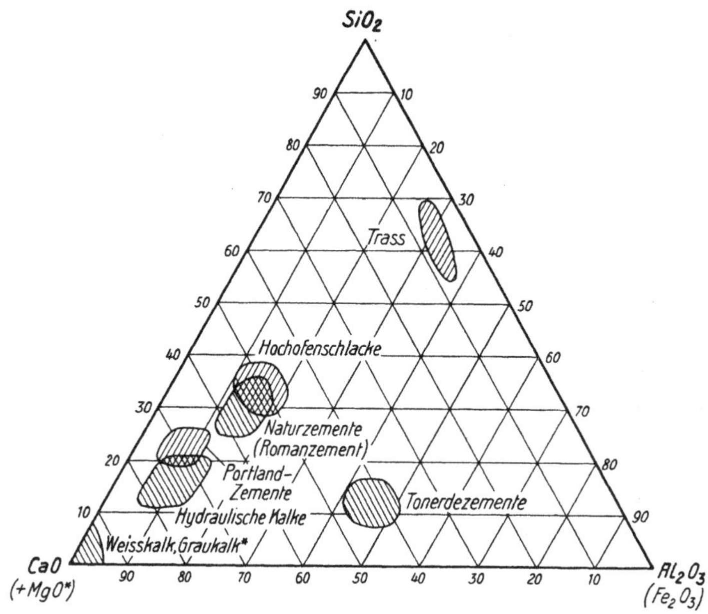

Fig. 104. Übersicht über die chemische Zusammensetzung (Gewichtsprozente) der Bindemittel und hydraulischen Zuschläge. Portlandzement und Tonerdezement werden gesintert, die Baukalke, hydraulischer Kalk und Romanzement nicht bis zur Sinterung gebrannt. – Kalksteine und Mergel sind für diese Darstellung CO_2-frei zu berechnen.

und dadurch deren Erhärtung zu fördern. Vor allem verleihen sie dem gewöhnlichen Kalkhydrat hydraulische Eigenschaften, machen es also auch für

[1]) Siehe Seite 214, ferner: L. Forsén, Zur Chemie des Portlandzementes. Zement, Bd. 24, 1935. – H. Gessner, Über das Abbinden des Zementes, Kolloid-Z., Bd. 46/47, 1928/29. – P. Schläpfer und P. Esenwein, Untersuchungen über die Bestimmung des freien Kalkes und des Kalziumhydroxydes in Zementklinkern usw., Schweizer Archiv, Bd. 2, 1936. – M. Ros, Die zukünftigen schweizerischen Normen für Portlandzemente, EMPA.-Diskussionsbericht, Nr. 60, 1931.

Wasserbauten verwendbar. In weit geringerem Maß kommt dazu auch die aus Opalsubstanz bestehende Kieselgur in Betracht. Ähnliche Eigenschaften haben auch granulierte (rasch abgekühlte) *Hochofenschlacken*, weniger ausgeprägt Ziegelmehl, Glasmehl, gewöhnliche Schlacken u. a. Die Gemische von solchen hydraulischen Zuschlägen mit Kalkhydrat besitzen indessen gegenüber Portlandzement Nachteile, wie geringere Festigkeiten, stärkeres Schwinden, kürzere Lagerfähigkeit. Sie werden in normalen Zeiten wenig angewendet. Beim Portlandzement setzt man bisweilen Hochofenschlacke oder Traß in geringen Mengen zu, um den Zement ohne wesentlichen Verlust der günstigen Eigenschaften zu strecken. In größeren Mengen verleihen diese Zusätze dem Zement speziell geringere Angreifbarkeit bei Meerwasserbauten, an der Luft angewendet sind solche Gemische indessen dem reinen Zement unterlegen. Man unterscheidet den Eisenportlandzement mit im Mittel zirka 30% und den Hochofenzement mit zirka 70% Zusatz an Schlacken.

Gips und verwandte Bindemittel

Für die Herstellung der mannigfachen Gipsprodukte (Hauptarten: Stuckgips, tiefgebrannt, Estrichgips, hochgebrannt) sind Gipsgesteine sehr wechselnder Struktur verwendbar. Für gröbere Anwendungen muß ihr Gehalt am Mineral Gips im allgemeinen mindestens 80–85% betragen, für feinere Erzeugnisse muß die Reinheit auf 90–99% steigen. Von den in Gipsgesteinen häufigen Beimengungen sind Quarz und Glimmer ziemlich unschädlich. Kleine Mengen von Karbonat (Kalkspat, Dolomit) sind in tiefgebranntem Gips ebenfalls ohne größeren Einfluß, in hochgebranntem sind Karbonate unerwünscht, da sie hier (als Oxyde) Treiberscheinungen hervorrufen können. Anhydrit kann ebenfalls ein Treiben bewirken. Tonmineralien vermindern die Festigkeit und färben grau, in Stuckgips auch kohlige Partikel, in Estrichgips bewirken diese eine Reduktion von Sulfat in Sulfid, das sich mit Wasser zersetzt. Pyrit erzeugt beim Verwittern Braunfleckungen. Leicht wasserlösliche Salze (Steinsalz u. a.) vermindern die Festigkeit und können das Abbinden unerwünscht beeinflussen. Für alle Fragen des Brennens und Abbindens des Gipses und der dabei entstehenden Umwandlungen sei auf die Literatur[1]) verwiesen.

Ein Spezialbindemittel für verschiedene Leichtbauzwecke (holzhaltige Steine) ist das aus *Magnesit* erzeugte MgO, das unter Zusatz von Magnesiumchlorid oder Magnesiumsulfat erhärtet. Man verwendet dazu die dichten, reinen Magnesite.

4. Keramische Produkte (Tonwaren)

Keramische Produkte sind solche, die natürlichen Ton[2]) enthalten und gebrannt werden. Dabei bilden sich aus den wasserhaltigen silikatischen

[1]) Insbesondere auf A. Voellmy, Die Prüfung der Gipse und Gipsmörtel. Handbuch der Werkstoffprüfung, Bd. 3, Berlin 1941.

[2]) Hier wird unter Ton jedes in der Keramik verwendbare Material mit plastischen Eigenschaften verstanden (Ton in keramischem Sinne).

Tonmineralien, zum Teil in Reaktion mit andern Beimengungen (Silikaten, Karbonaten, Oxyden) wasserfreie Verbindungen, bei entsprechend hohen Temperaturen schließlich glasige Massen. Die Natur der in den gebrannten Tonen entstehenden Neubildungen, größtenteils instabiler Art, ist infolge ihrer Feinkörnigkeit erst in jüngerer Zeit, hauptsächlich mit den röntgenographischen Methoden, ermittelt worden.

Die Bereiche, bei welchen Gesteine allgemein bei hohen Temperaturen charakteristische Veränderungen erfahren, pflegt man wie folgt zu bezeichnen:

a) *Kaustizierbereich* (-temperatur). Bereich, in welchem Karbonatgesteine CO_2 abgeben (kaustisch gebrannt werden).

b) *Bereich des Backens.* Temperaturspanne (meist recht groß), bei welcher bei Tonen die Verfestigung (erste Reaktionen in festem Zustande) unter Wasserabgabe stattfindet. Diese ist mit einer Volumenabnahme verbunden, die sich in äußerem Schwinden und in einer Porosität äußert (meist beides zugleich). Ein Porenschluß findet beim Backen noch nicht statt.

c) *Sinterbereich* (-temperatur). Bereich, in welchem einerseits zwischen den Gesteinskomponenten stärkere Reaktionen im festen Zustande sich abspielen, anderseits die ersten Schmelzerscheinungen meist an (erwünschten oder unerwünschten) Beimengungen auftreten. Beide Vorgänge haben einen Porenschluß und meist eine erhebliche Verfestigung des Materials zur Folge.

d) *Deformationsbereich* (-temperatur). Bereich der Erweichung und Deformation durch Ausdehnung der Schmelzerscheinungen. Er liegt meist 100 bis 200^0 über dem Sinterbereich, doch gibt es auch Materialien, die sich bereits während der Sinterung deformieren. Für viele Zwecke wird auch verlangt, daß sie bis zu bestimmten Temperaturen sich auch unter einer gewissen Belastung (meist 1 bis 2 kg/cm^2) nicht erheblich deformieren (Feststellung des Beginns und Verlaufs der Druckerweichung).

e) *Schmelztemperatur* (-bereich). Das eigentliche Flüssigwerden erfolgt bei den meisten silikatischen Stoffen nicht an einer scharf angebbaren Temperatur, sondern allmählich in einem Bereich von 10 bis 50^0; die Bezeichnung Schmelztemperatur, die man trotzdem immer findet, ist somit etwas recht Subjektives.

Die keramischen Eigenschaften der Tone hängen nur zum Teil von ihrer chemischen Zusammensetzung ab, da sich, wie bereits erwähnt, bei den angewandten Back- oder Sintertemperaturen stabile Verhältnisse nicht einstellen. Es ist deshalb die Korngröße und die Art der einzelnen Mineralbestandteile von großer Wichtigkeit. Besonders letzteres ist meist gar nicht einfach zu bestimmen. Eine genaue Voraussage des Verhaltens ist dadurch bei Tonen meist schwierig und verlangt mühsame Untersuchungen. Schon seit langem kannte man die speziellen Eigenschaften und Eignungen vieler Tonvorkommen, ohne einen tieferen Einblick in die Ursachen zu erlangen. Erst in den letzten Jahrzehnten ist hierin eine Änderung eingetreten. Im folgenden können nur die wichtigeren Untersuchungsmethoden an ungebrannten und gebrannten Tonen aufgezählt werden. Teilweise sind sie in anderem Zusammenhang im Abschnitt II näher beschrieben.

Die Bestimmungen zur Toncharakterisierung sind am *ungebrannten* Material:

a) Mechanische Analyse durch Sieben und Schlämmen.

b) Petrographische, eventuell röntgenographische Untersuchung der einzelnen Bestandteile.

c) Spezifisches Gewicht, Raumgewicht und Porosität.

d) Wasseraufsaugvermögen und Wasserdurchlässigkeit.

e) Chemische Analyse. Gewöhnlich werden hierbei nur SiO_2, Al_2O_3, Fe_2O_3, CaO, MgO, CO_2, eventuell SO_3, organische Substanz und Wasser bestimmt, bei letzterem gesondert das über und unter 100° entweichende. Die meist vernachlässigten Alkalien sind bei vielen Tonen in wesentlichen Mengen anwesend und auf ihr Verhalten von bedeutendem Einfluß. Auch TiO_2 ist oft recht reichlich vorhanden.

Früher wurde statt einer chemischen Analyse vielfach die sogenannte rationelle Analyse nach SEGER durchgeführt. Diese ermittelt drei Gruppen von Stoffen: einen säureunlöslichen Anteil, umfassend die sogenannten magernden Bestandteile, vor allem Quarz, eventuell Feldspäte und andere Silikate, die Tonsubstanzen, ermittelt aus der säurelöslichen Tonerde, sowie die ebenfalls großenteils säurelöslichen Oxyde des Eisens, Kalziums und Magnesiums. Diese Unterscheidung mag bei gewissen Tonen ein zutreffendes Bild geben, bei andern führt sie zu groben Fehlschlüssen, da nicht alle Tonmineralien schwefelsäurelöslich sind. Ferner ist es für das Verhalten des Tones von großer Bedeutung, ob als magernder Bestandteil nur Quarz oder auch reichlich Feldspat vorhanden ist, wie dies bei zahlreichen Tonen zutrifft.

f) Die Konsistenz- und Plastizitätsverhältnisse. Sie sind für die Formung der Tonwaren und für die Ermittlung des zur Verarbeitung günstigen Wassergehaltes wichtig.

g) Die Trockenschwindung.

Die Bestimmungen im Ursprungszustande werden durch eine Untersuchung des *gebrannten* Materials ergänzt[1]). Es werden hier u. a. bestimmt:

h) Spezifisches Gewicht, Raumgewicht und Porosität.

i) Wasseraufnahme, Wasserdurchlässigkeit und kapillare Saughöhe.

k) Festigkeitsverhalten, vor allem bei Baukeramik. Die Druckfestigkeit ist bei Backsteinen um 200 bis gegen 1000 kg/cm², bei Klinkerwaren ist sie viel höher, bis über 2000 kg/cm².

l) Die Brandfarbe, wobei der Hauptunterschied zwischen weiß und farbig brennendem Material gemacht wird. Die Ursache des Farbigbrennens ist weitaus vorwiegend ein Eisengehalt, der sich bereits in kleinsten Mengen bemerkbar macht und der in oxydierender Atmosphäre zu den charakteristischen Tönungen gelblich, orange, rosa, ziegelrot, dunkelrot führt.

m) Die Brandschwindung, ein sehr wichtiger Umstand bei fast allen Tonfabrikaten, besonders bei denjenigen, wo ein Ton hoher Plastizität (wenig magernde Bestandteile) notwendig ist, was mit hohem Verarbeitungswasser-

[1]) P. HALLER, O. STADLER, F. M. OSSWALD, Physik des Backsteins. Verb. Schweiz. Ziegel- und Steinfabr. Zürich 1933. – P. HALLER, Die Dachziegel aus gebranntem Ton. EMPA. Diskussionsbericht Nr. 111, Zürich 1937.

gehalt und damit starkem Schwinden verbunden ist. Dieses ist aber wegen der damit verknüpften Deformation und Rißbildung sehr unerwünscht. Es muß deshalb der optimale Ausgleich gesucht werden.

n) Dazu kommt die Ermittlung des allgemeinen Brennverhaltens, wie dies oben charakterisiert wurde.

Die alte Einteilung der keramischen Waren nach Art des Brandes und der Brandfarbe dient auch heute noch zur Übersicht.

Tabelle 57. *Übersicht über die keramischen Produkte*

Art des Brandes	Brandfarbe	
	Weiß	Farbig
Gebacken (Irdenwaren)	Irdengut, z. T. Steingut (meist mit Glasur)	Irdenzeug { Ofenkacheln Töpferwaren (mit oder ohne Glasur) Ziegeleiwaren (Grobkeramik)
Gesintert (Klinkerwaren)	z. T. Steingut (mit Glasur) Porzellan (mit Glasur)	Bau- und Pflasterklinker (ohne Glasur) Steinzeug (mit Glasur)

Bei der enormen Mannigfaltigkeit der Tone und der daraus hergestellten keramischen Produkte kann hier nur ein ganz roher Überblick der besonderen Anforderungen gegeben werden, die für die einzelnen Haupterzeugnisse verlangt werden. Die feuerfesten keramischen Materialien (Schmelzung über 1600°) sind auf Seite 180 behandelt.

Grobkeramik, Ziegeleiwaren. Für die gewöhnlichen Backsteine, das Hauptprodukt dieser Kategorie, sind sehr verschiedenartige Tone verwendbar, insbesondere auch die sehr verbreiteten kalkreichen Abarten (petrographisch Mergel), mit maximal bis etwa 30% $CaCO_3$. Der Gehalt an Tonmineralien kann bis auf 10–20% herabgehen. Die meisten Ziegeleitone führen reichlich feinste Quarz- und Feldspatkörnchen bis herab zu 0,002 mm, dazu Eisenhydroxyde und andere eisenhaltige Mineralien. Eine Variationsbreite des Chemismus läßt sich kaum angeben. Zu fette Tone müssen mit Sand gemagert werden, wodurch sich die Brandschwindung verringert und die Feuerfestigkeit etwas erhöht. Oft erweisen sich Mischungen von Tonen verschiedener Zusammensetzung (wie sich solche in vielen Tonvorkommen übereinander finden) als günstig. Die Durchmengung muß sehr innig, in Kollergängen, vor sich gehen. Oft werden Tone vor dem Verarbeiten längere Zeit mit Wasserzusatz gelagert (gesumpft oder gemaukt) oder einen Winter (vereinzelt sogar mehrere) dem Frost ausgesetzt liegengelassen (gewintert), sie ergeben dann bessere Produkte. Unerwünscht ist die Anwesenheit von Kalkstücken größerer Dimensionen (sie erzeugen Ätzkalk, der später treibt), ferner von Sulfaten. Ein im Fertigprodukt festgestellter Gehalt an SO_3 kann aber auch aus der Kohle beim Brennen stammen. Dachziegel und Tonröhren verlangen eine wesentlich sorgfältigere Auswahl der Tone; sie sollen dichter werden als die Backsteine (aber doch durchlässig), erstere zudem von angenehmer Färbung sein. Hier ist besonders ein höherer Eisengehalt erwünscht. Viele Dachziegel (auch Fassadensteine) werden engobiert, d. h. mit einem Überzug gewünschter Färbung, der dem Stein auch größere Dichtigkeit verleiht, versehen. Die Ziegeleitone werden meist bei $900^0 - 1100^0$ gebrannt. Die Brandfarbe ist bei kalkarmen Produkten je nach dem Eisengehalt heller bis dunkler rot, bei kalkreichen Tonen (auch wenn erheblich eisenhaltig) gelblichweiß bis bräunlich oder hellrosa.

Man verwendet Tone aus den verschiedensten geologischen Epochen und verschiedenartiger Entstehung (Moränen, See- und Meerbodenablagerungen, Schwemmlehme u. a.). Die eigentlichen erweichbaren Tone werden in plastischem Zustande verarbeitet, die ältern (meist mesozoischen oder paläozoischen) schwer erweichbaren Schiefertone werden gemahlen, dann trocken in Formen gepreßt und gebrannt.

Irdene Töpferwaren. Auch für diese Produkte kann man sehr verschiedenartige Tone gebrauchen; sie gehören meist zum farbig brennenden Irdenzeug, seltener zum Irdengut. Gefordert wird gute Bildsamkeit, damit sie gut auf der Drehscheibe geformt werden können. Zur Erhöhung der Standfestigkeit ist oft ein gewisser Zusatz von feinem Quarzsand notwendig.

Ofenkacheln gehören meistens ebenfalls zum Irdenzeug, an das die Anforderungen nicht zu groß gestellt werden. Notwendig ist eine große Porosität (Temperaturisolierung) sowie eine gute Temperaturwechselbeständigkeit. Tone mit erheblichem Kalkgehalt (bis 30%) sind für diese Zwecke günstig, dieser erhöht die Porosität (CO_2-Abgabe), dazu bleibt die Glasur auf solchen Produkten rissefrei.

Bauklinker (Fassadensteine, Bodenplatten, Pflastersteine usw.). Für die Klinkerherstellung benötigt man Tone, die bereits bei nicht sehr hohen Temperaturen gut und dicht sintern, ohne dabei zu deformieren. Es müssen somit relativ reichlich Flußmittel anwesend sein, aber doch wieder nicht in solcher Menge, daß die Sinterung rasch in ein Schmelzen übergeht. Besonders günstige Flußmittel sind Alkalien, während ein erheblicher Kalkgehalt ganz unerwünscht ist, weil bei kalkreichen Tonen Sinter- und Deformationstemperatur nahe beieinanderliegen, ja zum Teil bereits eine Deformation vor der Sinterverdichtung stattfindet. Bei den Bauklinkern wird oft eine intensiv rote Färbung gefordert, ein Eisengehalt des Tones ist in diesem Falle notwendig; oft muß ein eisenreicher Ton (Boluston) zugesetzt werden. Je nachdem die Brennatmosphäre oxydierend oder reduzierend ist, lassen sich verschiedene Töne erzielen. Im ersten Falle bleiben die Steine stets rot, im letztern werden sie bei hohem Eisengehalt dunkelviolett bis blauschwärzlich (Magnetitbildung).

Steinzeug. Für die dicht gesinterten Steinzeugprodukte, wie Bottiche, Röhren, gelten strengere Anforderungen als für die Bauklinker; meist verwendet man hier tonerdereichere, eisenärmere Tone, die oxydierend gelb, reduzierend grau brennen. Hier wird besonderer Wert auf großen Abstand zwischen Sinter-

und Erweichungsbereich gelegt, da natürlich die oft komplizierten Formstücke nicht die geringste Deformation beim Brennen erleiden dürfen. Steinzeug ist säurefest und besitzt nur geringe Wärmedehnung.

Steingut, das mit einer dichten Glasur hauptsächlich für Toilettebecken, Wandplatten und Geschirr dient, verlangt weißlich brennende, meist kaolinreiche Tone, die meistens auch feuerfest sind, obwohl für diese Produkte nicht notwendig. Sie müssen aber doch einen gewissen Flußmittelzusatz besitzen, damit sie gut sintern. Solche Tone sind nicht sehr häufig. Z. T. werden Steingutprodukte auch nur schwach, zu einem porösen Scherben, gesintert.

Porzellan. Zum edelsten keramischen Produkt, dem weißen, durchscheinenden Porzellan, dient geschlämmter Kaolin (aus kaolinisierten Silikatgesteinen) mit Zusatz von Quarz (z. T. als Feuerstein) und Feldspat, die natürlich ebenfalls völlig eisenfrei sein müssen. Im Mittel verwendet man 50% Kaolin, 25% Quarz und 25% Feldspat (meist Kalifeldspat). Nicht alle Kaoline sind für die Porzellanherstellung genügend plastisch. Porzellan wird zweimal gebrannt. Es ist hart, undurchlässig für Gase, chemisch beständig, verträgt rasche Temperaturwechsel und ist ein guter elektrischer Isolator, dagegen nicht feuerfest (beginnende Druckerweichung unter 1000° C).

Die gesinterten keramischen Produkte bestehen aus Glasmasse mit je nach Zusammensetzung und Brand mehr oder weniger reichlichen Quarzkörnchen und Neubildungen von Mullit (siehe Seite 182).

5. Gesteine als feuerfeste Baustoffe

Die Technik bedarf großer Mengen an feuerfestem Material, besonders für den Ofenbau in den verschiedenen Industrien (Metallurgie, Zementfabrikation, Keramik, Glasfabrikation usw.). Man bezeichnet ein Material als feuerfest, wenn seine Schmelztemperatur oberhalb 1600° liegt. Bisweilen spricht man noch von halbfeuerfesten Stoffen mit Schmelzung zwischen 1500 und 1600°, und von hochfeuerfesten mit Schmelzung über 1800°. Die beginnende Druckerweichung liegt meist 100 bis über 400° unter der Schmelztemperatur. Ausgangsprodukte der feuerfesten Baustoffe sind neben Tonen Festgesteine verschiedener Art.

Welche Gesteinsarten für die Herstellung feuerfester Produkte in Betracht kommen, läßt sich aus den Schmelzdiagrammen der gesteinsbildenden Oxyde ableiten, da sich bei den angewandten hohen Temperaturen großenteils stabile Verhältnisse einstellen. Es sind dies naturgemäß nur Gesteine, die sich im wesentlichen aus ganz wenigen, meist 1–2 Oxyden zusammensetzen. Unter den wichtigeren Oxyden kommen in Betracht:

1. Kieselsäure (Quarzit(Silika)steine).
2. Kieselsäure und Tonerde (Schamottesteine).
3. Kieselsäure und Magnesiumoxyd (Olivinsteine).
4. Magnesiumoxyd allein oder gemischt mit Kalziumoxyd (Magnesit- und Dolomitsteine).

Dazu treten eine Reihe von Spezialmaterialien (Korund-, Chromit-, Cordierit-, Karborund-, Zirkonsteine), worauf hier nicht eingegangen wird. Die feuerfesten Produkte gelangen auf zweierlei Arten zur Anwendung: als Formsteine, mit welchen Ofenwandungen gemauert werden, und als lose Stampfmassen, aus denen die Öfen betonartig aufgebaut werden.

Bei der Herstellung feuerfester Produkte stellen sich bei der Mannigfaltigkeit der Ausgangsgesteine und der Bedürfnisse der Technik eine überaus große Zahl von Problemen betreffend Brandverhältnisse, Umwandlungserscheinungen, Einfluß von natürlichen Beimengungen und Zusätzen, Verhalten bei Temperaturwechsel, Schlackenbeständigkeit usw. Neben unzähligen Patentschriften besteht darüber eine große Literatur[1]). An dieser Stelle kann nur das Prinzipielle mit wenigen Worten dargelegt werden.

Quarzitsteine. Ausgangsstoff ist das Mineral Quarz, bzw. sehr quarzreiche Gesteine (Quarzite, Quarzitsandsteine, Flintsteine usw.). Die Quarzitmasse erfährt beim Erhitzen zahlreiche Umwandlungen, die mit starken Volumenveränderungen verbunden sind. Diese Umwandlungen sind andeutungsweise folgender Art: Der Tieftemperatur(β)quarz der Gesteine wandelt sich beim Überschreiten von 575° sofort (reversibel) in die α-Quarz-Modifikation um. Bei Temperaturen zwischen 1000 und 1200° verändert sich der α-Quarz instabil langsam (irreversibel) unter völliger Strukturzerstörung in eine sehr feinkristalline Masse der kubischen SiO_2-Modifikation α-Cristobalit. Zwischen zirka 1300 und 1470° wandelt sich der Cristobalit in die hier stabile SiO_2-Modifikation α-Tridymit um, und über 1470° erfolgt eine langsame Rückbildung in den nun stabilen α-Cristobalit, und schließlich erfolgt um 1700° die Schmelzung. Beim Abkühlen bleiben die Neubildungen erhalten (allerdings wie Quarz in einer β-Modifikation). Geringe Beimengungen anderer Oxyde sind notwendig, da sie einmal die genannten erwünschten Umbildungen beschleunigen, anderseits eine Sinterung und damit Verfestigung der gemahlen zur Anwendung gelangten Masse bewirken. Da Cristobalit ($\gamma_s = 2{,}31$), Tridymit ($\gamma_s = 2{,}28$) und Quarzglas ($\gamma_s =$ ca. $2{,}2$) spezifisch weit leichter sind als der Quarz ($\gamma_s = 2{,}65$), muß die Masse beim Brennen an Volumen zunehmen, was sich in einem Wachstum (meist 12–14%) und in teilweisem Porenschluß auswirkt. Es ist notwendig, die Formsteine so lange zu brennen (meist mehrere Tage bei 1400–1500°), bis sie volumenkonstant sind, d. h. bis der Quarz größtenteils verschwunden ist und auch der Cristobalit zu Tridymit geworden ist.

Die gebrannten Formsteine von weißlicher Farbe und porzellanartigem Aussehen werden «*Silikasteine*» oder *Quarzitsteine*, früher Dinasstein, genannt. Die beginnende Druckerweichung guter Steine liegt bei 1500–1600°, somit wenig unter der Schmelzung (um 1700°). Als plastische Stampfmassen verwendet man eine Mischung von ungebranntem Quarzit, Quarzsand mit Kaolintonbeimengung. Die Umwandlung und Volumenzunahme erfolgt hier erst im Betrieb, wobei das vorgängige Schwinden der Masse (durch Wasserabgabe aus dem Ton) ausgeglichen wird. Öfen aus Stampfmasse sind allerdings weniger druck-feuer-

[1]) Eine gute theoretische Zusammenfassung mit viel Literatur bietet: C. KOEPPEL, Feuerfeste Baustoffe. Leipzig 1938.

beständig. Nur selten können Quarzite ohne Zerkleinerung gebrannt und dann direkt vermauert werden.

Damit ein Quarzit als Rohmaterial in Betracht kommt, sind Beimengungen innerhalb enger Grenzen notwendig (siehe Tab. 58). Anwesend muß vor allem auch CaO sein. Da dieses im Rohgestein meist fehlt, wird es in Form von Kalkmilch zugesetzt. Erwünscht ist Eisenoxyd, z. B. im Mineral Biotit, unerwünscht ist, von Spezialsteinen abgesehen, größerer Gehalt an Tonerde (die gerade in Quarziten im Serizit und in Feldspäten verbreitet ist). Neben der Zusammensetzung ist auch die Struktur der Gesteine sehr wesentlich. Sedimentäre Quarzite mit einem reichlichen Bindemittel von feinkristalliner Kiesel-Opal-Substanz (wie die Zementquarzite) sowie Flintsteine wandeln sich weit rascher um als die durchgehend grobkörnig kristallinen Quarzitsandsteine und die metamorphen Quarzite. Diese erfordern ein weit längeres Brennen. Ungünstig sind sehr grobe Strukturen, besonders auch eine Konzentrierung der notwendigen Beimengungen auf einzelne große Mineralien, z. B. grobe Muskowitblätter. Als ungünstig wird auch starke undulöse Auslöschung der Quarzkörner beurteilt. Quarzitsteine sind fest und hart, beständig gegen saure Schmelzflüsse (auch gegen Eisenoxyde), aber ziemlich empfindlich gegen rasche Temperaturwechsel.

Die Schamottesteine. Diese sind die wichtigsten feuerfesten Erzeugnisse. Zu ihrer Fabrikation werden sehr tonerdereiche, kalk- und alkalifreie Tone (vorzugsweise mit Kaolinit als Tonmineral) verwendet. Aus dem Kaolinton ($Al_2O_3 \cdot 2\, SiO_2 \cdot 2\, H_2O$) entsteht bei hohen Temperaturen (1200–1380°) die Verbindung $3\, Al_2O_3 \cdot 2\, SiO_2$ (mit 70% Al_2O_3), allgemein als Mullit bezeichnet, unter Abspaltung von SiO_2. Dieses bildet mit Tonerde und den Beimengungen eine glasige Zwischenmasse. Der Schamottestein wird zur Vermeidung des starken Schwindens ohne Einbuße an Feuerfestigkeit aus einer Mischung eines bereits gebrannten und wieder zerkleinerten Materials (der Schamotte) mit einem Bindeton hergestellt. Als Bindeton verwendet man meist fette, hochplastische Tone, als Schamotte oft ein mageres (quarzhaltiges) Rohmaterial. Die Druckerweichung der Schamottesteine beginnt meist bereits bei 1100–1300°; sie ist anfänglich sehr gering und führt dann bei 1500–1700° zur starken Deformation. Der hohe Gehalt an glasiger Masse ist die Ursache des frühen Erweichungsbeginns. Ein hoher Gehalt an Mullit verleiht den Steinen günstige Eigenschaften. Tone mit hohem Gehalt an Al_2O_3 erzeugen mehr Mullit und sind deshalb feuerfester. Doch gilt diese Regel nicht streng, da insbesondere Quarz in groben Körnern an der Glasbildung nicht teilnimmt und nicht ungünstig auf die Erweichung wirkt. Man bezeichnet Schamottesteine mit über 42% Al_2O_3 als hochbasisch (Maximum ca. 46%), mit 30–42% als basisch und unter 30% als halbsauer. Die unzähligen (aber etwas ungleich verteilten) Tonvorkommen mit feuerfesten Eigenschaften haben alle ihre besonderen Eigenschaften und bevorzugten Anwendungen. Ebenso gibt es eine Unmenge spezieller Fabrikationsverfahren. Früher, als die Anwendungsgebiete noch wenig zahlreich waren, bezeichnete man feuerfeste Tone oft nach ihrer besonderen Eignung, so sprach man von Glashafentonen, Tiegeltonen, Kapseltonen (für Schutzkapseln beim Brennen von Porzellan) usw.

Von hoher Feuerfestigkeit (Druckerweichungsbeginn bei 1500–1600°, Schmelzung bei 1800–2000°) sind die viel tonerdereicheren Sillimanitsteine (oder Mullitsteine). Sie enthalten nach dem Brennen vorwiegend Mullit. Ausgangsmaterial sind einerseits die 62,5% Al_2O_3 enthaltenden, chemisch gleich zusammengesetzten Mineralien Sillimanit, Andalusit und Disthen, anderseits die Aluminiumhydroxyde Diaspor und Bauxit. Sillimanitsteine sind von guter Festigkeit, Härte, Schlackenbeständigkeit, geringer Wärmedehnung, aber viel teurer als Schamottesteine.

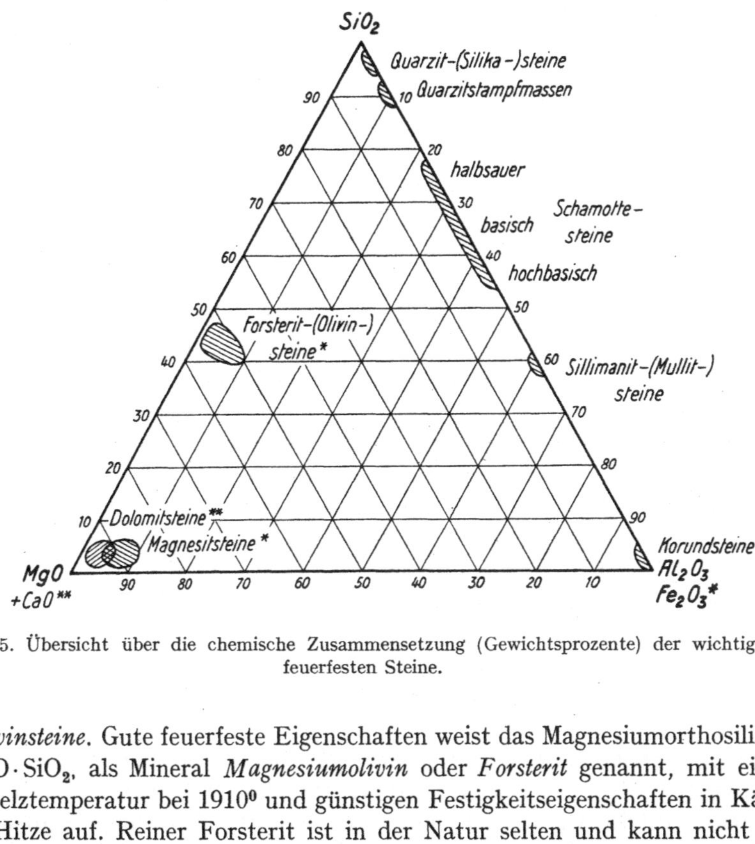

Fig. 105. Übersicht über die chemische Zusammensetzung (Gewichtsprozente) der wichtigsten feuerfesten Steine.

Olivinsteine. Gute feuerfeste Eigenschaften weist das Magnesiumorthosilikat $2\,MgO \cdot SiO_2$, als Mineral *Magnesiumolivin* oder *Forsterit* genannt, mit einer Schmelztemperatur bei 1910° und günstigen Festigkeitseigenschaften in Kälte und Hitze auf. Reiner Forsterit ist in der Natur selten und kann nicht als Ausgangsmineral genommen werden. Die gewöhnlichen Olivine weisen einen FeO-Gehalt von meist 7–15% auf, wodurch die Feuerfestigkeit sinkt. Man kann indessen aus reinen, insbesondere kalkfreien Olivingesteinen mit geringem Eisengehalt gute Steine mit einem Druckerweichungsbeginn bei 1500–1600° erzeugen. Mineralumwandlungen treten beim Erhitzen des Olivins nicht auf; geringe Beimengungen bewirken die Sinterung zu einem festen Stein. Statt der vielerorts seltenen reinen Olivingesteine hat man zum chemisch ähnlichen, aber wasserhaltigen, etwas SiO_2-reicheren Mineral Serpentin gegriffen, das gesteinsmäßig sehr verbreitet ist. Beim Erhitzen verliert Serpentin das Wasser und wandelt sich in Olivin um, die überschüssige Kieselsäure des Serpentins muß durch Zusatz von MgO gebunden werden, damit nicht teilweise die tiefer schmelzenden Metasilikate entstehen. Ein Zusatz von MgO dient auch dazu, um Eisenoxyde als Spinell ($MgFe_2O_4$) zu binden, welcher die Erweichung nicht herabsetzt. Neuerdings werden Forsteritsteine auch ganz synthetisch aus MgO und SiO_2 hergestellt. – Die ebenfalls vorwiegend aus SiO_2 und MgO bestehenden, aber viele Beimengungen enthaltenden, talkreichen *Ofensteine* sind nicht im hier genannten Sinne feuerfest, wohl aber genügen sie z. B. für Heizöfen.

Magnesitsteine. Die allbekannten *Magnesitsteine* bestehen im wesentlichen aus MgO. Ausgangsmaterial sind die aus dem Mineral Magnesit bestehenden Magnesitgesteine. Durch einen Kaustizierbrand wird dem Magnesit bei 500 bis 600° CO_2 entzogen, die kaustische Magnesia (die noch nicht beständig ist) wird zu einer sehr stabilen Masse gesintert (bei 1500–1700°). Da reines MgO sehr hoch schmilzt (um 2800°) bedarf es erheblicher Zusätze, um eine Sinterung bei den genannten Temperaturen zu erzielen. Die natürlichen spätigen Magnesitgesteine der ostalpinen Grauwackenzone weisen die Beimengungen großenteils in günstigen Verhältnissen auf. Besonders hoch feuerfeste Spezialsteine stellt man durch Sinterung bei viel höheren Temperaturen aus den weit reineren dichten Magnesiten der Serpentinlagerstätten dar. Die beginnende Druckerweichung der Magnesitsteine liegt normalerweise bei 1450–1700°. Man verwendet die Sintermagnesia in gekörntem Zustande als Stampfmasse oder mit Bindemittel zu Steinen geformt. Die Magnesitsteine sind sehr beständig gegen basische Schlacken (auch Fe-Oxyde und Zementklinker), sind aber infolge hoher Temperaturdehnung nicht sehr abschreckfest.

Dolomitsteine. Als Ersatz für die teuren Magnesitsteine haben sich für zahlreiche Anwendungen die Dolomitsteine eingebürgert. Beim Dolomit ($MgCa(CO_3)_2$) entsteht beim Kaustizieren ein Gemisch von zirka 58% CaO und 42% MgO, die zusammen keine Reaktion eingehen und bei zirka 2400° schmelzen. Zur Erzielung der Sinterung sind auch hier Flußmittelzusätze unerläßlich (Tab. 58). Gesintert wird zwischen 1500 und 1800°. Die Dolomitsteine haben den großen Nachteil, daß CaO auch gesintert nicht feuchtigkeitsbeständig ist. Es wandelt sich bei Wasserzutritt langsam um in das Hydrat ($Ca(OH)_2$) und weiter bei Zutritt von CO_2 in Karbonat. Es muß deshalb in der Regel dem Produkt Teer als Schutz beigemengt werden, der im Ofen rasch verbrennt. Bei Wasserzutritt wird ein Dolomitofen zerstört. Neuerdings werden zur Bindung von CaO Magnesiumsilikate (Serpentin, Talk, Olivin) zugesetzt. Solche «stabilisierten» Steine sind wetterfester, aber von etwas geringerer Feuerfestigkeit.

Für die Herstellung von Sinterdolomit kommen nur Dolomite in Betracht ohne Kalkkarbonatüberschuß und mit den notwendigen Beimengungen. Solche Dolomitgesteine sind nicht allzu häufig, immerhin viel verbreiteter als die nur ganz lokal auftretenden Magnesitgesteine. Es bestehen übrigens auch Verfahren, um aus dem Dolomit CaO zu entfernen und mit dem MgO dann Sintermagnesit herzustellen. Dolomitsteine sind weniger schlackenfest als Magnesitsteine.

Tabelle 58. *Chemische Zusammensetzung von Rohgestein für feuerfeste Zwecke*

	SiO_2	CaO	MgO	Fe-Oxyde	Al_2O_3
Quarzitgesteine	95–98%	(1–3%)[1]	0,5%	0,3–0,6%	0,5–1,5%
Schamottetone[2]	45–55%	< 1%	< 1%	0,5–4%	25–42%
Olivinfelse	40–42%	<1 %	45–50%	2–6%	< 1%
Serpentingesteine[2]	41–43%	< 1%	40–42%	1–5%	< 2%
Spatmagnesite[3]	0,5–4%	1–2%	42–45%	2–4%	01,–1%
Dichte Magnesite[3]	0,5–3%	0,5–2,5%	45–47%	0,5–2%	<0,5%
Dolomitgesteine[3]	bis 7%	28–31%	18–20%	bis 3%	bis 3%

[1]) Wird zugesetzt. [2]) Dazu viel H_2O. [3]) Dazu viel CO_2.

Isoliersteine. Zur Herabsetzung von Wärmeverlusten an Hochtemperaturöfen dienen (meist als Hintermauerung) vor allem Schamottesteine von besonders hoher Porosität (sog. Feuerleichtsteine). Isoliersteine von noch guter Feuerbeständigkeit werden auch aus der extrem feinporösen Kieselgur (Raumgewicht bis unter 0,5) erzeugt. Festere Kieselgurgesteine lassen sich direkt zu Formsteinen schneiden, wie der sog. Molerstein aus Dänemark.

6. Form- und Kernsande

Form- und Kernsande bilden in der Leichtmetall-, Grau-, Temper- und Stahlgießerei die Negativform des zu gießenden Werkstückes. Sie bestehen aus dem durchlässigen, feuerfesten *Füllstoff* (Sand) und dem diesen zusammenhaltenden *Binder* (Ton usw.). Füllstoff und Binder finden in natürlicher oder künstlicher Mischung Verwendung. Die gießereitechnischen Anforderungen der Form- und Kernsande werden durch Bestimmung der Kornverteilung, Gasdurchlässigkeit, Druckfestigkeit, Scherfestigkeit und Feuerbeständigkeit ermittelt[1]). Die Anforderungen bezüglich dieser Eigenschaften und ihrer gegenseitigen Verhältnisse wechseln je nach Verwendungszweck des zu gießenden Werkstückes, dessen Material und Abmessung. Das aus dem Sand gebildete Formstück soll sowohl beim Manipulieren wie auch beim Vergießen des flüssigen Metalles eine genügende Festigkeit besitzen, die entstehenden Gase sollen ohne Stauung entweichen können, endlich soll die Form eine genügende Feuerbeständigkeit aufweisen.

Gesteinszusammensetzung: Die Sintertemperatur der Sande sollte maximal 100–150° tiefer als die Vergießtemperatur der Metalle sein. Für Stahlguß (Vergießtemperatur zirka 1500°) können deshalb bei Kleinguß nur reine Quarzsande (Sintertemperatur 1450–1500°), bei Großguß gemahlene Schamotte verwendet werden. Beimengungen von Feldspat, Glaukonit, Glimmer usw. wirken

[1]) Prüfung von Gießereiformsanden, Din Vornorm, 2401, 1939.

als Flußmittel. Karbonate, insbesondere Kalk, wirken ebenfalls als Flußmittel und erzeugen vor allem beim Guß bei einer Erwärmung auf über 900° unerwünschte Gase (Kohlensäure). Ihr Gehalt sollte 2,5–3% nicht überschreiten. Unerwünscht ist sodann auch Pyrit. Sande mit den erwähnten Beimengungen sind für Stahlguß nicht mehr, meist aber für Temper-, Grau- und Leichtmetallguß (Vergießtemperaturen 1350–1400°, zirka 1300°, 900°) geeignet. In Norwegen wird gemahlener Olivin (siehe Seite 4) als Form- und Kernsand verwendet, der sich durch höhere Temperaturbeständigkeit als Quarz, Widerstandsfähigkeit gegen Schlacken von Eisenoxyd, Fehlen der Kristallumwandlung beim Erhitzen, keinem Zerfall beim raschen Abkühlen auszeichnet und auch keine Silikose bewirkt.

In den natürlichen Formsanden besteht der Binder aus den verschiedenen Tonmineralien und aus Eisenhydroxyden, seltener aus Humusstoffen. Je mehr inaktive Trümmermineralien (Quarz, Feldspat, Glimmer usw.) darunter gemischt sind, desto geringer ist seine Bindekraft. Die speziellen Binder sind hochfeuerfeste, sehr reine Tone, an Na-Montmorillonit reiche Bentonite oder organische Stoffe (Pflanzenöle, Kunstharze, Sulfitablauge). Die Feuerfestigkeit von Form- und Kernsanden wird in Spezialversuchsöfen untersucht, die Bestimmung des Karbonatgehaltes kann z. B. im Passon-Apparat erfolgen, zur Kontrolle des Bindevermögens speziell bentonitartiger Tone wird die Wasseraufnahmefähigkeit mit dem Gerät von Enslin (Seite 32) ermittelt. Sie nimmt zu mit der Menge der austauschbaren Ionen, die gelegentlich für wissenschaftliche Zwecke bestimmt werden[1]).

Kornverteilung: Der Füllstoff sollte zur Erzielung optimaler Durchlässigkeit gut aufbereitet sein, d. h. aus Körnern einiger weniger benachbarter Fraktionen bestehen. Die vorherrschende Korngröße wechselt je nach Verwendungsart zwischen 0,06–0,5 mm. Je feiner die zu erzielende Oberfläche und je dünnflüssiger das Metall ist, desto geringer soll die Korngröße sein. Je größer das zu vergießende Werkstück ist, um so grobkörnigere Sande kommen zur Verwendung. Ebenso setzt sich der Kern allgemein aus grobkörnigerem Material zusammen als die Form. Man unterscheidet deshalb grobkörnige, mittelkörnige und feinkörnige Formsande (siehe Tab. 59, ferner Fig. 106). Der Gehalt an Binder wird meist durch die Anteile kleiner als 0,02 mm (noch besser wäre kleiner als 0,002 mm) charakterisiert. Er sollte einerseits zur Wahrung guter Durchlässigkeit möglichst gering, zur Erzielung hoher Festigkeit möglichst groß sein. Im Rohsand soll er maximal 20–25%, in der Mischung mit Altsand 6–10% betragen. Je nach Anforderungen verwendet man «fette» (über 15%), «mittelfette» (8–15%) und «magere» (8% Anteile unter 0,02 mm) Formsande.

Kernsande werden vorwiegend durch organische oder synthetische Binder gebunden.

---

[1]) K. Endell, E. Wagner, Jo. Endell, H. Lehmann, Über die Natur der Schlämmstoffe natürlicher Formsande. Die Gießerei, Nr. 171, 1942. – A. von Moos, Über Vorkommen und Abbau von Gießereiformstoffen in der Schweiz. Eclogae geol. Helv., Bd. 34, 1941. – W. Götz, Die Verarbeitung, Kennzeichnung und Prüfung von Formsanden. Schweiz. min.-petr. Mitt., Bd. 23, 1943. – R. E. Grim und F. Leicester Cuthbert, The bonding action of clays. Report of investigations nº 102, 110, State Geological Survey, Urbana, Illinois 1945/6.

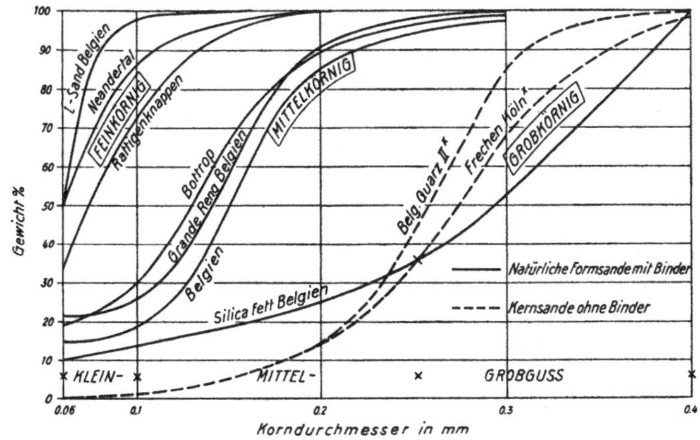

Fig. 106. Kornverteilung typischer Form- und Kernsande.

Tabelle 59. *Körnung und Bezeichnungen der natürlichen Formsande*

Hauptkornbereich in mm	Bezeichnung	Verwendung
0,2 –0,4	Grobkörnig	Großguß
0,1 –0,2	Mittelkörnig	Mittelguß
0,06–0,1	Feinkörnig	Feinguß

Bei synthetischen Formsanden schwankt der zugesetzte Binder zwischen 4 und 15 Gewichtsprozenten Ton- resp. 2–2,5% Ölbinder.

Kornform und Kornoberfläche: Gerundete Körner lagern dichter und brauchen trotzdem weniger Binder als eckige Körner, was sich in höherer Gasdurchlässigkeit und Festigkeit ausdrückt. Die Ecken und Kanten der splitterigen Formen neigen eher zum Abspringen bei Erhitzung und fördern die Sinterung. Glatte Oberflächen brauchen weniger Binder und werden namentlich bei ölgebundenen Sanden bevorzugt. Schrundige und gerauhte Oberflächen werden dagegen bei synthetischen Formsanden vorgezogen.

Im sogenannten formgerechten Zustand beträgt der *Wassergehalt* des ungesättigten Formsandes 4,5–7,5% pro Trockensubstanz. Das Wasser bewirkt ein Quellen der Tonmineralien und vermittelt ihnen eine Klebekraft, wodurch die Körner des Füllstoffes untereinander verbunden werden. Durch den Mischvorgang entsteht außerdem ein Krümelgefüge. In verdichtetem Zustand ist der Formsand leicht plastisch. Mechanisch und thermisch wenig beanspruchte sowie kleinere Formen werden in der Regel naß, stark beanspruchte, große Formen erst nach vorangegangener Trocknung (200–300°) vergossen.

Die *Gasdurchlässigkeit* ist um so höher, je mehr und je größere Poren vorhanden sind, d. h. je grobkörniger das Material, je einheitlicher die Korngröße ist und je weniger Binder verwendet wird. Maßgebend ist vor allem der Anteil der nichtkohärenten Körner unter 0,1 mm. Neben der Korngröße und Kornverteilung ist auch der Verdichtungsgrad wesentlich. Die zur Prüfung verwendete Apparatur ist prinzipiell Seite 40 erläutert worden.

Scherfestigkeit und Druckfestigkeit hängen von der Menge, aber auch von der Zusammensetzung des Binders, ferner dem Verdichtungsgrad ab. Bei tonigem Bindemittel steigt die Bindefestigkeit mit der Zunahme des Wasseraufnahmevermögens und der Menge der austauschbaren Ionen. Sie ist aber auch abhängig von der Mahlfeinheit bei synthetischen Bindern.

Tabelle 60. *Richtwerte für Formsande*

Gasdurchlässigkeit in $cm^3/min/cm^2$	Scherfestigkeit in g/cm^2	Druckfestigkeit in g/cm^2	Beurteilung
Unter 5	Unter 80	Unter 300	Sehr gering
5–12	80–120	300– 500	Gering
12–25	120–220	500– 850	Mittel
25–50	220–350	850–1200	Gut
Über 50	Über 350	Über 1200	Sehr gut

Nach dem Gießvorgang ist ein Teil des Binders nicht mehr zu gebrauchen. Der Sand muß deshalb unter Zugabe von Neusand oder Binder neu aufbereitet werden.

7. Gesteine für Schleif- und Mahlzwecke

Mühlsteine, Kollergangsteine. Der Bedarf an Gestein für diese Zwecke ist heute nicht mehr groß, da die Zylinderwalzen für Mahl- und Mischzwecke heute großenteils aus Metall oder künstlichen Massen hergestellt werden. Man benützte früher, und heute mehr für Spezialzwecke, als Mühlsteine besonders Quarzite (tertiäre Süßwasserquarzite Frankreichs), quarzitische und gewöhnliche Sandsteine verschiedener Art, ferner poröse Basaltlava, für Kollergänge auch Porphyre, Diabase, Diorite und zähe, feinkörnige Granite. Als kugelige Mahlsteine in Drehmühlen (Rohrmühlen) gebraucht man da, wo ein sehr hartes, aber eisenfreies Material notwendig ist, natürlich gerundete Flintsteine und feinkörnige Quarzite. Zu Reibschalen und kleinen Mörsern verwendet man Flintsteine oder Achat.

Stein für Holzschleifereien. Neben künstlichen, steinartigen Produkten werden als Schleifer oder Defibreure in der Papierindustrie mittelkörnige Sandsteine, die gegen schwache Säuren und Alkalien beständig sein müssen und sich rauh abschleifen, verwendet. Bevorzugt werden gewisse Sandsteine des Elbsandsteingebirges. Als Feinschleifer oder Raffineure gebraucht man gröber gekörnte Sandsteine, dann auch in großem Maßstabe die porösen Basaltlaven.

Werkzeugschleifsteine. Zu diesen Anwendungen kommen immer noch verschiedene feinkörnige, poröse Sandsteine in den Handel, wie sie sich in den meisten Ländern finden. Dazu treten die vielen künstlichen Steine aus einem Hartstoff (Quarz, Granat, Schmirgel, Karborund u. a.) und einem anorganischen oder organischen Bindemittel.

Wetzsteine, Abziehsteine. Wetzsteine für Sensen werden aus sehr verschiedenartigen, stets aber feinkörnigen Quarz oder Kieselsubstanz führenden, meist etwas geschieferten oder lagigen Gesteinen angefertigt, so z. B. aus Sandkalken, Kieselkalken, kalkigen oder tonigen Sandsteinen, dazu kommen die künstlichen Steine. Steine mit eckigen Quarzkörnern wetzen stärker, aber gröber, solche mit gerundeten (z. B. kieseligen Spongiennadeln in Kieselkalken) wirken mehr glättend. Sehr wichtig ist eine gleichmäßige Beschaffenheit der Steine.

Als Abziehsteine für feine Werkzeuge, Messer und Instrumente, die mit Wasser oder Öl befeuchtet verwendet werden, dienen poröse, sehr feinkörnige Kieselgesteine, Kieselkalke, Quarzite, Sandsteine, granatreiche Schiefer. Für die einzelnen Spezialanforderungen gibt es meistens nur wenige, schon seit langem als besonders geeignet bekannte Gesteinsvorkommen, deren Produkte weitherum versandt werden.

Schleif- und Schneidsande finden zum Schleifen von Metalloberflächen, ferner für Steinsägen Verwendung. Es werden dazu einheitlich gekörnte, harte, feste, zähe Sande gefordert. Meist handelt es sich um Quarzsande mit Beimengungen von Schweremineralien (Granat, Zirkon usw.), auch um gemahlene Flintsteine.

Gebläsesande: Sie dienen zur Reinigung der gegossenen Werkstücke in der Gießerei von anhaftendem, z. T. gesintertem Sand. Es werden dazu gleichmäßig gekörnte, harte, zähe, meist sehr grobkörnige Sande verwendet, die trocken sind. Die Korngröße richtet sich nach der Größe und der Art des Werkstückes und variiert zwischen 0,1 und 3 mm. Es werden dazu meist Quarzsande verwendet (Silikosegefahr), die indessen heute durch die Stahlsande teilweise verdrängt werden.

8. Verschiedene Anwendungen in der chemischen oder Hüttenindustrie

Es seien folgende Produkte oder Spezialanwendungen der chemischen Industrie genannt, die natürliches Gestein in größerem Maßstabe verwenden:

Glassande. Die Eignung eines Sandes für die Herstellung von Glas hängt vom Chemismus und von der Körnung ab. Die normalen Glassande besitzen einen Kieselsäuregehalt von über 97%, ihr Tonerdegehalt soll unter 2% liegen. Sie werden dann technisch als Kristallquarzsande bezeichnet. Für besondere Zwecke kommen auch feldspat- oder kaolinhaltige, ferner karbonathaltige Sande zur Verarbeitung. Wesentlich ist der Gehalt an Eisen und Titanverbindungen, die zu Verfärbungen der Gläser führen.

Für sehr hochwertige Gläser wird daneben auch Abwesenheit von Tonerde, Titanoxyden, Glimmer, Kohle gefordert. Rohsande werden nur für Flaschen- und Grobhohlglas verwendet. Für die Herstellung der übrigen Gläser wird dagegen vor der Verarbeitung ein Aufbereitungs- und Reinigungsprozeß (Spül- oder Gegenstromwäsche, Magnetausscheider) eingeschaltet.

Tabelle 61. *Grenzwerte des Eisengehaltes von Glassanden*

Optik	0,02% Fe_2O_3
Kristallglas	0,03%
Allgemeines Apparatenglas	0,04%
Spiegelglas	0,1 %
Fensterglas, Weißhohlglas	0,3 %
Tafelglas, Konservenglas	0,5 %
Grünglas	2% und mehr

Damit eine gleichmäßige Durchschmelzung stattfindet, wird eine möglichst einheitliche Körnung verlangt. Die Hauptfraktion sollte dabei zwischen 0,1 und 0,3 mm liegen, für Hafenöfen maximal 0,5 mm, für Wannenöfen maximal 1 mm. Zu feine Sande ergeben zähe, durch Blasenbildung schäumende Schmelzen, während bei zu groben Sanden die Aufschmelzung verzögert erfolgt. Für Spezialgläser verwendet man auch feldspat- und tonerdereiche Sande. Die nicht sehr verbreiteten alkalireichen Phonolite (Alkaligehalt 14–17%) können mit geringem Sandzusatz zu Flaschengläsern verschmolzen werden.

Steinwolle[1]). Neuerdings hat (besonders in Amerika und England) die Fabrikation von feinsten Glasfäden aus geeigneten Gesteinsschmelzen eine erhebliche Bedeutung erlangt. Diese Steinwolle («rock wool») dient zu Wärme- und Schallisolationen. Gesteine, die sich zur Herstellung von Steinwolle eignen, müssen bereits bei mäßig hohen Temperaturen eine dünnflüssige Schmelze abgeben, die glasig erstarrt und auch beim Altern nicht kristallin wird. Als geeignet erweisen sich Gesteine, bei denen mehrere Oxyde zugleich anwesend sind, wobei die Basen ($CaO + MgO$) ungefähr molekular den sauren Oxyden ($SiO_2 + Al_2O_3$) entsprechen. Ein günstiges Wollgestein weist nach amerikanischen Erfahrungen etwa folgende Zusammensetzung auf: SiO_2 24–36%, Al_2O_3 8–12%, CaO 16–21%, MgO 10–14%, CO_2 (entweicht beim Erhitzen) 20–30%. Diese Zusammensetzung kommt den nicht allzu seltenen Dolomitmergeln zu.

Eisenverhüttung. Kalksteine und Dolomite als Zuschlag bei sauren Erzen (bevorzugt eisenhaltige).

Sodafabrikation nach SOLVAY: Reine Kalksteine (neben Steinsalz).

Ferrosilizium, Karborund: Gangquarze und Quarzite. Für Karborund (Siliziumkarbid) muß der SiO_2-Gehalt über 99% liegen. Fe_2O_3 und Al_2O_3 dürfen höchstens 0,1% erreichen. Für Ferrosilizium sind die Anforderungen weniger hoch, es kann noch Gestein mit 93–95% SiO_2 verarbeitet werden, das gewöhnlich glimmerhaltig ist und einige Prozente Al_2O_3 neben etwas Alkalien enthält.

Kalziumkarbid: Reine Kalksteine, möglichst phosphorfrei.

Kohlensäuredarstellung: Durch Brennen von Magnesit (seltener von Dolomit oder Kalkstein).

[1]) E. M. GUPPY and J. PHEMISTER, Rock Wool. Memoirs of the Geological Survey, Vol. 34, London 1945.

Säurefeste Kitte: Kieselgesteine mit starker Alkalilöslichkeit, insbesondere Flintsteine.

Elektrolyseure zur Wasserelektrolyse: Zylindrische Körper aus völlig rissefreien, nicht porösen, festen und zähen, nichtleitenden (erzarmen) basischen Eruptivgesteinen, insbesondere Diabasen, Hartserpentinen.

9. Filtersande und Materialien zur Wasseraufbereitung

Für Filtersande, die zur Reinigung von Wasser, ferner Säuren, Laugen usw. verwendet werden, wird einheitliche Korngröße, Abwesenheit von ausschlämmbaren Bestandteilen und chemische Inaktivität, für besondere Zwecke auch trockene Anlieferung gefordert. Bei der Wasserreinigung wird das Filtrat um so keimfreier werden, je feinkörniger der Filtersand ist, gleichzeitig wird aber die Verstopfungsmöglichkeit der Poren und die Schwierigkeit der Rückspülung des Sandes erhöht. Zur Reinigung von relativ klarem Wasser werden deshalb feinere, von trübem Wasser gröbere Sande benutzt.

Bei Langsamfiltern liegt die Hauptkorngröße je nach dem zu filtrierenden Wasser zwischen 0,2–1 mm, bei Schnellfiltern zwischen 1–2 mm und höher. Besondere Anforderungen hinsichtlich chemischer Inaktivität erfordern Sande für die Filtration von Säuren, Laugen, wozu meist reine Quarzsande verwendet werden. Neben Quarz wird häufig auch Kieselgur als Filtriermaterial für flüssige und gasförmige Körper gebraucht.

Filtersande finden auch bei Grundwasserbrunnen oder bei Staudämmen Verwendung zur Verhinderung der Einschwemmung von Feinbestandteilen. Die Korngröße des Sandes richtet sich nach der Körnung des Grundwasserträgers; sie wird um so feiner gewählt, je feinkörniger der letztere ist. Zumeist findet eine Vergröberung der Korngröße vom Grundwasserträger zur Drainage resp. zum Filterbrunnen statt. Die feinste Körnung betrug z. B. beim Steindamm Bou Hanifia in Algerien 0,1–0,5 mm. Nach einem von Terzaghi 1939 empfohlenen Verfahren für Filter bei Staudämmen soll die Korngröße bei 15 Gew.-% der Summationskurve jeder Filterschicht mindestens viermal größer sein als die Korngröße bei 15 Gew.-% der Summationskurve der nächst feineren Filterschicht. Außerdem soll diese Korngröße bei 15 Gew.-% jeder Filterlage nicht mehr als viermal größer als die Korngröße bei 85 Gew.-% der nächst kleineren Filterschicht sein. Neuere Untersuchungen stammen von Bertram[1]) und Watson[2]); siehe auch Glossop[3]).

Zur Entsäuerung von Wasser zum Schutze der Leitungsnetze wird eine Filterung mit gekörntem Marmor, porösem Kalk, Magnesit oder Magno durchgeführt, die eisen- und kieselsäurearm sein sollten. Magno wird durch Brennen

---

[1]) G. E. Bertram, An experimental investigation of protective filters. Publ. grad. School Engin. Soil Mech. Series, n° 7, Harvard Univ. 1940.

[2]) J. D. Watson, Investigation of filter requirements for underdrains. Techn. Memo. 183-1 U. S. Waterways Exp. Station, Vicksburg, Miss. 1941.

[3]) R. Glossop, Soil drainage with particular reference to road engineering. The institution of civil engineers, Road paper, n° 21, 1947.

von Dolomit bei 550–600° erzeugt. Dabei bildet sich Magnesiumoxyd, ferner Kohlensäure, die entweicht; außerdem verbleibt Kalziumkarbonat. Das poröse Material wirkt beim Filterprozeß durch Aufnahme der freien aggressiven Kohlensäure des Wassers, die das Magnesiumoxyd wieder in das Karbonat überführt. Heute wird Magno auch synthetisch hergestellt.

10. Gesteine für Düngzwecke

Bei sauren Böden verwendet man zur Entsäuerung allgemein Kalksteinmehl (auch gepulvertes Kalkhydrat). Neuerdings ist (was in Mergelgebieten früher schon allgemein geschah) befürwortet worden, statt reinen Kalkstein Mergel zu verwenden, deren Gehalt an Bor und andern Stoffen für das Wachstum günstig sei. Doch ist diese Frage noch umstritten, ebenso allgemein die Zweckmäßigkeit der Düngung mit Gesteinsmehl. Gesteinsmehle (Basalt, Granit und andere silikatische Gesteine) wurden in letzter Zeit vielfach unter der Bezeichnung Urgesteinsmehl in den Handel gebracht. Die Befürworter dieser Düngungsart betonen die Bodenverbesserungen auf lange Sicht, die Erzielbarkeit gehaltvollerer, gesunder Produkte von besserer Haltbarkeit, wobei sie die Schwerlöslichkeit der wichtigsten Nährstoffe in diesen Mehlen (so K_2O in Feldspat und P_2O_5 in Apatit) für die Pflanze als Vorteil betrachten und insbesondere auch auf die zahlreichen Spurenelemente hinweisen. Die Gegner weisen auf die meist sehr geringe Ertragsverbesserung (im Vergleich mit Kunstdüngern) bei entsprechenden Kosten hin, ferner darauf, daß zumindest ein erheblicher Teil der jüngern Böden (auf Flußalluvionen, Gehängeschutt, Moränen) noch sehr reich an in Zersetzung begriffenen Mineralpartikeln ist.

Schwere Böden werden allgemein durch Sandzusatz durchlässiger gemacht. Ebenfalls mehr physikalisch wirken gewisse pyrit- und kohlereiche Mergel, indem sie den Boden einerseits durch die Pyritzersetzung und Oxydation von Kohle, andererseits durch die dunkle Färbung bei Sonnenstrahlung erwärmen und dadurch das Wachstum fördern.

VI.

Die Gewinnung von Nutzgestein (Anlage eines Steinbruches oder einer Grube)

Die Steingewinnung[1]) erfolgt zum größten Teil im Tagbau (im Gegensatz zur Gewinnung der meisten mineralischen Rohstoffe). Immerhin gibt es einige Sonderfälle, bei denen das Brechen oder Abfördern von Stein unterirdisch betriebliche oder wirtschaftliche Vorteile bietet.

1. Anlage eines Steinbruches

Im flachen Gebiet kann sich die Steingewinnung vorerst nur nach der Tiefe entwickeln; es entsteht ein Kessel, der je nach der Lage der Nutzschicht seitlich erweitert werden kann oder zu einem tiefen Loch werden muß. In Kesselbrüchen muß bei klüftigem Gestein nach Erreichen des Grundwasserspiegels der Abbau meist aufgegeben werden.

In gebirgigen Gegenden werden die Brüche an Hängen angelegt (Lehnenbrüche). Die Vorteile gegenüber Kesselbrüchen sind: Wegschaffen von Nutzgestein und Abraum ohne Hebung, leichter Haldensturz des letztern, Fehlen von Wasserschwierigkeiten. Große Vorteile für die Abraumbeseitigung bietet die Lage direkt an einem See. Ist die Nutzschicht sehr mächtig oder aber fällt sie mit dem Hang, so kann ein Lehnenbruch sehr lange betrieben werden. Ist eine geringmächtige Schicht weniger als der Hang geneigt, horizontal oder gar entgegen der Hangneigung fallend, so stellen sich rasch Abraumschwierigkeiten ein, wenn nicht zum unterirdischen Höhlenbau übergegangen werden kann. Ein unterirdischer Steinbruch ist dann möglich, wenn ein wertvolles Nutzgestein von tragfähigen, kluftfreien (wasserundurchlässigen) Dachschichten überdeckt wird. Oberirdischer Abbau bei Stollenförderung charakterisiert den Rollochbetrieb, der hauptsächlich bei Zementsteinbrüchen üblich ist. Hierbei wird ein Trichter angelegt, von dessen tiefstem Punkt die mechanische Abförderung des hinabgestürzten Gesteins erfolgt.

Immer von Vorteil ist ein Einfallen des Lagers (oder einer Hauptklüftung) gegen den Arbeitsplatz. Meist wird man anfänglich den Fels an einem natürlichen Vorsprung in Angriff nehmen, weil man dann dem Stein von zwei Seiten beikommt. Sofern man sich auf die Gewinnung von großen Materialmengen einstellt, so wird man bei einem Lehnenabbau (in nicht zu steilem Gelände) von vorneherein zwei oder mehrere Abbauterrassen (Sohlen) vorsehen.

[1]) O. HERRMANN, Steinbruch-Industrie und Steinbruch-Geologie. Berlin 1916. – J. STINY, Die Anlage von Steinbrüchen und Baustoffgruben. Geologie und Bauwesen, Jg. 2, 1930.

In Gebirgstälern, wo der Fuß der Hänge von Schutthalden verhüllt wird, ist es meist nicht lohnend, die Abtransportwege bis an den Fels zu legen. Wenn es die Art und Verwendung des Gesteins gestatten, wird das oben gelockerte und hinabgestürzte Material in Straßennähe im Talboden verarbeitet.

2. Die Gesteinsgewinnung

Kleinstückig verwendetes Material (Schotter, Pflastersteine, Bruchsteine, Rohgestein für die Zement- und chemische Industrie) wird heute ausschließlich mit Bohrarbeit und mehr oder weniger brisanten Sprengstoffen (beliebt sind Chloratsprengstoffe) gewonnen. Bei der Werksteingewinnung ist das Abbauverfahren weitgehend vom Gesteinscharakter, der Mächtigkeit und Lage der Nutzschicht und den Landkosten abhängig. Ist das Vorkommen mächtig, der Landwert gering (wie z. B. bei Granitvorkommen in Gebirgen), so ist es oft wirtschaftlicher, das Lösen mit wenig brisanten Sprengmitteln durchzuführen und das dabei anfallende, meist unverwertbare kleinstückige Gestein in Kauf zu nehmen. Bei wertvollem Gestein geringer Mächtigkeit muß die Schicht möglichst vollständig ausgenutzt werden, was nur durch Vermeidung von Sprengarbeit möglich ist. Hier wird das Lösen der Werkblöcke vom Fels bei schlecht spaltbaren Gesteinen (Kalksteinen, vielen Sandsteinen) durch das Abbohren «Loch an Loch» durch die gesamte Bankmächtigkeit und durch Keilarbeit durchgeführt. Bei den leichter spaltbaren Graniten und Granitgneisen, auch bei einigen Sandsteinen, genügt für eine glatte Trennung vom Fels meist das Eintreiben untiefer Lochreihen, in die kurze Eisenkeile gesetzt werden, die mit dem Hammer angezogen werden. Auch durch befeuchtete Holzpflöcke, die in Löcher gesetzt werden, werden Blöcke gespalten. Vielfach wird bei wertvollen, nicht zu harten Gesteinen auch das Seilsägeverfahren angewandt, bei dem ein endloses Stahlseil, durch feste und bewegliche Rollen geführt, Quarzsand über den Stein schleift, wodurch dünne Schlitze ausgearbeitet werden. Solche oft viele Quadratmeter großen Sägeschnitte bieten den Vorteil, daß man einen Überblick über die Beschaffenheit des Felsens gewinnt.

Meist werden gleichzeitig nur kleinere Steinmengen losgelöst, in vereinzelten Fällen sind aber Methoden wirtschaftlicher, die Steinmengen hereinbringen, deren Aufarbeiten für Monate oder Jahre ausreicht. Beim «Wandfällen», anwendbar bei mächtigen Wänden von Nutzgestein, wird die Felspartie durch Schrämme oder Stollen unterhöhlt und durch gleichzeitiges Sprengen der belassenen oder angebrachten Stützen zum Einsturz gebracht. Eine allzu starke Beanspruchung des Steines tritt hierbei nicht ein. Bei der großen Minensprengung werden durch einmaliges Schießen erheblicher Sprengstoffmengen (meist in Stollen) große Gesteinsmengen gelöst, wobei man aber mit viel kleinstückigem Anteil rechnen muß.

3. Gewinnung von Lockergesteinen

Die Gewinnung von Lockergesteinen erfolgt meist im Tagbau. Nur vereinzelte Ton- und Sandvorkommen werden im Stollenbau gewonnen. Die Voraussetzung für den Abbau bietet die eingehende Kenntnis über die Qualität des Materials wie auch über den Vorrat; für die Vorratsberechnung ist eine systematische Abbohrung des in Frage stehenden Geländes notwendig.

Am günstigsten gestaltet sich der Abbau am Hang, wo sich Abtransport und Wasserhaltung am rationellsten gestalten. Bei den eiszeitlichen Kiesvorkommen erfolgt die Gewinnung meist in einer einzigen Abbauhöhe von 10–30 m Höhe mittels Bagger. Da Rutschungen und Nachbrüche als Folge unechter Kohäsion zunächst meist unbedeutend sind, entstehen nahezu senkrechte Böschungen, die aber, besonders nach Niederschlägen, leicht zu Nachbrüchen neigen[1]).

Bei Feinsanden, Schlammsanden sowie Lehmen dagegen muß der Abbau meist in mehreren Abbaustufen erfolgen. Die Höhe dieser Abbaustufen beträgt bei Handbetrieb 1–6 m, bei Baggerbetrieb 6–10 m. In den Ziegelgruben wird der Lehm meist von Hand mittels der Drahtgabeln in Klötze geschnitten und in Rollwagen verladen. Dabei entstehen treppenförmig abgestufte Hänge. Besondere Vorsichtsmaßnahmen, wie Drainagen, Quellfassungen, Filterbrunnen, dienen dabei der Entwässerung und der Verhütung von Rutschungen. In besonders kritischen Fällen sollten die Stabilitätsverhältnisse der angeschnittenen Hänge eingehender untersucht werden.

Der Abtransport nützt meist das natürliche Gefälle aus. Sofern der Abraum nicht in den bereits abgebauten Grubenteilen deponiert werden kann, muß er, besonders im Anfang, am Hang geschüttet werden. Auch hier entstehen oft kritische Stabilitätsverhältnisse, die zu Rutschungen führen.

Der Tagbau in der Ebene bietet hinsichtlich Wasserhaltung und Förderung größere Schwierigkeiten als am Hang. In sehr durchlässigen Gesteinen, d. h. Kies- und Sandvorkommen, erfolgt die Gewinnung bis sechs Meter unter den Grundwasserspiegel. Bei weniger durchlässigen Materialien wie Lehmen ist dagegen eine beständige Wasserhaltung notwendig, sofern das Wasser nicht mit einem Stollen nach einer tiefergelegenen Vorflut abgeleitet werden kann. Die Lagerung des Abraumes kann zumeist in bereits abgebauten Gebieten erfolgen. Dagegen sprechen oft hygienische Erwägungen (Verunreinigung des Grundwassers) gegen eine Auffüllung mit anderem Material, z. B. Kehricht. Besondere Probleme entstehen dadurch, daß das Waschwasser von Kies und Sand nicht ohne weiteres der Vorflut übergeben werden kann, sondern in besonderen Absetzbecken geläutert werden muß. Für diese Zwecke, wie auch für die Lagerung der zu gewissen Zeiten vom Markte nicht geforderten Rohstoffe ist meist beträchtliches zusätzliches Land notwendig, das bei mittleren bis größeren Gruben über 10000 m^2 beträgt.

---

[1]) L. BENDEL, Das Kiessandwerk Littau (Luzern), Schweiz. Bauztg. Jg. 65, 1947.

VII.
Die Bearbeitung der Gesteine

1. Bausteine

Handarbeit. Die handwerkliche Gesteinsverarbeitung[1]) ist seit den ältesten Zeiten bis heute in mancher Beziehung gleichgeblieben. Sie wird noch vielfach gehandhabt, weil die maschinelle Verarbeitung nur in größeren Betrieben und nur für gewisse Objekte bzw. Oberflächengestaltungen wirtschaftlicher ist. Meistens lohnt es sich nicht, Steine aus kleineren Gewinnungsstellen zur Bearbeitung in eine maschinelle Anlage zu senden und von dort an die Verbrauchsstelle.

Fig. 107. Bearbeitungsarten von Kalkstein. Vorder- und Seitenflächen gekrönelt. Schläge scharriert. Oben Bossen grob gespitzt.

Der dem Steinhauer übergebene Stein ist meist roh gespalten, oder, wo es auf genauere Maße ankommt (bei Versandware), noch gespitzt. Das Spitzen geschieht durch Abstemmen von Splittern, bei harten Gesteinen mit dem Spitzmeißel und Handfäustel, bei weichen Gesteinen direkt mit dem Zweispitzhammer. Roh gespaltenes Gestein dient zu Bruchsteinmauerwerk ohne weitere Oberflächenverarbeitung, gespitzte Quader werden zum Spitzsteinmauerwerk verwendet. Hat der Stein von Natur aus ein gutes Lager, so läßt sich ein Schichtenmauerwerk herstellen.

Für die Verarbeitung zu eigentlichem Haustein wird der Rohstein, der mit einem Bruch- oder Arbeitszoll geliefert wird (d. h. einige Zentimeter größer

[1]) Stein und Steinwerk. Ilionverlag. Olten 1945.

als verlangt und berechnet) wie folgt weiter verarbeitet: Zuerst müssen die Schläge gezogen werden, um den Stein mit ziemlich unregelmäßiger Oberfläche völlig maßgerecht zu gestalten. Unter Schlägen versteht man die einige Zentimeter unter die Oberfläche versenkten, meist 2–3 cm breiten Kanten in den vorgeschriebenen Abmessungen. Diese Arbeit erfolgt mit dem Schlageisen, einem Meißel mit breiter Schneide. Der von den Schlägen umsäumte vorstehende Teil wird dann entweder abgespitzt, oder er wird bei Verwendung des Steines als Bossenquader belassen (was natürlich billiger ist). Das Feinarbeiten, resp. das Glätten der Oberflächen, geschieht entweder mit der Fleche (oder Fläche), einem Hammer mit einer Schneide, oder mit dem Scharriereisen, einem breiten Flachmeißel, wobei man parallele Riefen erhält, oder aber, nur bei Hartsteinen, mit dem Stockhammer, einem prismatischen Hammer, dessen Endflächen pyramidenförmige Spitzen aufweisen, die durch Schlagen auf dem Stein kleine Grübchen erzeugen. Bei weichen Gesteinen wird die Fläche zur Glättung auch gekrönelt, d. h. mit dem Kröneleisen, einem Bündel von dünnen Spitzmeißeln, in einen Hammerstiel gefaßt, bearbeitet. Die weitere Glättung, die nur durch Schleifen möglich ist, wird selten mehr von Hand ausgeführt. Die Feinbearbeitung erfolgt natürlich meist nur an den Sichtflächen. Auf die eigentliche steinmetzmäßige Weiterverarbeitung (zu Profilen, Ornamenten usw.) und die bildhauerische Arbeit kann hier nicht eingegangen werden.

Maschinenarbeit. Es bestehen die verschiedensten maschinellen Hilfsmittel, um gewissermaßen die «Handarbeit mechanisch auszuführen», somit eine Formgebung zu erzielen, die wie von Hand gearbeitet aussieht, gewünscht durch die jahrhundertelange Gewöhnung an die Handarbeitsformen. Es sind meist schlagend oder hobelnd wirkende Maschinen (mit Druckluft oder elektrisch betrieben). Maschinengemäßer ist das Zerlegen des Gesteins mit Säge- und Fräseinrichtungen. Bei ganz weichen Gesteinen, z. B. Kalktuffen, vulkanischen Tuffen, ist das Sägen mit primitiven Maschinen, z. T. sogar von Hand, seit langem üblich. Mit der Sägearbeit wurden Formgebungen ermöglicht, die bei den meisten Gesteinen in Steinmetzarbeit höchst kostspielig wären, ferner neue Oberflächenwirkungen. Es soll hier nur das Prinzip der wichtigsten Steinschneidemaschinen dargelegt werden[1]).

Zur Führung einzelner Schnitte an sehr großen Stücken dient bei weichen und mittelharten Gesteinen die bereits Seite 194 erwähnte Spiraldrahtsäge mit Quarz als Schleifmittel. Zum Zerlegen der Blöcke in Quader oder Platten verwendet man die oft mit vielen gleichzeitig arbeitenden Blättern versehene, wie eine gewöhnliche Holzsäge horizontal arbeitende Gattersäge. Die Blätter bestehen aus Stahl. Sie sind entweder mit Diamanten belegt oder arbeiten durch Zusatz von Stahlschrott (bei Hartgesteinen), Granat- oder Quarzsand. Das Zuschneiden der Platten besorgen Kreissägen mit Diamanten oder andern Schleifmitteln oder aber Fräsen aus Karborundscheiben. Profile werden mit entsprechend geformten Frässcheiben erzeugt. Alle Schneidevorgänge erfordern reichlich Wasserkühlung. Die wirtschaftlichsten Arbeitsbedingungen (Ge-

---

[1]) A. WINTER, Maschinelle Steinbearbeitung. Geologie und Bauwesen Jg. 1, 1929.

schwindigkeit und Schleifstoff) sind für jede Gesteinsart genau auszuprobieren. Roh gesägte Gesteinsflächen können unter Umständen eine malerische Oberflächenwirkung aufweisen. Ein Schleifen und Polieren erfolgt durch drehende Scheiben, die mit entsprechenden Schleif- und Poliermitteln auf der Gesteinsfläche bewegt werden. Es dienen dazu Stahlkörner, Karborund, Schmirgel, Trippel, Polierrot, Zinnasche u. a. unter Verwendung von Scheiben aus Schmirgel, Stahl, Blei, Pech, Filz, Jute usw.

Die durch Schneiden oder Schleifen erzeugten Gesteinsoberflächen sind weniger beansprucht als die durch Schlagen (wie meist bei der Handarbeit). Besonders der Stockhammer erzeugt erhebliche Zertrümmerungen, bei denen dann bei empfindlichen Gesteinen die Zerstörungen durch Verwitterung angreifen können.

Bei der Verarbeitung der *Dachschiefer* werden die Rohplatten oder die durch Schrämmen erzeugten Rohblöcke mittels Eintreiben von Holzkeilen oder Stahlmessern in die Schieferungsfugen in die je nach Schieferart variable Dicke gespalten. Diese Arbeit ist meistens nur beim bergfeuchten Schiefer leicht durchführbar. Das Formatisieren geschieht entweder mit dem Schieferdeckerhammer (es bestehen auch mechanische Hammerwerke) nach Augenmaß, oder durch Zuschneiden mit einer Schieferschere nach (mit Hilfe einer Schablone) vorgeritzten Konturen. Schließlich werden die Schiefer noch mit einer Bohrmaschine durchbohrt.

2. Straßenbaugesteine

Die Erzeugung von *Straßenschotter* und *Splitt* erfolgt nur noch ganz untergeordnet von Hand, etwa in entlegenen Gebieten mit billigen Arbeitskräften. Man rühmt dem Handschotter zwar bessere Formen nach als dem maschinengebrochenen. Die allgemein gebräuchlichen, bis zu großer Leistungsfähigkeit konstruierten Steinbrecher arbeiten entweder durch Hin- und Herbewegen eines beweglichen Stahlbackens gegen einen festen (Backenbrecher) oder durch drehende Bewegung (Walzen-, Kegel-, Hammerbrecher). Brechsand wird meist in Walzenmühlen erzeugt. Zur Erzielung besserer Formen (Seite 62) wird ein Material oft zweimal gebrochen. In jedem Fall muß die wirtschaftlichste Arbeitsweise dem Steinmaterial angepaßt werden. Das Zerlegen der Kornklassen erfolgt durch auf- oder absteigende drehende Siebung (in Siebtrommeln) oder in Vibriersieben, das Entstauben trocken durch Vibratoren, oder durch Waschen mit Wasser.

Pflastersteine werden noch oft von Hand hergestellt. Die Steinspalter besorgen mit Ausschlaghämmern, die parallel dem Stiel eine Schneide tragen, das Spalten der großen Blöcke, die Steinrichter das weitere Zerlegen mit dem sog. Bossierhammer in die gängigen Formate (heute meist Kleinpflastersteine). Ein sorgfältiges Zurichten verlangten die früher mehr als heute verwendeten städtischen Großpflastersteine mit genauer Maßinnehaltung, was natürlich die Kosten stark erhöhte. Große Pflastersteinbetriebe arbeiten heute mit Spaltmaschinen (Fallhämmern), deren Produkte aber unregelmäßiger sind als handgerichtete Steine.

VIII.

Die Bausteinverwitterung

Als Verwitterung im bautechnischen Sinne bezeichnet man die sichtbaren und verborgenen Veränderungen, die ein Gestein[1]) als Bestandteil eines Bauwerkes durch die Einflüsse der Atmosphärilien, der Oberflächenwässer, der Pflanzen und Tiere sowie der künstlich in die Luft und Gewässer gebrachten Stoffe, wie Rauchgase, Abwässer, industriellen Staub und Ruß usw., erfährt[2]). Wetterfest ist ein Gestein, das diesen Einwirkungen in den praktisch in Frage kommenden Zeiträumen zu widerstehen vermag. Natürlich ist dieser Begriff sehr relativ, er muß nach dem besonderen Zweck des Bauwerkes beurteilt werden. Ein Gestein, das für eine glatte Hochmauer wetterfest gilt, ist es oft ungenügend an einer Sockelverkleidung im Grundfeuchtebereich.

Sichere Angaben über Witterungsverhalten von Gesteinsmaterial sind sehr schwierig, und zwar selbst dann, wenn petrographische Angaben und Prüfresultate zur Verfügung stehen. Die Gründe dafür sind:

a) Die außerordentliche Mannigfaltigkeit der Gesteine, wobei für die Wetterbeständigkeit schon die kleinsten Unterschiede von Bedeutung sein können.
b) Die großen Klimadifferenzen im großen und kleinen (nach Klimazonen, Höhenstufen, Jahreszeiten, Stadt und Land, ja sogar an einem Bauwerk, je nach dessen Lage gegenüber Besonnung, Regenwinden usw.).
c) Die Unterschiede in den Wasserzirkulationsverhältnissen des Bodens (Grundwasserspiegel, Grundfeuchte, Sickerwässer und ihre chemischen Besonderheiten).

Die unzähligen Kombinationen von Gesteinsbeschaffenheit und äußern physikalischen und chemischen Einwirkungen lassen es leicht verstehen, daß die Verwitterungsvorgänge kaum je vollständig überblickt werden können. Eine experimentelle Verfolgung der Verwitterung ist nur beschränkt möglich. Alle Versuche müssen auf den sehr wesentlichen Faktor «Zeit» verzichten.

1. Einwirkungen und Reaktionen, die bei der Bausteinverwitterung in Betracht kommen

Nachstehend sind die wichtigeren äußern Einwirkungen und die dabei sich abspielenden Reaktionen kurz aufgeführt. Es muß indessen ganz besonders

---

[1]) Gilt natürlich auch für Kunststein, Beton, Backsteine, Straßendecken.

[2]) J. Hirschwald, Handbuch der bautechnischen Gesteinsprüfung. Berlin 1912. – A. Kieslinger, Zerstörungen an Steinbauten. Wien 1932. – F. de Quervain, Verhalten der Bausteine gegen Witterungseinflüsse in der Schweiz. Beitr. Geol. Schweiz, geotechn. Serie, Lief. 23, 1945.

betont werden, daß praktisch nur selten eine Einwirkung in Betracht kommt, sondern daß meist mehrere miteinander oder nacheinander eine bestimmte Gesteinszerstörung erzielen.

A. Ohne Mitwirkung von Feuchtigkeit

Die allgemeine Bedeutung trockener Einwirkungen ist im gemäßigten Klima gering, im ariden Klima groß bis ganz ausschlaggebend.

a) *Temperaturschwankungen.* Die Wirkungen der täglichen und jahreszeitlichen Temperaturschwankungen auf dem Stein führen zu zweierlei Beanspruchungen:

1. Ungleiche Ausdehnung der äußern, den Schwankungen unterworfenen Gesteinspartien gegenüber dem Gesteinsinnern mit konstanteren Temperaturverhältnissen. Die ungleiche Ausdehnung führt zu Spannungen und damit zu Rissen, verbunden mit Schalenablösungen, jedoch nur untergeordnet im gemäßigten Klima, ausgedehnt in Wüstengebieten (am ausgeprägtesten an homogenen massigen Gesteinen wie Graniten).

2. Die ungleiche Wärmeausdehnung, je nach der Richtung innerhalb eines Kristalls, kann trotz der geringen Beträge bei einigen Gesteinen mit der Zeit eine Auflockerung bewirken (praktisch vor allem beobachtet an grobkörnigen Marmoren). Die Auflockerung kann bei Marmoren auch eine bleibende Volumvermehrung und damit bei Platten Verbiegungen bewirken.

b) *Wind in Verbindung mit aufgewirbelten festen Teilen* (Sandkörner). Im ganzen unwichtig. Lokal eine Glättung oder Ausschleifung bewirkend.

c) *Trockene chemische Einwirkungen.* Unwichtig. Etwa durch Oxydationen von organischen Partikeln in Gesteinen (unter Mitwirkung von Licht) Verfärbungen bewirkend.

B. Mit Beteiligung von Wasser in irgendeinem Aggregatzustand

d) *Fließendes Wasser aus Regen und Gewässern.* Die direkten Einwirkungen sind: Korrosion durch Tropfenfall, Auflösung von Mineralsubstanz (erheblicher nur in Verbindung mit g) und h)), Auslösung von Quellerscheinungen (siehe unter f)). Auf die meisten zu Bauzwecken verwendeten Gesteine sind die direkten Einwirkungen gering. Direkter Regenfall wirkt vorzugsweise steinerhaltend. Von größter Bedeutung ist natürlich der Regen als allgemeiner Feuchtigkeitslieferant.

e) *Frost*[1]). Die Frosteinwirkung beruht auf der Volumvermehrung beim Übergang Wasser–Eis und der damit zusammenhängenden Druckzunahme in einem geschlossenen Raum. Die Temperatur-Druck-Verhältnisse gehen für konstantes Volumen (völlig geschlossene Gesteinspore, ganz mit Wasser gefüllt) aus dem

[1]) P. FILLUNGER, Wie ist natürliches Gestein auf Frostbeständigkeit zu prüfen? Geologie und Bauwesen, Jg. 2, 1930. – A. KIESLINGER, Das Volumen des Eises. Geologie und Bauwesen, Jg. 3, 1931. – F. DE QUERVAIN, Handbuch der Werkstoffprüfung, Bd. 3, 1941. – M. ROŠ. Die Frostbeständigkeit des Portlandzementbetons usw. XXX. Jahresb. Verein Schweiz. Zement-, Kalk- und Gips-Fabrikanten, 1941.

Zustandsdiagramm Fig. 108 hervor. Der maximale Druck von zirka 2115 Atm wird bei -22^0 erreicht. Die theoretischen Verhältnisse sind nun bei Gesteinen nicht verwirklicht, da hier keine Hohlräume von ganz konstantem Volumen bestehen und ihre Wasserfüllung in der Regel nicht 100%ig ist. Eine genaue

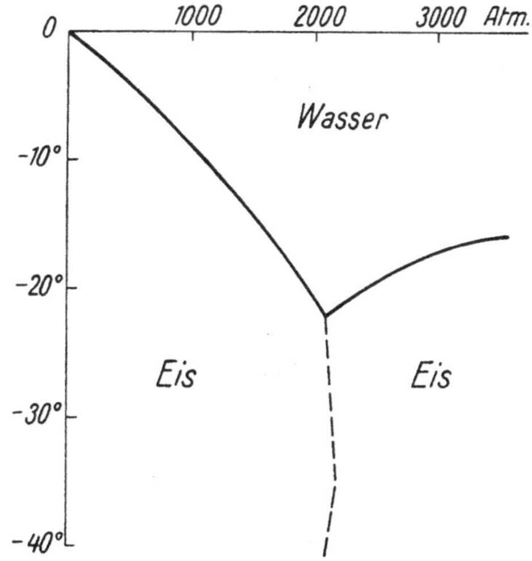

Fig. 108. Druck-Temperatur(P-T)-Diagramm Wasser–Eis (bei konstantem Volumen). Die ausgezogene Linie trennt die Stabilitätsgebiete von Wasser und Eis. Praktisch wichtig ist nur der absteigende Kurventeil links, welcher die Gefriertemperaturen bei Drucken zwischen 0 und 2115 Atm angibt resp. die Drucke in einer geschlossenen, völlig wassergefüllten Pore bei 0^0 bis -22^0. Die gestrichelte Linie (praktisch ohne Bedeutung) trennt zwei Eismodifikationen.

Erfassung der Einwirkungen ist wegen der Unkenntnis von Porenausbildung und Wasserfüllung nicht möglich. Im wesentlichen besteht bei Gesteinen (bei Porenfüllung über 90%) die Frostwirkung in einem Wettlauf zwischen der Druckzunahme beim Gefriervorgang und der Entlastung durch die Möglichkeiten des Ausweichens von Wasser und Eis in den ja mit der Außenwelt in Verbindung stehenden Gesteinsporen. Je rascher die Abkühlung, je mehr ist der Druckausgleich erschwert und je stärker ist die zerstörende Wirkung. Natürlich ist auch die Porenweite von größter Wichtigkeit: geringe erschwert, große begünstigt einen Ausgleich. In den Figuren 109 und 110 sind die wichtigsten prinzipiellen Fälle schematisch dargestellt und erläutert.

Über die spezielle Frostempfindlichkeit der einzelnen Gesteinsarten siehe Abschn. III. Im großen ganzen wird ein Gestein durch Frost bei gleichbleibenden, «normalen» Umständen (in bezug auf Wassersättigung und Winterklima) entweder relativ rasch oder gar nicht zerstört. Erst eine Änderung der Bedingungen (z.B. abnormale Wasserdurchtränkung verbunden mit besonders scharfem Frost) kann dann ein jahrzehntelang intakt gebliebenes Gestein noch zum Zerfall bringen. Zahlreiche Gesteine sind bergfeucht nicht frostbeständig; nach dem Austrocknen erlangen sie an Hochbauten nie mehr eine solche Wassersättigung, daß Frostgefährdung einträte.

Fig. 109 a–d. Schematische Darstellung der Frostwirkung. Kreis: Gesteinspore. Punktiert: Wasser, schraffiert: Eis.

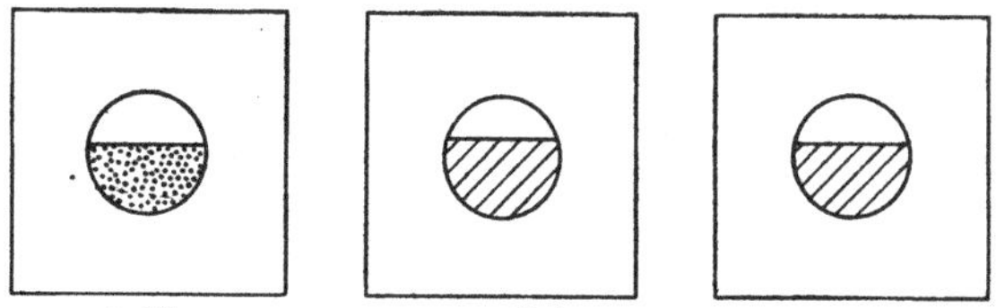

Fig. 109 a. Fall 1. Geschlossene Pore, zur Hälfte mit Wasser gefüllt. Druckwirkung weder bei –1° (sehr langsame Abkühlung) noch bei –20° (rasche Abkühlung).

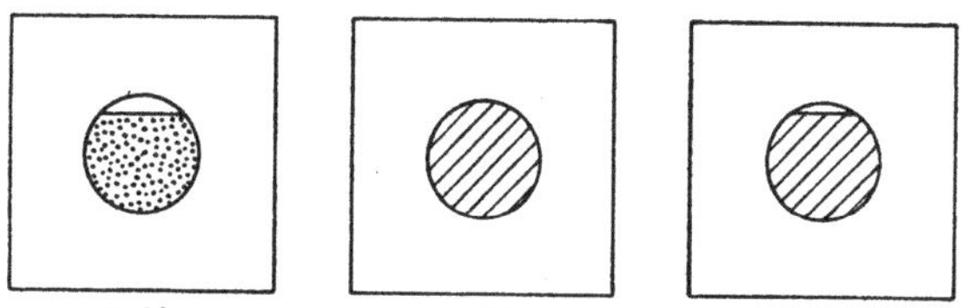

Fig. 109 b. Fall 2. Geschlossene Pore, zu 91% mit Wasser gefüllt. Druckwirkung weder bei –1° (Grenzfall, Pore zu 100% mit Eis gefüllt) noch bei –20° (Pore wegen Zusammenziehung des Eises nicht mehr ganz gefüllt).

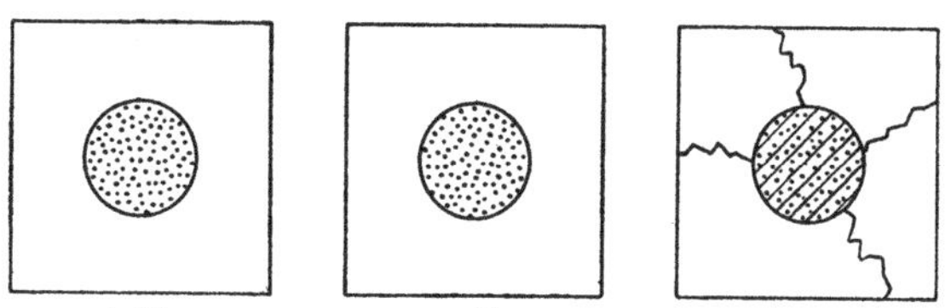

Fig. 109 c. Fall 3. Geschlossene Pore, ganz mit Wasser gefüllt. Beim Abkühlen starke Druckzunahme entsprechend dem *P*-*T*-Diagramm (Fig. 108). Hauptmenge des Wassers bleibt flüssig. Bei einem gewissen Druck wird das Gestein zerstört; die Rißbildung erzeugt sofort Druckentlastung und damit Gefrieren.

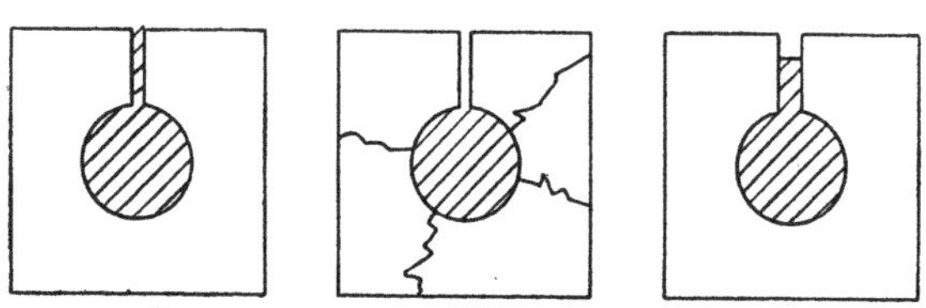

Fig. 109 d. Fall 4. Pore nicht abgeschlossen (kein konstantes Volumen). Bei enger Kapillare ist ein Druckausgleich nur bei langsamer Abkühlung (d. h. bei wenig tiefer Außentemperatur) möglich, bei rascher Abkühlung wird das Gestein zersprengt. Bei weiter Öffnung tritt auch bei rascher Abkühlung keine Druckwirkung ein.

Die Zahl der Frosteinwirkungen auf das Gestein kann aus den meteorologischen Daten nicht entnommen werden; die 0°-Unterschreitung ist an besonnten Objekten viel größer, an schattigen für den Stein geringer als die Tagesdaten ergeben. Frost wirkt meist am intensivsten an Bauteilen im Grundfeuchtebereich, ferner an solchen ein, die oft von Schneeschmelzwasser (das in der Nacht gefriert) durchtränkt werden. In diesen Fällen tritt eine Wassersättigung ein, die derjenigen, wie sie bei den Prüfungen festgestellt wird, nahekommt, sonst bleibt sie an Bauteilen meist viel geringer.

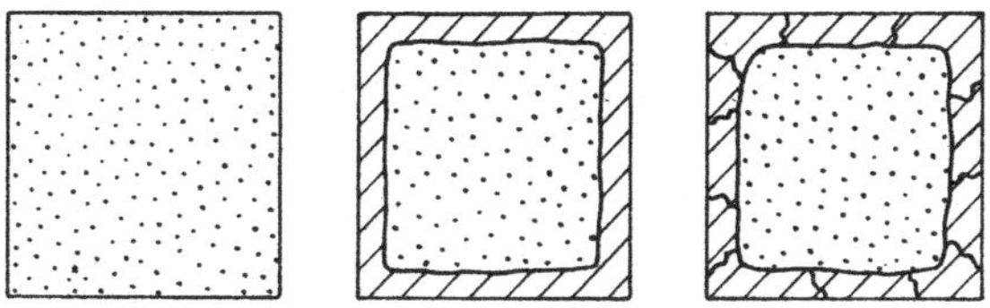

Fig. 110. Schematische Darstellung der Frostwirkung in einem sehr porenreichen Gestein (Poren unter sich zusammenhängend). Punktiert: Gestein ganz mit Wasser getränkt, schraffiert: Gestein von Eis durchsetzt. Beim Abkühlen bildet sich zuerst außen ein Eispanzer, dadurch wird das Innere gewissermaßen zum abgeschlossenen Raum. Bei weiterer Abkühlung Druckwirkung im Innern und Aufbrechen der Randzone.

Zur Prüfung auf Frostbeständigkeit werden wassergesättigte Gesteinsproben 25- oder 50mal durchfroren (zu Vergleichen ist konstante Abkühlungsgeschwindigkeit notwendig) und der Gewichtsverlust in Prozent bestimmt, wenn nicht eine völlige Zerstörung festgestellt wird. Tritt kein Verlust ein, was bei Gestein für Straßenbauzwecke Bedingung ist, so kann eine innere Lockerung durch Druckfestigkeitsprüfung oder Elastizitätsbestimmung festgestellt werden (Abfall der Festigkeitswerte oder des Elastizitätsmoduls gegenüber dem nichtbeanspruchten Gestein).

Die Frostgefährdung wird auch theoretisch zu ermitteln versucht (nach Hirschwald), von der Erwägung ausgehend, daß eine Porenfüllung unter 90% unter keinen Umständen zu Zerstörungen führen kann. Da natürlich der Grad der Füllung der einzelnen Gesteinsporen verschieden ist, kann man mit größerer Gewißheit annehmen, daß erst bei allgemeiner Porenfüllung unter 70–80% (Sättigungswert 0,7–0,8) nicht mehr genügend Poren zu über 90% gefüllt sind, daß eine Zerstörungswirkung eintreten kann. Bei der Mannigfaltigkeit der Porenausbildung geben solche Erwägungen nur Anhaltspunkte. Gesteine mit stark schichtig-schieferigem Gefüge (insbesondere mit Glimmerlagen), ferner solche mit starkem Abfall der Festigkeit im nassen Zustande wird man bei gleichem Sättigungswert ungünstiger beurteilen (Wahrscheinlichkeit einer teilweisen starken Porenfüllung), Gesteine mit sehr geringer Gesamtwasseraufnahme (unter 0,5%) sind auch bei hohem Sättigungswert meist nicht frostgefährdet.

f) *Quell- und Schwindwirkung*. Gesteine, die durch einen Gehalt an quellfähigen Tonmineralien (Seite 10) durch Wasseraufnahme resp. -abgabe Quell- und

Schwinderscheinungen und damit Rißbildungen erfahren, werden (abgesehen von den Lehmbauten) als Baumaterialien selten verwendet. Man bemerkt solche Zerfallserscheinungen etwa an mergeligen Kalksteinen, Kalksteinen mit breitern Tonhäuten und Sandsteinen mit erweichbarem Bindemittel.

Auch die Gesteine ohne jede Beimengung von Tonmineralien (z. B. Granite, Marmore) erfahren durch Wassersättigung eine sehr geringe Volumzunahme (ausgelöst durch die Kapillarkräfte). Ihre Mitwirkung an Zerstörungen (wie Abschalungen von oft durchfeuchteten Randzonen eines Steines, ferner Absandungen) ist mehrfach postuliert, aber kaum sicher bewiesen worden.

g) *Chemische Einwirkungen der normalen Bestandteile der Atmosphäre.* Davon sind nur zu nennen O_2 und CO_2 in Verbindung mit Wasser. Diese Einwirkungen, in der natürlichen Verwitterung bedeutend, sind in den kurzen Zeiträumen, in denen sich die Bausteinzerstörung abspielt, meist untergeordnet, jedenfalls nur dann bemerkbar, wenn die intensiver wirkenden Einflüsse fehlen. Feuchte Luft führt zu Oxydation der (normalerweise in Bausteinen untergeordneten) Sulfide, vor allem Pyrit (mit lokaler Schwefelsäurebildung). CO_2-haltiges Wasser führt zur beschleunigten Lösung von Karbonaten, was aber als Zerstörungsfaktor nicht sehr wichtig ist.

h) *Chemische Einwirkungen der Rauchgase*[1]. Chemisch auf den Stein wirkende Bestandteile der Rauchgase sind vor allem CO_2, das die Einflüsse der Luftkohlensäure verstärken kann, und SO_2 (mit der Luftfeuchtigkeit schweflige Säure bildend). Über die direkte Rolle der schwefligen Säure wird noch diskutiert. Einesteils wird ihr eine erhebliche Bedeutung zugeschrieben, z. B. Reaktion mit Kalkkarbonat unter Bildung von schwerlöslichem Kalziumsulfit, andererseits wird auf die sehr leichte Oxydierbarkeit der schwefligen Säure zu Schwefelsäure hingewiesen und alle Einwirkungen der Schwefelsäure zugesprochen. Letztere Ansicht dürfte jedenfalls zutreffender sein. Die Schwefelsäure zersetzt schon in der Kälte Kalkspat (langsamer Dolomit) unter Gipsbildung, wie die verbreiteten Gipskrusten bezeugen (+ $MgSO_4$); sie ist jedoch auch erheblich an der Zersetzung vieler Silikate beteiligt. Sie tritt in der Luft besonders an Nebeltröpfchen gebunden auf. Die Schwefelsäuremengen, die sich aus den Rauchgasen bilden, sind sehr erheblich. In Städten wird pro Jahr und Einwohner eine Tonne Kohle mit einem Schwefelgehalt von im Durchschnitt 1% verbrannt, woraus sich 30 kg konzentrierte Schwefelsäure bilden, pro 100000 Einwohner somit 3000 Tonnen. Noch stärker zerstörend als die Säure wirken auf viele Gesteine die daraus sich bildenden Sulfate von Magnesium und Natrium (während der Gips wohl an sich unschädlich ist).

i) *Physikalische Wirkungen aus- oder umkristallisierender, leicht löslicher Salze.* Die Durchsetzungen von Bausteinen mit weißen, wasserlöslichen Salzen (Ausblühungen) ist besonders in Städten weit verbreitet, am auffälligsten nach Trockenperioden im Frühjahr. Diese Ausblühungen stehen ganz offensichtlich mit Verwitterungen im Zusammenhang. Es handelt sich bei ihnen um verschie-

---

[1]) Eine Prüfmethodik zur Ermittlung der Beständigkeit gegen Rauchgaseinwirkungen (sog. Agenzienprobe) stammt von H. SEIPP, Die abgekürzte Wetterbeständigkeitsprobe an Bausteinen. R. Oldenbourg, München 1937.

denartige Stoffe: Am verbreitetsten sind Sulfate (vor allem von Natrium und Magnesium, bisweilen auch von Kalium), ferner werden beobachtet Chloride (vor allem Kochsalz, das heute in Städten in großem Umfange zum Schmelzen des Schnees in den Bereich der Mauern gelangt), dann Nitrate (eigentliche Salpeter) an Mauern von Ställen.

Die Wirkungen der Salzkristallisationen auf den Stein müssen auf verschiedene Weise gedeutet werden[1]:

α) Bei Kristallisation aus einer übersättigten Lösung in einer weitgehend geschlossenen Gesteinspore wird durch den wachsenden Kristall (natürlich ständige Lösungszufuhr vorausgesetzt) resp. durch die komprimierte Flüssigkeit ein Druck auf die Wandung ausgeübt (Kristallisationsdruck im engeren Sinne). Dieser Druck kann bei hoher Übersättigung bis über 100 kg/cm^2 erreichen[2].

β) Kristalle, die von einer porösen Unterlage aus (durch welche die Stoffzufuhr erfolgt) frei wachsen, vermögen Fremdkörper zu heben (Mineralkörner, kleine Gesteinssplitter).

γ) Besonders groß sind die Einwirkungen, wenn bereits bestehende Kristalle unter Wasseraufnahme und entsprechender Volumzunahme umkristallisieren. Dies tritt natürlich nur bei Verbindungen auf, die verschiedene Hydratstufen aufweisen, welche sich unter den Temperatur-Feuchtigkeits-Bedingungen normaler Klimaverhältnisse umwandeln.

Fig. 111. Nach wiederholter Tränkung in Natriumsulfatlösung und Trocknung einer Kalksteinprobe werden die Partien mit reichlich Tonhäuten (am frischen Gestein fast unsichtbar) zuerst angegriffen und führen zur Zerbröckelung.

Fall α) tritt jedenfalls verbreitet, wenn auch in der Wirkung nicht sehr auffällig, auf. Die Auskristallisation von Kochsalz (das keine Hydratstufen bildet) in Poren wirkt jedenfalls in diesem Sinne, wie Absandungen an salzdurchsetzten Mauern zeigen.

[1] P. Fillunger, Über Verwitterung durch Kristallisationsdruck. Geologie und Bauwesen, Jg. 5, 1933. – A. Kieslinger, Kristallisationsdruck, Quellung und Verwitterung. Geologie und Bauwesen, Jg. 5, 1933.

[2] C. W. Correns und W. Steinbom, Experimente zur Messung und Erklärung der sogenannten Kristallisationskraft. Z. Krist., Bd. 101, 1939.

Den Fall β) beobachtet man oft an porösen Steinen (auch an Verputz, Beton, Backsteinen), wobei Splitter und Körner von feinen Kristallpelzen (meist nadelige Kristalle) abgehoben werden.

Fall γ) ist die häufigste Form der Salzeinwirkung, da gerade die verbreitetsten Ausblühungssalze, die Sulfate von Natrium und Magnesium, mit verschiedenem Wassergehalt kristallisieren. Bei Natriumsulfat liegen die Verhältnisse z. B. folgendermaßen[1]:

Natriumsulfat kristallisiert aus wässeriger Lösung zwischen $-1{,}5^0$ und $32{,}4^0$ als Glaubersalz ($Na_2SO_4 \cdot 10\,H_2O$), bei höheren Temperaturen wasserfrei als Thenardit (Na_2SO_4). Ist Magnesiumsulfat neben Natriumsulfat anwesend, so kann bereits ab 27^0 Thenardit gebildet werden, sind noch Chloride vorhanden, so kann Thenarditbildung bereits bei 15^0 beginnen. Es ist deshalb in der warmen Jahreszeit sehr häufig mit der Abscheidung von wasserfreiem Salz zu rechnen. Der Thenardit nimmt nun bei Wiederzutritt von Wasser in flüssiger oder dampfförmiger Form dasselbe unter Bildung von Glaubersalz auf. Die gegenseitigen Umwandlungen finden im Temperaturbereiche zwischen 0^0 und 30^0 bei relativen Luftfeuchtigkeiten von 61–82% statt. Umkristallisierungen finden deshalb bei den täglichen Temperatur- und Feuchtigkeitsschwankungen unseres Klimas überaus häufig statt. Die Druckwirkung ergibt sich aus der Betrachtung der Volumverhältnisse:

Molekularvolumen:	Na_2SO_4	$Na_2SO_4 \cdot 10H_2O$
	53,5	220,5

Natürlich muß, damit eine Beanspruchung der Porenwandung eintritt, eine Wasser- oder Lösungszufuhr durch Kapillaren möglich sein, in die der feste Kristall nicht eindringen kann. Die Wirkungen sind im Prinzip den Frostzerstörungen verwandt. Bei Magnesiumsulfat liegen die Verhältnisse etwas komplizierter, da 7 Hydratstufen vorliegen, die aber nur zum Teil in Betracht kommen. Meist finden Umwandlungen zwischen dem Salz mit 7 H_2O und dem mit 4 H_2O statt, die Volumunterschiede und damit die Druckverhältnisse sind hier geringer, und damit verlaufen die Zerstörungen langsamer. Umwandlungen von Anhydrit in Gips und umgekehrt kommen an Bausteinen nicht in Betracht.

Die zerstörende Wirkung des Natriumsulfates geht aus dem sogenannten Kristallisierversuch von BRARD schön hervor. Abwechselnde Tränkung einer Gesteinsprobe in Natriumsulfatlösung und Trocknung, z. B. bei 110^0, führt bei vielen Gesteinen in kurzer Zeit zu starken Zerstörungen. Diese Versuche bilden in verschiedenen Ländern einen normalen Bestandteil einer Bausteinprüfung auf Wetterbeständigkeit. Es lassen sich mit solchen Versuchen (auch mit Magnesiumsulfat, Kochsalz u. a.), je nach Konzentration und Trocknungsgeschwindigkeit, viele Verwitterungsformen erzeugen, in fast genau gleicher Art wie man sie am selben Material in gewissen Bereichen am Bauwerk beobachtet.

---

[1]) A. SCHMÖLZER, Zur Entstehung von Verwitterungsskulpturen an Bausteinen. Chemie der Erde, Bd. 10, 1936.

Da das Sulfation in den genannten Salzen zum größten Teil aus der Schwefelsäure der Rauchgase stammt, sind die Sulfatzerstörungen in großen Städten und industriellen Zentren viel größer als auf dem Lande.

Die leichtlöslichen Salze wandern im Gestein teils kapillar mit dem Lösungsmittel, teils durch Diffusion, sie reichern sich nur an Stellen an, wo sie durch direktes Regenwasser nicht weggewaschen werden.

Fig. 112. Die Hauptformen der Gesteinsverwitterung, erzeugt an würfelförmigen Probekörpern durch Tränkung in Natriumsulfatlösung. Links Absandung (Sandstein), Mitte Rißbildung mit Zerbröckelung (Muschelkalkstein), rechts Schalenbildung (Sandstein).

k) *Einwirkungen von Pflanzen.* Höhere Pflanzen besiedeln Bauwerke nur selten, etwa auf Fugen in Trockenmauern und Rissen von bröckelig zerfallenden Kalksteinen. Eine schädigende Wirkung haben besonders Wurzeln von Holzgewächsen, wie sie aber nur an ungepflegtem Gemäuer vorkommen.

Niedere Pflanzen (Algen, Flechten, Moose) pflegen den Stein direkt zu besiedeln. Es sind schon unzählige Arten, insbesondere Flechten, auf Bausteinen beschrieben worden, und eine gesteinszerstörende Wirkung durch Flechtensäuren, Feuchthaltung des Steines unter dem Thallus, Humussäuren nach Absterben der Pflanzen ist schon oft behauptet worden. Die Beobachtungen an Bauwerken zeigen indessen meist ganz deutlich, daß stark flechtenbewachsene Gesteinspartien (es sind solche, die öfters Feuchtigkeit erhalten) sich meist durch gute Erhaltung auszeichnen. Sulfatdurchsetzte Partien werden von allen Pflanzen streng gemieden. In sehr rauchgasreichen Städten sollen überhaupt keine Pflanzen beobachtet werden. Die gute Erhaltung beruht natürlich in erster Linie auf Sulfatfreiheit, es scheint aber daneben durch eine Pflanzenkruste eine günstige Wirkung auf den Stein ausgeübt zu werden (Verhinderung von zu starker Austrocknung und auch Durchfeuchtung).

Eine gewisse schädigende Wirkung auf Stein (besonders Kalkstein) sollen auch Ausscheidungen von Bakterien besitzen. Die Beobachtung, daß an polierten Gesteinen (in Innenräumen) die Politur von Zentren aus zerfressen wird, führt man auf Einwirkung dieser Lebewesen zurück.

l) *Einwirkungen von Tieren.* Diese sind unbedeutend. Indirekt wirkt der Taubenmist, der sich an zahlreichen Monumentalbauten anreichert (abgesehen von der ästhetischen Beeinträchtigung) durch Feuchthaltung des Steines.

2. Die Formen der Gesteinsverwitterung

Die Beobachtungen an in Verwitterung begriffenen Bausteinen lassen die zerstörenden Veränderungen auf wenige charakteristische Formen zurückführen, die natürlich unter sich viele Übergänge aufweisen und je nach Gesteinsbeschaffenheit recht verschieden ausgebildet sind. Sie lassen sich folgendermaßen übersichtlich kennzeichnen:

a) *Chemische Gesteinsauflösung* von der Oberfläche aus. Sie tritt vollständig nur bei Karbonatgesteinen auf, besonders bei Kalksteinen, und ist hier natürlich die radikalste Zerstörungsform. Es braucht mehrere Jahrzehnte bis Jahrhunderte, bis auch in einem städtischen säurereichen Klima wirklich größere

Fig. 113. Absanden an Sandstein in Verbindung mit starken Salzausblühungen (hier Magnesiumsulfat). Partie seitlich Wasserabfluß.

Wirkungen erkennbar sind. Im Anfangsstadium äußert sie sich in einem Aufrauhen der Oberfläche (auffällig bei fossilreichen Kalken und Marmoren) ursprünglich glatter Werkstücke, andererseits gehen aber auch die Bearbeitungsspuren verloren.

b) *Die Absandung.* Unter Absandung ist der Zerfall des Gesteins in die Einzelmineralkörner verstanden. Sie tritt allgemein auf bei Gesteinen mit schwacher Kornbindung, vor allem Sandsteinen, aber auch bei Graniten, Gneisen und Marmoren. Die Absandung geht ganz von der Oberfläche aus, oft Aushöhlungen oder Abrundungen an Werksteinen erzeugend. Die Ursachen der Absandung sind: Salzeinwirkung, Frost, Lösung des Bindemittels, Quellen und Schwinden, bei gewissen grobkörnigen Gesteinen, besonders Marmoren, auch Lockerung durch Temperatureinwirkungen.

Fig. 114. Zerbröckelung eines Kalksteins längs Haarrissen, Tonhäuten und Suturen. Frostwirkung.

c) *Der Bröckelzerfall.* Hier zerfällt das Gestein nicht in Einzelkörner, sondern in Kornaggregate, in Gesteinsbrocken. Sie ist am verbreitetsten bei feinkristallinen Kalksteinen, wo der Zerfall den hier verbreiteten Nähten, Tonhäuten, Mergellagen oder Rißbildungen folgt. Bei Sandsteinen und kristallinen Gesteinen beobachtet man oft eine Art Bröckelzerfall, bei welcher die Gesteinspartikel ausgesprochene Form von Blättern aufweisen, man spricht dann von *Abblätterung.* Die Abblätterung geht einerseits durch Auflockerung in die Absandung, andererseits in die Schalenbildung über. Der Bröckelzerfall beruht großenteils auf Frostwirkung. Auch Beton und Backsteine zerbröckeln oft.

d) *Die Schalenbildung.* Es handelt sich bei ihr um eine sehr auffällige und verbreitete Zerstörungsform. Sie zeichnet sich dadurch aus, daß sich unter einer normalerweise intakt bleibenden Oberfläche in wenig Millimetern bis Zentimetern Tiefe eine Lockerungszone ausbildet, derart, daß mit der Zeit die äußerste Gesteinspartie den Zusammenhang mit dem Gesteinsinnern verliert und als Schale losgelöst werden kann. Echte Schalenbildung kann auf allen Flächen eines Gesteins, unabhängig von Schichtung oder Schieferung, auftreten. Die Schalenbildung hat offenbar verschiedene Ursachen:

α) Stoffwanderung aus dem Gesteinsinnern (in Verbindung mit Lösungserscheinungen) nach außen. Dadurch Ausbildung einer Lockerungszone und Verdichtung der äußersten Partie (sog. Innenkruste oder Rinde).

β) Folge eines Zugrisses nach entsprechender Sulfatanreicherung in den Außenpartien des Gesteins (mit starker Abnahme gegen das Innere) und Wirkung gemäß den Ausführungen von Seite 206. Diese Schalenbildung ist experimentell leicht zu erzeugen.

γ) Auswirkungen der ungleichen Wärmedehnung von äußerster Gesteinspartie und Gesteinsinnerem.

Die im gemäßigten Klima weit vorwiegenden Schalenbildungen gemäß α) und β) trifft man vor allem an Sandsteinen mit erheblicher Porosität, aber auch bei kristallinen Gesteinen, selten an Kalksteinen, häufig auch an Beton und Kunststein, an Stellen, die einer häufigen Durchfeuchtung von außen, aber auch einer sehr intensiven Austrocknung unterworfen sind und die von innen her keine Durchfeuchtung erfahren, somit am häufigsten an möglichst vielseitig freistehenden Steinen, dann an Grundmauern.

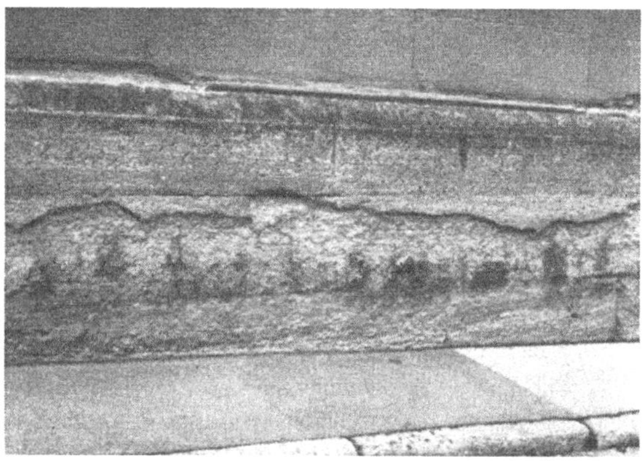

Fig. 115. Schalenverwitterung an Gebäudesockel im Grundfeuchtebereich.

e) *Verfärbungen der Oberfläche.* Solche treten bei Steinen, die den Witterungseinflüssen ausgesetzt sind, ganz allgemein auf; sie beruhen großenteils auf Oxydationen eisenhaltiger Gemengteile, dadurch herrscht eine allgemeine Tendenz zum Braunwerden. Kompakte Kalksteine verfärben sich an regengetroffenen Stellen vorzugsweise gegen Weiß. Im einzelnen weist jedes Gestein seine charakteristische Patinabildung auf, worauf hier nicht eingegangen werden kann.

f) *Bildungen außerhalb der Gesteinsoberfläche.* Eine sehr verbreitete Verwitterungsbildung an Bausteinen außerhalb der Oberfläche sind *Gipskrusten.* Sie entstehen allgemein in Städten an Bauwerken aus Kalksteinen und kalkhaltigen Sandsteinen als Ausscheidungsprodukt der chemischen Kalkspatauflösung durch Schwefelsäure. Sie finden sich nur an ziemlich regengeschützten Stellen, mehr oder weniger fest mit dem Gestein verbunden und sind meist eng mit eigentlichen Gesteinszerstörungen verknüpft. Die Gipskrusten sind meist grau bis schwarz gefärbt und besitzen somit großen Einfluß auf die Wirkung alter Steinbauten. An Bauwerken kommen auch reine *Kalkspatkrusten* vor, diese sind meist durch Kalkauslaugungen und Wiederausfällungen aus Mörtel oder Beton entstanden und sind im Gegensatz zu den Gipskrusten auch in Städten weißlich oder hellbräunlich gefärbt. Sie hängen kaum mit Gesteinszerstörungen zusammen. Auch ausblühende Salze bilden lockere Krusten. Auf ihre Einwirkungen wurde bereits Seite 205 hingewiesen.

3. Die Bereiche an Bauwerken, die besonders der Verwitterung ausgesetzt sind

Das Studium der Verwitterungserscheinungen an Bauwerken zeigt deutlich, daß die Gesteinszerstörungen sich an bestimmten Bauteilen häufen bzw. hier früher einsetzen (gleichartiges Gestein vorausgesetzt) als an andern Stellen. Diese empfindlichen Bereiche lassen sich folgendermaßen kennzeichnen:

a) *Die Region der aufsteigenden Grundfeuchte,* meistens bis zirka 1–1,5 m über den Erdboden reichend. Am stärksten angegriffen ist gewöhnlich der obere Rand des Grundfeuchtebereiches. Ganz freistehende Objekte geringer Höhe (Monumente, Pfosten usw.) leiden gewöhnlich weniger als untere Teile von hohen Mauern.

b) Der Bereich *seitlich* von regelmäßig bei Regen in Funktion tretenden *Wasserablauf- und Sickerstellen,* überhaupt der Grenzbereich zwischen bei Regen naß werdenden und trocken bleibenden Bauteilen. Da die Sickerstellen oft parabelförmig begrenzt sind (nach oben oder unten) hat auch der Verwitterungsbereich Parabelform.

c) Die *Unterseiten von hervorragenden Bauteilen,* die von oben häufig durchfeuchtet werden, von direktem Regen jedoch nicht getroffen werden (z. B. von Gesimsen, Fensterbänken, Balkonen).

d) Bauteile im Freien, die von ganzjährig *wasserabwehrenden Bäumen* vor Regen geschützt sind (gilt vor allem für Städte).

e) Die *Randzone* eines Gesteins gegen ein darunter befindliches von *geringerer Wasserdurchlässigkeit* (z. B. Sandsteinmauerwerk oberhalb eines Granitsockels).

f) Unterste Partie einer senkrechten Mauer über einem wenig geneigten oder horizontalen Bauteil (z. B. einem Gesimse).

Dazu treten natürlich noch zahlreiche lokalbedingte Bereiche, wie z. B. Stellen mit stetigem Tropfenaufschlag, Nachbarschaft von viel Rauchgas liefernden Kaminen, Bereiche um rostendes Eisen (Rostsprengung) usw.

Die genannten Bereiche befinden sich meist an Stellen, die, ohne von Regen direkt getroffen zu werden, lange feucht bleiben, und solchen im Grenzbereich zwischen öfters durchfeuchteten und trocken bleibenden Partien. Es sind dies vorzugsweise Stellen, an welchen einerseits sich durch Kapillarität oder Diffusion die schädlichen Salze anreichern und nicht durch Regen ausgewaschen werden können, andererseits auch häufig Frost eintritt, wenn der Stein durchnäßt ist. Oft tragen solche Stellen in Städten auch Gipskrusten.

Die Seite 209 besprochene Schalenverwitterung in typischer Form bildet eine gewisse Ausnahme, man kann sie oft auch außerhalb dieser Bereiche treffen, so z. B. an stark beregneten Mauern und an ganz freistehenden Objekten. Es handelt sich in diesen Fällen um Gesteine, welche viel Feuchtigkeit ins (trockene) Innere treten lassen, und damit auch die Salze und Säuren, wo sie dann unter der Oberfläche zerstörend auf den Stein einwirken.

Im allgemeinen kann gesagt werden, daß die Regenseite von Gebäuden geringere Verwitterungen aufweist, als die von Schlagregen nie getroffene Seite. Bei Bauten mit starker Gliederung (Vorsprüngen, Gesimsen, Wasserablaufstellen) gilt diese Regel allerdings nicht mehr.

Hinweise auf neuere Übersichtsdarstellungen, Sammelwerke, Lehr- und Handbücher aus dem Gebiet der technischen Gesteinskunde und der Nachbarwissenschaften

A. *Mineralogie und allgemeine Petrographie*

T. F. Barth, C. W. Correns, P. Eskola, Die Entstehung der Gesteine. J. Springer, Berlin 1939.

H. Cloos, Einführung in die Geologie. Gebr. Bornträger, Berlin 1936.

P. Eskola, Kristalle und Gesteine. Springer-Verlag, Wien 1946.

F. Machatschki, Grundlagen der allgemeinen Mineralogie und Kristallchemie. Springer-Verlag, Wien 1946.

P. Niggli, Tabellen zur allgemeinen und speziellen Mineralogie. Gebr. Bornträger, Berlin 1927.

– Tabellen zur Petrographie und zum Gesteinsbestimmen. Mineralogisch-petrographisches Institut der ETH., Zürich.

– Lehrbuch der Mineralogie und Kristallchemie. Bd. 1 und 2. Gebr. Bornträger, Berlin 1941–43.

– Gesteine und Minerallagerstätten. Verlag Birkhäuser, Basel 1948.

R. L. Parker, Mineralienkunde. Büchergilde Gutenberg, Zürich 1945.

F. Rinne, Gesteinskunde. 12. Aufl. M. Jänecke, Leipzig 1938.

F. Rinne und M. Berek, Anleitung zu optischen Untersuchungen mit dem Polarisationsmikroskop. Leipzig 1934.

H. Schneiderhöhn und P. Ramdohr, Lehrbuch der Erzmikroskopie. 2 Bde. Gebr. Bornträger, Berlin 1931.

H. Schneiderhöhn, Lehrbuch der Erzlagerstättenkunde. Bd. 1. Fischer, Jena 1941.

E. Weinschenk, Petrographisches Vademekum. Herder, Freiburg i. Br. 1913.

B. *Allgemeine technische Petrographie und Gesteinsprüfung, nutzbare Gesteine, Bausteinverwitterung*

B. Dammer und O. Tietze, Die nutzbaren Mineralien mit Ausnahme der Erze und Kohlen. 2. Aufl, 2 Bde. F. Enke, Stuttgart 1927.

W. Dienemann und O. Burre, Die nutzbaren Gesteine Deutschlands und ihre Lagerstätten. 2 Bde. F. Enke, Stuttgart 1928/29.

Geotechnische Karte der Schweiz 1:200000 in 4 Blättern, mit Erläuterungen. Von P. Niggli, F. de Quervain, M. Gschwind, R. U. Winterhalter. Herausgegeben durch die Geotechnische Kommission. Kümmerly & Frey, Bern 1934–38.

R. Grengg, Über die Bewertung von natürlichen Gesteinen für bautechnische Zwecke. Knapp, Halle 1928.

M. Gschwind und P. Niggli, Untersuchungen über die Gesteinsverwitterung in der Schweiz. Beitr. Geol. Schweiz, geotechnische Serie, Lieferung 17. Kümmerly & Frey, Bern 1931.

P. HALLER, Natursteine, künstliche Steine, Leichtbaustoffe. Bautechnische Reihe Nr. 6. Polygraphischer Verlag AG., Zürich 1942.

Handbuch der Werkstoffprüfung, 3. Bd. Die Prüfung der nichtmetallischen Baustoffe. Herausgegeben von O. GRAF. J. Springer, Berlin 1941. – Teil II: K. STÖCKE, F. WEISE, K. WALZ, F. DE QUERVAIN, A. KIESLINGER, W. EISSNER, Die Prüfung der natürlichen Bausteine.

O. HERRMANN, Steinbruchindustrie und Steinbruchgeologie. 2. Aufl. Gebr. Bornträger, Berlin 1916.

J. HIRSCHWALD, Die Prüfung der natürlichen Bausteine auf Wetterbeständigkeit. W. Ernst & Sohn, Berlin 1908.

– Handbuch der bautechnischen Gesteinsprüfung. Gebr. Bornträger, Berlin 1912.

F. KEILHACK, Lehrbuch der praktischen Geologie. 3. Aufl., 2 Bde. F. Enke, Stuttgart 1916.

A. KIESLINGER, Zerstörungen an Steinbauten. F. Deuticke, Leipzig und Wien 1932.

Kies- und Sandbuch. Herausgegeben von MARTIN BÖRNER, Halle 1932.

F. DE QUERVAIN, Verhalten der Bausteine gegen Witterungseinflüsse in der Schweiz, Beitr. Geol. Schweiz, geotechnische Serie, Lieferung 23. Kümmerly & Frey, Bern 1945.

F. DE QUERVAIN und M. GSCHWIND, Die nutzbaren Gesteine der Schweiz. H. Huber, Bern 1934.

E. STACH, Lehrbuch der Kohlenpetrographie. Gebr. Bornträger, Berlin 1935.

J. STINY, Technische Gesteinskunde. J. Springer, Wien 1929.

– Die Auswahl und Beurteilung der Straßenbaugesteine. J. Springer, Wien 1935.

A. SUTTER, Hartschotterprodukte und ihre Verwendung. Verband schweizerischer Hartschotterwerke, Zürich 1946.

C. *Keramik, Bindemittel, Formsande*

P. AULICH, Neuere Anschauungen über das Wesen der Formsande und ihre Prüfung. In O. GEIGER, Handbuch der Eisen- und Stahlgießerei. 1931.

E. BRANDENBERGER, Grundlagen der Werkstoffchemie. Rascher, Zürich 1947.

CHESTERS, Steel Plant Refractories. Birmingham 1943.

W. EITEL, Physikalische Chemie der Silikate. 2. Aufl. J. A. Barth, Leipzig 1941.

R. GRÜN, Chemie für Bauingenieure und Architekten. Springer-Verlag, Berlin 1942.

Handbuch der Werkstoffprüfung, 3. Bd. Die Prüfung der nichtmetallischen Baustoffe. Herausgegeben von O. GRAF. J. Springer, Berlin 1941. Teil III: H. HECHT, F. WEISE, Gebrannte Steine. Teil IV: H. HECHT, Baukalke und Baumörtel. Teil V: R. NACKEN, G. HAEGERMANN, F. KEIL, Zemente. Teil VI: K. WALZ, E. BRENNER, A. HUMMEL, H. REIHER, T. KRISTEN, F. WEISE, Zementmörtel und Beton. Teil VII: R. GRÜN, Traß, Ziegelmehl, granulierte Hochofenschlacke. Teil IX: A. VOELLMY, Gipse und Gipsmörtel. Teil X: R. GRÜN, Magnesiamörtel. Teil XV: H. MALLISON, W. RODEL, Teer und Asphalt.

C. KOEPPEL, Feuerfeste Baustoffe silikatischer und silikathaltiger Massen. Chemie und Technik der Gegenwart. 18. Bd. S. Hirzel, Leipzig 1938.

F. M. LEA und C. H. DESCH, Die Chemie des Zements und Betons. Zementverlag, Berlin 1937.

E. ROSENTHAL, Porcelain and other ceramic insulating Materials. 1944.

H. SALMANG, Die Keramik. Physikalische und chemische Grundlagen. Berlin 1933.

Symposium on the chemistry of Cements. Stockholm Ingeniörsvetenskapsakademien, 1938.
A. VOELLMY, Bindemittel. Bautechnische Reihe Nr. 7. Polygraphischer Verlag AG., Zürich 1943.

D. *Baugrund, Stollenbau, Erdbaumechanik, technische Geologie*

CH. ANDREAE, Der Bau langer, tiefliegender Gebirgstunnel. Berlin 1926.
L. BENDEL, Ingenieurgeologie. Springer-Verlag, Wien 1944.
W. BERNATZIK, Baugrund und Physik. Schweiz. Druck- und Verlagshaus, Zürich 1947.
L. BRENNECKE und E. LOHMEYER, Der Grundbau. 3 Bände. W. Ernst & Sohn, Berlin 1930-1938.
M. BUISSON, Caractéristiques physiques et mécaniques des sols. Dunod, Paris 1942.
Erdbaukurs der ETH. 1938. Sammlung der Vorträge. Herausgegeben vom Institut für Erdbauforschung. Zürich 1938.
H. FRITZSCHE, Lehrbuch der Bergbaukunde. 2 Bde. 8. bzw. 6. Aufl. von F. HEISE und F. HERBST, Bergbaukunde. Springer-Verlag, Berlin 1942.
C. C. GUIDI, Meccanica dei terreni e stabilità della fondazione. U. Hoepli, Milano 1942.
F. KÖGLER und A. SCHEIDIG, Baugrund und Bauwerk. W. Ernst & Sohn, Berlin 1938.
C. F. KOLLBRUNNER, Fundation und Konsolidation. Schweiz. Druck- und Verlagshaus, Zürich 1946.
P. KRUSCH, Gerichts- und Verwaltungsgeologie. F. Enke, Stuttgart 1916.
R. F. LEGGET, Geology and Engineering. Mc. Graw Hill, London 1939.
M. LUGEON, Barrages et géologie. R. Rouge, Lausanne 1933.
A. MAYER, Sols et fondations. Coll. A. Colin, n^0 217, Paris 1939.
E. MEYER-PETER, Vorlesung über Grundbau. Autographie, 1942.
H. PETERMANN, Schrifttum über Bodenmechanik. Volk-und-Reich-Verlag, Berlin 1937.
P. PRINCIPI, Trattato di Geologia applicata. Vallarchi, Milano 1924.
Proceedings of the international conference on soil mechanics and foundation engineering. Cambridge (Mass.) 1936.
E. RANDZIO, Stollenbau. W. Ernst & Sohn, Berlin 1927.
K. A. REDLICH, K. TERZAGHI, R. KAMPE, Ingenieurgeologie. J. Springer, Wien 1929.
R. RUCKLI, Der Frost im Baugrund. Springer-Verlag, Wien 1948.
A. SCHEIDIG, Der Löß und seine geotechnischen Eigenschaften. Th. Steinkopff, Dresden-Leipzig 1934.
A. SCHOCKLITSCH, Der Grundbau. J. Springer, Wien 1932.
J. STINY, Technische Geologie. F. Enke, Stuttgart 1922.
K. TERZAGHI, Erdbaumechanik auf bodenphysikalischer Grundlage. F. Deuticke, Leipzig-Wien 1925.
K. TERZAGHI, Theoretical soil mechanics. J. Wiley Sons, New York 1944.
K. WIEDEMANN, Ausführung von Stollenbauten in neuzeitlicher Technik. W. Ernst & Sohn, Berlin 1942.

SACHREGISTER

Oft vorkommende Begriffe, besonders Mineral- und Gesteinsnamen, sind meist nur da aufgeführt, wo sie definiert sind.

GPSR Compliance

The European Union's (EU) General Product Safety Regulation (GPSR) is a set of rules that requires consumer products to be safe and our obligations to ensure this.

If you have any concerns about our products, you can contact us on ProductSafety@springernature.com

In case Publisher is established outside the EU, the EU authorized representative is:

Springer Nature Customer Service Center GmbH
Europaplatz 3
69115 Heidelberg, Germany

Batch number: 10613743

Printed by Printforce, the Netherlands